第三版

學好**跨平台
網頁設計**

HTML5　CSS3
JavaScript
jQuery 與 Bootstrap 5
超完美特訓班

關於文淵閣工作室

常常聽到很多讀者跟我們說：我就是看您們的書學會用電腦的。是的！這就是我們寫書的出發點和原動力，想讓每個讀者都能看我們的書跟上軟體的腳步，讓軟體不只是軟體，而是提升個人效率的工具。

文淵閣工作室是一個致力於資訊圖書創作三十餘載的工作團隊，擅長用循序漸進、圖文並茂的寫法，介紹難懂的 IT 技術，並以範例帶領讀者學習程式開發的大小事。我們不賣弄深奧的專有名辭，奮力堅持吸收新知的態度，誠懇地與讀者分享在學習路上的點點滴滴，讓軟體成為每個人改善生活應用、提升工作效率的工具。舉凡應用軟體、網頁互動、雲端運算、程式語法、App 開發，都是我們專注的重點，衷心期待能盡我們的心力，幫助每一位讀者燃燒心中的小宇宙，用學習的成果在自己的領域裡發光發熱！我們期待自己能在每一本創作中注入快快樂樂的心情來分享，也期待讀者能在這樣的氛圍下快快樂樂的學習。

文淵閣工作室讀者服務資訊

如果您在閱讀本書時有任何的問題或是許多的心得要與所有人一起討論共享，歡迎光臨文淵閣工作室網站，或者使用電子郵件與我們聯絡。

文淵閣工作室網站 **http://www.e-happy.com.tw**

服務電子信箱 **e-happy@e-happy.com.tw**

Facebook 粉絲團 **http://www.facebook.com/ehappytw**

總 監 製 / 鄧文淵	責任編輯 / 黃信溢
監 督 / 李淑玲	執行編輯 / 黃信溢
行銷企劃 / David · Cynthia	企劃編輯 / 黃信溢

前言

近幾年因為 HTML5、CSS3 的流行普及，JavaScript、jQuery 的歷久不衰，讓許多知名的網路服務平台如 Google、Facebook、YouTube ... 等爭相採用相關的技術開發出互動性極佳的網站。而人手一台的智慧型手機、平板電腦，宣告了跨平台的世代來臨，網頁的應用首當其衝：讓一個網站能正確適當的展現在不同作業系統、不同螢幕大小的設備上，就成為現代網頁開發者最新的挑戰。

而這些技術是相互關聯的，在學習的連結上似乎無法完整切割，也無從逃避，但也因此讓許多人徘徊在入門的關口外，不知所措。在本書中針對這個問題，我們精心規劃了學習新一代網頁設計時必修的課程。

由 HTML、CSS 開始，再進入 HTML5 / CSS3 的新領域，讓學習者能對於網頁的建構與設定有全面性的認識與熟悉。接著再由基本的 JavaScript 學習網頁互動，進而利用 jQuery 深入應用的層面。

最後的重點是二個近年來討論度高的跨平台框架：jQuery Mobile 及 Bootstrap。jQuery Mobile 是基於 jQuery 技術發展出來的行動裝置使用者介面框架，能在簡易的設定與操作下快速打造出行動裝置的使用介面。

Bootstrap 更是新一代 RWD 網站開發中的熱門焦點，能讓網頁因應不同大小的螢幕自動改變內容的配置，確保每個平台的使用者都能得到最好的操作體驗。這次因應 Bootstrap 5 的改版進行一次內容的編修，由框架的安裝方式，格線系統的使用、網頁的元件、表單及工具的使用，一直到網頁互動程式的開發，全面採用最新的語法進行教學，體驗這次改版帶來的全新感受。

衷心感謝工作室同仁的指導及建議，還有碁峰資訊的加持及鞭策，更希望對於有志學習前端網頁程式設計的讀者能有所幫助。

黃信溢
於文淵閣工作室

學習資源說明

線上下載資源

為了確保您使用本書學習的效果,並能快速練習或觀看範例,本書特別提供作者製作的完整範例程式檔案,讓您親自練習。

1. **本書範例**:每個資料夾放置各章範例的完成檔案,供您操作練習時參考或是先行測試使用。

2. **教學影片**:教學影片:內容為「RWD 網頁快速開發:使用 Bootstrap 5」,利用影音教學讓您快速上手 RWD 網頁開發。

請至碁峰網站「**http://books.gotop.com.tw/download/ACL063400**」下載。

本內容乃提供讀者自我練習及學校補教機構於教學時使用,版權分屬於文淵閣工作室與提供原始檔案及程式的各公司所有,未經授權不得抄襲、轉載或任意散佈。

專屬網站資源

為了加強讀者服務,並持續更新書上相關的資訊的內容,我們特地提供了本系列叢書的相關網站資源,您可以由我們的文章列表中取得書本中的勘誤、更新或相關資訊消息,更歡迎您加入我們的粉絲團,讓所有資訊一次到位不漏接。

1. **藏經閣網站專欄**:http://blog.e-happy.com.tw/?tag= 程式特訓班
2. **程式特訓班粉絲團**:https://www.facebook.com/eHappyTT

CONTENTS

本書目錄

第 03 章　超連結、圖片、音效與影片

第 04 章　表格與表單

第 05 章　CSS 基礎入門

第 06 章　顏色與文字設定

第 07 章　段落與表列設定

第 08 章　背景與框線設計

第 09 章　盒子模型與版面定位

第 10 章 變形、轉換與動畫

第 11 章 JavaScript 語法與結構

第 12 章 JavaScript 函式、陣列與物件

第 13 章 jQuery 基礎入門

第 14 章　jQuery 的事件與特效

第 15 章　jQuery Mobile 入門

第 16 章　jQuery Mobile 常用元件

第 17 章　jQuery Mobile 互動

第 18 章 Bootstrap 入門

第 19 章 表格、表單、按鈕與圖片

第 21 章　Bootstrap JS 元件

HTML 基礎入門

HTML5 除了簡化了 HTML 語法的結構，提供了許多功能標籤能夠直接控制音效、影片等多媒體檔案的播放，並且進一步加入控管地理位置的 Geolocation API、繪圖的 Canvas API、本地端的資料庫、離線的儲存機制 … 等讓人期待的功能，讓網頁的呈現與應用提升到另一個不同的層次。

1.1 HTML 的出現

HTML 是一個很重要的語法，它能巧妙地整合文字、圖片、聲音、動畫、影片等內容，藉由瀏覽器讓資訊能夠無遠弗屆，深入到每個角落。

科技演進的速度讓人無法想像，網際網路雖然是上世紀末的產物，但它已經在短短的時間內全面改變了人類的生活。近年來行動裝置的盛行，有別於以往只能透過電腦連接網路，現在隨時都能利用智慧型手機、平板電腦擷取網路資訊。這還只是個起點，有越來越多的電子設備，如電視、冰箱等家電都開始連接上網路，讓整個社會的脈動因為網路的串連更息息相關，更方便進步。

瀏覽網頁是大多數人使用網路的方法，透過網頁我們可以讀取資訊，並經由網頁上的超連結前往網路上的任何地方。隨著科技的進步，我們能使用的資源越來越多，無論是文字、圖片、音樂、影片，都能輕易在網際網路上交流。

網頁是由 HTML (Hyper Text Markup Language) 語言所組成，藉由標籤來結構化資訊，例如標題、段落和清單 ... 等，也包含描述文件外觀和語意的功能。HTML 最初的功能為是為了使世界各地的物理學家能夠方便的進行合作研究所發展的純文字格式文件，後來由 IETF (Internet Engineering Task Force，網際網路工程任務小組) 應用 SGML (Standard Generalized Markup Language，標準通用標示語言) 語法進行發展，進一步成為國際標準，由 W3C (World Wide Web Consortium，全球資訊網協會) 維護。在 1999 年 W3C 使用 XML 製定嚴格規則的 XHTML 取代 HTML，但因為一些緣故宣告終止，後來進而將心力轉向制定 HTML5 上，並在 2014 年 10 月完成標準制定。

▲ HTML 標準發展歷史

1.2 HTML5的歷史

HTML5 的目標是取代 HTML 4.01 和 XHTML 1.0 標準，使得網頁標準達到符合當代的網路需求。

1.2.1 HTML5 的演進

HTML5 是 HTML 下一個主要的修訂版本，目標是取代 1999 年所製定的 HTML 4.01 和 XHTML 1.0 標準，以期能在網際網路應用迅速發展的時候，使網頁標準達到符合當代的網路需求。

HTML5 草案的前身名為 Web Applications 1.0，是在 2004 年由 WHATWG (Web Hypertext Application Technology Working Group) 工作小組提出，再於 2007 年獲 W3C 接納，並成立了新的 HTML 工作團隊。在 2008 年 1 月 22 日，第一份正式草案發行。

根據 HTML5 Plan 2014 (W3C, 2013) 指出：HTML5 於 2011 年 5 月下旬開始正式進入 W3C 的最終審查草案階段 (Working Draft)，2012 年開始根據規格進行實作並提供意見回饋，進入候選推薦階段，預計將於 2013 年將以實作與回饋的結果逐步完成各項建議階段，並於 2014 年正式推出最終規格，在 2016 年底前發行 HTML5.1 推薦標準。

1.2.2 HTML5 的特色

HTML 語法過去一直被詬病的是它的互動性不足，內建功能貧乏而且語法複雜不易控制。於是新一代網頁語法標準：HTML5 的誕生，即是為了解決這些遺憾，並且提升網頁互動易用的能力。HTML5 除了簡化了 HTML 語法的結構，提供了許多功能標籤能夠直接控制音效、影片等多媒體檔案的播放，並且進一步加入控管地理位置的 Geolocation API、繪圖的 Canvas API、本地端的資料庫、離線的儲存機制 … 等讓人期待的功能，讓網頁的呈現與應用提升到另一個不同的層次。

1.3 HTML5 的新功能

廣義論及 HTML5 時，實際指的是包括 HTML、CSS 和 JavaScript 在內的一套技術組合。

1.3.1 進化的 HTML5

具體來說，廣義論及 HTML5 時，實際指的是包括 HTML、CSS 和 JavaScript 在內的一套技術組合。它希望能夠減少瀏覽器對於需要外掛程式的豐富性網路應用服務（plug-in-based rich internet application，RIA)，如 Adobe Flash、Microsoft Silverlight，與 Oracle JavaFX 的需求，並且提供更多能有效增強網路應用的標準。

HTML5 提出了許多技術的重要革新，首先是添加了許多新的語法特徵。其中最有指標性意義的是為了讓瀏覽器能更容易的在網頁中添加和處理多媒體和圖片內容的相關標籤，包括 <video>、 <audio>、和 <canvas> 標籤，同時整合了 SVG 內容，降低了在網頁中使用圖片、音效、動畫等多媒體內容的難度。另外為了要簡化網頁中結構的複雜度，加強內容的可讀性並豐富文件的資料，HTML5 也新增了包括 <section>、<article>、<header> 和 <nav> 等相關標籤與屬性。同時也有一些屬性和標籤版修改，甚至被移除掉了，例如 <font> 和 <center> 被移除，<a>，<cite> 和 <menu> 等標籤重新定義或標準化了。同時 APIs 和 DOM 已經成為 HTML5 中的基礎部分了。HTML5 還定義了處理錯誤文件的具體細節，使得所有瀏覽器和客戶端程式能夠一致地處理語法錯誤。

1.3.2 HTML5 的改變

以下將整理 HTML5 與 HTML4 的差異，並列出新增與移除的標籤。

文件類型定義

相較於過去 HTML 的文件類型定義來說，HTML5 簡化了整個語法，例如原來為：

```
<!DOCTYPE html PUBLIC "-//W3C//DTD XHTML 1.0 Transitional//
  EN" "http://www.w3.org/TR/xhtml1/DTD/xhtml1-transitional.dtd">
```

HTML5 只要加入以下語法即可，特別要注意的是語法內容不區分大小寫：

```
<!doctype html>
```

指定字元編碼

過去要定義頁面所使用的字元編碼，程式碼如下：

```
<meta http-equiv="Content-Type" content="text/html; charset=UTF-8" />
```

但是在 HTML5 中只要定義：

```
<meta charset="UTF-8">
```

HTML5 新增的標籤

HTML5 為了讓網頁擁有更好的結構，加入不少的標籤，其中較常用的有：

標籤	說明
<section>	標示文件中的區域。它可以和 h1, h2, h3, h4, h5, 以及 h6 標籤同時使用來表明文檔的結構。
<article>	標示文件中內容的區域，比如部落格項目或文章。
<main>	標示文檔或應用的主體內容
<header>	標示文件中的頁首
<footer>	標示文件中的頁尾
<nav>	標示文件中的導覽列
<aside>	標示文件中的側邊欄
<figure>、<figcaption>	標示圖片、影片等區域，可以由主要內容獨立出來。<figcaption> 可標示 <figure> 標籤內容的標題。

HTML5 為了一些新功能也新增了其他的標籤：

標籤	說明
<video>、<audio>	插入指定影片及聲音資源。
<embed>	插入外掛程式。

標籤	說明
<canvas>	標示一個繪圖區域，可進行繪製圖形、文字，並填入顏色，甚至設計動畫。
<progress>	顯示進度列，如下載進度或執行時間等。
<meter>	標示計量，例如資源使用率。
<time>	標示日期及時間。
<mark>	以高亮的方式標示文字段落。
<datalist>	資料清單。

HTML5 修改的標籤

HTML5 修改了以下的標籤，以獲得更好的效果。如 <address>、<b>、<cite>、<dl>、<i>、<u>、<small>、<strong>。

HTML5 移除的標籤

HTML5 建議不要再使用的標籤：

1. **建議改用 CSS 而移除的標籤**：這些標籤的作用純粹是顯示樣式，使用 CSS 能有更好的表現，包括 <basefont>、<big>、<center>、<font>、<strike>、<tt>。

2. **破壞結構或降低可用性**：去除了框架的應用，包括 <frame>、<frameset>、<noframes>。

3. **使用率低，易造成混淆，或功能被其他標籤取代**：<acronym>、<applet>、<dir>、<isindex>。

HTML5 表單功能加強

為了加強表單功能，HTML5 在 <input> 標籤的「type」屬性有了下面的新值：tel、search、url、email、datetime、date、month、week、time、datetime-local、number、range、color。開發者只要依需求的資料類型設定 <input> 的「type」屬性，表單會自動提供對應的輸入介面，例如日期欄位會顯示日期選取器，如此一來不僅方便使用，也能減少輸入的錯誤。

HTML5 新增全域屬性

HTML5 增加了一些全域屬性，能應用到大多數的標籤中：

屬性	說明
contenteditable	值為 true/ false，設定標籤的內容是否能被編輯。
data-*	開發者可以依需求自訂以「data-」開頭的屬性，避免與其他 HTML 衝突。
hidden	值為 true/false，指定標籤是否隱藏。
role、 aria-*	與使用輔助技術相關，增加無障礙使用的功能。
spellcheck	值為 true/false，指定檢查標籤中的拼字與文法。
translate	屬性給了翻譯器內容是否應該被翻譯的提示。

MathML 和 SVG

HTML5 語法允許在文件中使用 MathML (Mathematical Markup Language，數學標記語言) 和 SVG (Scalabel Vetor Graphics，可縮放向量圖形) 標籤。

MathML 是一種基於 XML 的標準，用來在網際網路上書寫數學符號和公式的標示語言，如此一來就可以在網頁上顯示複雜的數理公式。SVG 也是一種基於 XML 的標準，用於描述二維向量圖形的一種圖形格式。

HTML5 API

HTML5 提供了多樣的 API(Application Programming Interface，應用程式介面)，擴大了對於網頁應用程式開發的支援，其中包含了能進行繪圖的 Canvas API，檔案操作的 File API，媒體播放的 Video/Audio API，網頁儲存的 Web Storage API，離線應用的 Offline Web Applications，地理定位的 Geolocation API，用戶端與伺服器雙向溝通的 Web Sockets API ... 等。

HTML5 的 API 大大改變了一般人認為網頁只能被勤提供資訊的觀念，因為這些 API 的加入，想要使用 HTML5 開發出不遜於桌面應用程式的 Web 應用程式，已經不再是遙不可及的夢想。

1.4 HTML5 的編輯與瀏覽

工欲善其事，必先利其器。若要學習開發 HTML5，要用什麼編輯器，又要使用什麼瀏覽器呢？

1.4.1 HTML5 推薦的編輯器

HTML 文件是純文字格式的檔案，其副檔名為 .htm 或 .html，其實只要能夠用來編輯文字檔的工具就能使用，以下是常見的文字編輯器：

記事本

在 Windows 中內建的 **記事本**，是許多人喜歡使用的文字編輯器，除了不用安裝之外，**記事本** 功能單純，小巧易用，對於 HTML 語法熟悉的朋友來說是一個相當不錯的編輯器。

▲ 記事本

NotePad++

NotePad++ 是個功能相當完整的純文字編輯器，以 GNU 形式發佈的自由軟體。NotePad++ 的開發維護者是台灣人，操作的方式十分簡單，可完美地取代 Windows 的記事本。

▲ NotePad++ (http://notepad-plus-plus.org/)

Sublime Text

Sublime Text 是一個跨平台的程式編輯工具，並能藉由套件的安裝擴充出許多強大的功能，方便開發者的操作與需求。不過 Sublime Text 並不是一個免費的編輯器，使用者在安裝後可以進行試用，但是如果您沒有付費購買，Sublime Text 也只會一直提醒而已，並不會停止軟體的運作。

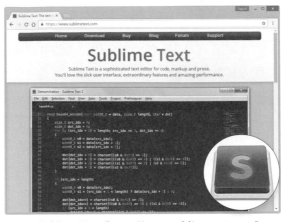

▲ Sublime Text (https://www.sublimetext.com/)

Atom

Atom 是一套免費且開放原始碼的編輯器，支持這個計劃的正是目前如日中天的 Github 公司。這個後起之秀在短短的時間內改寫了許多記錄，不僅擁有超高的下載使用量，它背後所支持的社群更為它開發了許多佈景主題與套件工具，是個值得注意的明日之星。

▲ Atom (https://atom.io/)

Visual Studio Code

Visual Studio Code 是一個由微軟開發的文字編輯器，不僅免費、跨平台、開放原始碼，還提供完善的除錯工具，並且能使用 Git 進行版本管理。針對不同的語法還提供許多實用的擴充功能，對於開發者來說實在是不可多得的工具。

▲ Visual Studio Code (https://code.visualstudio.com/)

1.4.2 HTML5 使用的瀏覽器

瀏覽器是 HTML5 展示與使用時最重要的舞台，所以對於 HTML5 語法、功能的支援就成為選擇瀏覽器最重要的依據。目前主流的瀏覽器大多已經支援 HTML5 語法，只是支援的程度有所不同，每個人使用習慣也不同，以下介紹目前主要的瀏覽器：

Google Chrome

由 Google 所開發的瀏覽器，除了提供瀏覽網頁的功能，還可以整合 Google 所有的相關服務。

▲ Google Chrome

Mozilla Firefox

由 Mozilla Fundation 所開發的瀏覽器，特色是擁有強大的擴充性，是許多進階使用者喜歡的瀏覽器。

▲ Mozilla Firefox

Opera

由 Opera 所開發的瀏覽器，提供了多元豐富的功能。

▲ Opera

Apple Safari

由 Apple 所開發，是 Mac 作業系統預裝的瀏覽器，雖然也有 Windows 版，但目前已經不再更新。

▲ Apple Safari

在 HTML5Test (https://html5test.com) 網站中，測試各種不同的瀏覽器在不同版本中對於 HTML5 功能的支援度，並依此進行評分，這個資訊可以提供您挑選瀏覽器時的參考。

▲ HTML5Test (https://html5test.com)

在 HTML5Test 當中表示許多瀏覽器對一些沒有列入 W3G 的標準亦有支援，例如 <video> 標籤並沒有指明編碼標準，所以 HTML5 可以支援的影音編碼格式就有 MPEG-4、H.264、Ogg Theora 及 WebM 影音編碼。另外要特別注意的是：在網站中並未測試所有新加入的功能，分數高只代表瀏覽器目前對於網頁編碼整體上有較佳的支援，並不代表日後表現的趨勢，因此分數只能作為參考。

1.4.3 HTML5 的編輯與瀏覽

認識了 HTML5 的編輯器與瀏覽器之後,以下我們便實際用 Windows 的記事本與 Google Chrome 瀏覽器介紹 HTML5 網頁的編輯與瀏覽的方法:

編輯 HTML

1. 請選按 **開始 / 所有程式 / 附屬 應用程式 / 記事本**,程式一開始即會自動新增一個空白的檔案,請於編輯區輸入 HTML 的內容。

2. 完成後由功能表按 **檔案 / 儲存檔案** 儲存文件。

3. 在 **另存新檔** 對話方塊中選取要儲存檔案的位置後,在 **檔案名稱** 欄中輸入檔案名稱,副檔名為 .html 或 .htm,設定 **編碼** 欄為「UTF-8」,如此儲存的檔案即會採用 Unicode 編碼,按 **存檔** 鈕即可完成存檔的動作。

瀏覽 HTML

請選取新增的網頁檔案，按右鍵後在功能表選按 **開啟檔案 / Google Chrome**，即可使用 Google Chrome 瀏覽器來開啟這個檔案。若要使用其他的瀏覽器，也可以使用相同方式，再挑選開啟瀏覽器即可。

另一種方式，請先開啟 Google Chrome 瀏覽器，再將檔案拖曳到瀏覽器之中即可進行瀏覽的動作。

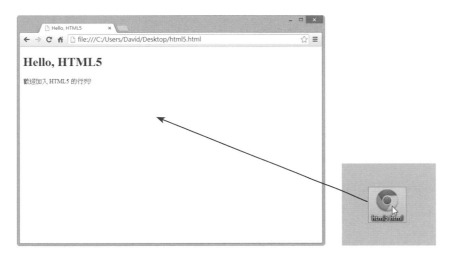

如果對於瀏覽的結果不滿意，可以在編輯修改完 HTML 文件內容之後儲存檔案，再重整目前的瀏覽器畫面即可。

1.4.4 HTML5 網頁的驗證

W3C 提供了 HTML5 網頁的驗證工具，幫助網頁設計人員檢查編寫的內容是否合乎 HTML5 的標準。請由「http://validator.w3.org」進入頁面，其中提供了三種驗證的方式：

1. Validate by URI：若網頁已經上傳到伺服器，可以直接輸入網址進行驗證。
2. Validate by File Upload：可以直接上傳網頁檔進行驗證。
3. Validate by direct input：可以直接在頁面中輸入程式碼進行驗證。

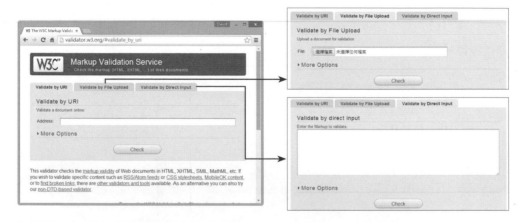

無論使用何種方式進行驗證，都會將結果顯示在頁面上。如下圖除了會列示結果外，若有錯誤也會顯示錯誤的行號與原因，方便設計人員修改。

▲ validate.wec.org HTML5 驗證結果頁面

其實瀏覽器對於 HTML 的規格都不會太過敏感，即使沒有通過驗證，甚至有錯誤，大部分的內容還是都能顯示。不過為了提升自己作品的素質，不妨多要求細節。

HTML 結構與文字段落

HTML 是一個很重要的語法，它能整合文字、圖片、聲音、動畫、影片等內容，藉由瀏覽器讓資訊能夠無遠弗屆，深入到每個角落。在這裡先介紹 HTML 的文字段落與超連結等標籤，扎實打好 HTML 的基礎。

2.1 HTML 文件結構

HTML5 除了簡化文件結構之外,並利用語意標籤,讓使用者可以用更淺顯易懂的語法來建立網頁。

網頁開發在科技的進步下漸漸有了不一樣的樣貌,為了追求效率,許多人將網頁製作的工作分成二個重要的部分:文件結構與外表呈現。簡單來說,就是在網頁製作時利用 HTML 的規範來完成文件結構,利用 CSS 的方式來美化外表的呈現。

2.1.1 HTML 的元素、標籤與屬性

HTML 的元素與標籤

在使用 HTML5 前,首先來了解一下HTML 的文件結構。HTML 是由 **元素 (Elements)** 所構成,其中包含了 **標籤 (Tag)**、**內容 (Content)** 與 **屬性 (Attributes)**。

元素分為二種:**容器元素** 與 **單一元素**。

1. **容器元素**:一般的元素都是使用成對的起始標籤與結束標籤將要顯示的內容包括起來,其標籤的名稱一樣,不同的是結束標籤在開始時會加上「/」符號,其格式為:

```
<起始標籤> 內容 </結束標籤>
```

例如標題一的標示方法為:

```
<h1> 這是標題一 </h1>
```

2. **單一元素**:這類元素只有起始標籤,沒有結束標籤,例如 <hr>、<img>。

> **註** 在 XHTML 的規定中單一標籤並不需要在其中包括內容,所以會在右方結束的「>」符號前加上「/」表示結束,但是在 HTML5 中並沒有規定一定要加,可以視自己的習慣來使用。例如要在頁面上加上水平線可以是 <hr> 或 <hr />。

HTML 元素的屬性

在 HTML 元素中可以設定 **屬性** 賦予標籤要執行的動作或相關資訊，要特別注意：

1. 屬性都必須設定在起始標籤中。

2. 一個元素可以設定多個屬性。

3. 屬性包含了名稱與值，其格式為：

```
屬性名稱 = " 屬性值 "
```

舉例來說，指定 \<a\> 標籤中設定要連結的網站就可以使用 href 這個屬性：

```
<a href="http://www.e-happy.com.tw"> 文淵閣工作室 </a>
```

使用 HTML 元素、標籤與屬性的建議

在編輯 HTML 中元素、標籤與屬性時，有以下幾點建議：

1. **使用小寫英文字母**：無論是元素中的標籤、屬性的名稱，都是以英文來編輯，雖然 HTML5 與過去的 HTML 一樣並沒有區分英文字母的大小寫，但是為了可以與 XHTML 銜接，我們建議在編輯元素中的標籤、屬性的名稱時都使用小寫的英文字母。

2. **屬性值要以引號包含**：在 HTML5 中也沒有強調標籤中屬性的值必須要以引號包含，但為了可以更嚴謹的表達屬性的值，我們仍建議每一個屬性值都要以引號包含。例如以下的狀況：

```
<div title=about us> 關於我們 </div>
```

因為屬性值中還有空白，當有多個屬性時就很容易造成困擾，若加上引號來包含屬性值就可以避免這個問題。另外設定屬性值時可以視情況使用成對的雙引號 (") 或單引號 (')，例如：

```
<p title="What's your name?"> 您的姓名？ </p>
```

因為屬性值中包含了單引號，所以就必須使用雙引號來包含整個值，否則會造成錯誤。

2.1.2 HTML5 的網頁結構

HTML 的網頁結構很簡單，基本上是由幾個元素所架構起來的，而 HTML5 更簡化了其中使用的元素。以下是一個簡單的 HTML5 頁面：

```
<!doctype html>
<html lang="zh">
<head>
    <meta charset="UTF-8">
    <title>HTML5 文件</title>
</head>
<body>
  這是第一份 HTML5 文件。
</body>
</html>
```

這裡可以看到整份文件是由 <html> ... </html> 圍繞起來，其中包含了 <head> ... </head> 的網頁資訊區域與 <body> ... </body> 的網頁內容區域。

1. **<head>...</head>**：在這個區域提供這份文件的訊息與資料，包括文件的標題、內容概述、關鍵字、語系、編碼、文件型態 ... 等，還能引用腳本及指定使用的樣式表，這些內容絕大多數都不會化為真正的內容顯示給瀏覽者。

2. **<body>...</body>**：放置網頁顯示的內容。

而其中 HTML5 簡化了 HTML 文件結構定義的方式，其中最明顯的為：

1. **文件類型宣告**：HTML 文件必須在檔案一開始即設定 DOCTYPE 宣告所使用的標準規範，HTML5 簡化了宣告方式如下：

```
<!doctype html>
```

2. **語系及編碼**：在文件中宣告正確的語系及編碼，瀏覽器就不易在顯示內容時產生亂碼。例如，在 HTML5 中宣告文件使用中文的語系可以使用：

```
<html lang="zh">
```

設定編碼的語法，可以加入：

```
<meta charset="UTF-8">
```

2.2 段落

在網頁的內容中占最多比例的就是文字與段落了，這裡首先要介紹的就是段落相關的標籤。

2.2.1 段落相關的標籤

文字段落是網頁中最基礎的要素，為瀏覽者提供了直接而詳細的資訊。以下是常用的段落標籤：

標籤	說明
\<p\>	設定段落的標籤。
\<br\>	設定分行的標籤。\<br\> 是單一標籤，段落會由加入的位置分行。
\<h1\>~\<h6\>	設定標題的標籤，文字的大小由 1 到 6 遞減。
\<pre\>	設定預先格式化區域。
\<blockquote\>	設定左右縮排的區域。
\<hr\>	加入水平線。
\<ul\>、\<ol\>、\<li\>	設定項目符號、編號。
\<dl\>、\<dt\>、\<dd\>	自訂表列。

2.2.2 段落與分行：\<p\>、\<br\>

在文書編輯時一般都習慣按 **Enter** 鍵設定段落，在段落中可以按 **Shift + Enter** 鍵進行分行。在 HTML 文件中就必須使用 \<p\> 標籤來設定段落，使用 \<br\> 來進行分行。

\<p\> 標籤

\<p\> 是成對的容器標籤，在 \<p\>...\</p\> 之間所包含的是一個段落內容，可以在 \<p\> 起始標籤中設定段落的屬性。語法如下：

```
<p> 內容 </p>
```

`<br>` 標籤

`<br>` 是單一標籤，可以在加入的地方進行分行的動作。語法如下：

```
內容一 <br> 內容二
```

程式碼：2-01.htm

```
...
<p> 靜夜思    李白 </p>
<p>
床前明月光，疑是地上霜。<br>
舉頭望明月，低頭思故鄉。<br>
</p>
<p>
月光鋪在床前的地上，
像是一層瑩白的濃霜。
抬頭眺望窗外的明月，
低頭思念久別的故鄉。
</p>
...
```

執行結果

在程式碼中的標題、唐詩內容、唐詩說明都被 `<p>` 元素分成三個段落，其中包含唐詩內容的段落，在瀏覽時因為 `<br>` 分行。而包含唐詩說明的段落，雖然在編輯畫面是分行的，但在瀏覽時因為沒有 HTML 的標籤設定，整個段落的所有內容是連在一起的。

2.2.3 段落標題：<hx>

<h1>、<h2>、<h3>、<h4>、<h5>、<h6> 可以設定標題的段落，其中的數字代表了標題字體的大小級數，<h1> 字體最大，<h6> 字體最小，段落標題標籤所包含的內容會單獨顯示一行。以下以 <h1> 為例來說明語法：

```
<h1> 標題文字 </h1>
```

程式碼：2-02.htm

```
...
      <h1> 靜夜思　李白 </h1>
      <h2> 床前明月光，疑是地上霜。</h2>
      <h3> 舉頭望明月，低頭思故鄉。</h3>
      <h4> 月光鋪在床前的地上，</h4>
      <h5> 像是一層瑩白的濃霜。</h5>
      <h6> 抬頭眺望窗外的明月，</h6>
      低頭思念久別的故鄉。
...
```

執行結果

在程式碼中分別使用 <h1> 到 <h6> 的標籤來設定每一行的內容，最後一行不做設定。在瀏覽時可以看到，標題字級從上到下由大到小排列，單獨成行並以粗體顯示。最後一行沒有設定為標題，就以原來的內容來顯示。

2.2.4 預先格式化區域：\<pre>

\<pre> 元素所包含的區域會直接顯示原始碼內容，其中包含了空白與換行符號，一般都應用在顯示原始碼上，例如 HTML 碼。不過要注意的是：在 \<pre> 元素中，特殊符號都會轉為實體符號，如「<」轉為「<」、「>」轉為「>」而「&」轉為「&」。語法如下：

```
<pre> 內容 </pre>
```

程式碼：2-03.htm

```
...
    <h3> 靜夜思　李白 </h3>
    <pre>
床前明月光，疑是地上霜。
    舉頭望明月，低頭思故鄉。
</pre>
    <p>
        月光鋪在床前的地上，
    像是一層瑩白的濃霜。
    抬頭眺望窗外的明月，
    低頭思念久別的故鄉。
    </p>
...
```

執行結果

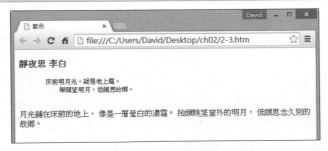

在程式碼中分別使用 \<pre> 元素與下方 \<p> 元素的內容都有使用空白字元來縮排並且分行，瀏覽時會發現 \<pre> 元素的內容會顯示出縮排與分行的效果，而 \<p> 元素的內容就只能依 HTML 標籤來顯示，並沒有因為空白字元與分行動作而縮排及分行。

2.2.5 縮排區域：<blockquote>

<blockquote> 元素所包含的區域會直接在左右加入縮排的距離，甚至以斜體文字來來顯示，如在段落中加入引言的區域。語法如下：

```
<blockquote> 內容 </blockquote>
```

程式碼：2-04.htm

```
...
    <h3> 靜夜思　李白 </h3>
    <p>
        床前明月光，疑是地上霜。<br>
        舉頭望明月，低頭思故鄉。<br>
    </p>
    <blockquote>
        月光舖在床前的地上，
        像是一層瑩白的濃霜。
        抬頭眺望窗外的明月，
        低頭思念久別的故鄉。
    </blockquote>
...
```

執行結果

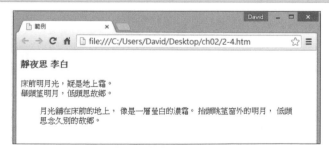

在程式碼中分別使用 <blockquote> 元素的內容區域，分別在左右加上了縮排的距離，如段落中的引言一般。

2.2.6 水平線：<hr>

<hr> 是單一標籤，可在加入的地方畫出一條單獨成行的水平線，在版面的段落之間加入明顯的區隔。語法如下：

```
<hr>
```

程式碼：2-05.htm

```
...
<h3> 靜夜思    李白 </h3>
<hr>
<p>
    床前明月光，疑是地上霜。<br>
    舉頭望明月，低頭思故鄉。<br>
</p>
<hr>
<p>
    月光鋪在床前的地上，
    像是一層瑩白的濃霜。
    抬頭眺望窗外的明月，
    低頭思念久別的故鄉。
</p>
...
```

執行結果

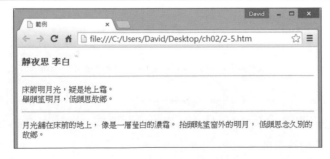

在程式碼中使用 <hr> 標籤的地方都顯示出單行的水平線，對於網頁上段落的區隔有很好的效果。

2.2.7 編號與項目符號：<ol>、<ul>、<li>

編號：<ol><li>

編號元素：<ol> 所包含的段落會以凸排顯示，其中 <li> 元素會標示出每個條例項目，並在每個項目前加上數字或是有序列的文字編號，格式如下：

```
<ol>
    <li> 項目一 </li>
    <li> 項目二 </li>
    <li> 項目三 </li>
    ...
</ol>
```

<ol> 元素中可以使用下列屬性進行設定：

屬性	說明
type	設定編號顯示的模式，預設值：type="1"。有以下五種樣式： <table><tr><td>值</td><td>顯示編號</td><td>說明</td></tr><tr><td>1</td><td>1, 2, 3 ...</td><td>數字</td></tr><tr><td>A</td><td>A, B, C ...</td><td>大寫英文字母</td></tr><tr><td>a</td><td>a, b, c ...</td><td>小寫英文字母</td></tr><tr><td>I</td><td>I, II, III ...</td><td>大寫羅馬數字</td></tr><tr><td>i</td><td>i, ii, iii ...</td><td>小寫羅馬數字</td></tr></table>
start	編號或序列的起始值，預設值：start=1

項目符號：<ul><li>

項目符號元素：<ul> 所包含的段落會以凸排顯示，其中 <li> 元素會標示出每個條例項目，並在每個項目前加上符號，格式如下：

```
<ul>
    <li> 項目一 </li>
    <li> 項目二 </li>
    <li> 項目三 </li>
    ...
</ul>
```

程式碼：2-06.htm

```
...
    <h3> 靜夜思　李白 </h3>
    <ol>
        <li> 床前明月光，疑是地上霜。</li>
        <li> 舉頭望明月，低頭思故鄉。</li>
    </ol>
    <ul>
        <li> 月光鋪在床前的地上，</li>
        <li> 像是一層瑩白的濃霜。</li>
        <li> 抬頭眺望窗外的明月，</li>
        <li> 低頭思念久別的故鄉。</li>
    </ul>
...
```

執行結果

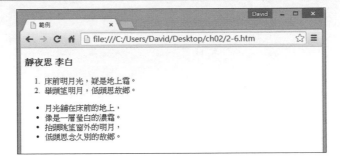

在程式碼中使用 <ol> 元素可以設定出編號項目，使用 <ul> 元素可以設定出符號項目，無論使用何種方式，其中都是使用 <li> 元素來標項每個項目。

2.2.8 自訂表列：<dl>、<dt>、<dd>

<dl> 元素也能以表列來顯示項目內容，不同的是每一個項目都能設定 <dt> 元素代表標題與 <dd> 元素代表內容說明。語法如下：

```
<dl>
    <dt> 標題 </dt>
    <dd> 內容 </dd>
    ...
</dl>
```

程式碼：2-07.htm

```
...
    <dl>
        <dt> 靜夜思　李白 </dt>
        <dd>
            床前明月光，疑是地上霜。<br>
            舉頭望明月，低頭思故鄉。<br>
        </dd>
        <dt> 說明 </dt>
        <dd> 月光鋪在床前的地上，像是一層瑩白的濃霜。抬頭眺望窗外的明月，低頭思念久別的故鄉。</dd>
    </dl>
...
```

執行結果

在程式碼中使用 <dl> 元素後，其內容就為表列項目，其中 <dt> 是表列的標題，再跟著的 <dd> 元素就是標題的說明。許多人都認為這個結構與表格類似，甚至用來取代表格元素。

2.2.9 區域群組：<div>、<span>

在 HTML 中可以利用 <div> 元素及 <span> 元素將多個範圍的內容群組起來，除了可以設定相同屬性之外，還能套用相同的 CSS 來統一呈現的外觀。

<div>

<div> 元素會將包含的範圍視為一個區塊，在元素的前後都會加上換行的動作，一般稱為 **區塊元素**，語法如下：

```
<div> 內容 </div>
```

<span>

<div> 元素會將包含的範圍視為一個區塊，但在元素的前後都不會換行，一般稱為 **行內元素**，語法如下：

```
<span> 內容 </span>
```

程式碼：2-08.htm

```
...
    <h2> 靜夜思 李白 </h2>
  <sapn> 床前明月光，疑是地上霜。</span> 舉頭望明月，低頭思故鄉。<div> 月光
鋪在床前的地上，像是一層瑩白的濃霜。</div> 抬頭眺望窗外的明月，低頭思念久別的
故鄉
...
```

執行結果

在程式碼中刻意將所有的內容放置在同一行，使用 <span> 元素的範圍並沒有換行，而設定 <div> 元素的範圍，都在前後都加入換行的效果。

2.2.10 加入註釋與特殊符號的使用

加入註釋

在 HTML 的程式碼中可以加入註釋的說明文字，它不會顯示在瀏覽器的畫面上，只有在檢視程式碼時才會看到，增加未來維護時的方便性。語法如下：

```
<!-- 說明文字 -->
```

特殊符號

而有些特殊符號，如「<」、「>」... 等因為與 HTML 語法的符號衝突，有時會造成瀏覽器判讀上的困擾而發生錯誤，所以要使用實體符號來避免。常用的特殊符號有：

符號	實體符號	符號	實體符號
<	<	"	"
>	>	&	&

程式碼：2-09.htm

```
...
    <h2> 靜夜思 &lt; 李白 &gt;</h2>
床前明月光，疑是地上霜。<br>
    舉頭望明月，低頭思故鄉。<br>
    <!-- 月光鋪在床前的地上，像是一層瑩白的濃霜。抬頭眺望窗外的明月，低頭思
念久別的故鄉 -->
...
```

執行結果

在程式碼在作者名稱加入「<」、「>」的實體符號，在顯示上果然正確。而說明文字加入了註釋符號，就不會顯示在瀏覽器畫面，只能在程式碼中看到內容。

2.3 文字格式

若要在段落中某些文字設定特殊的格式，可以使用 <b>、<strong>、<i>、<em>、<u>、<sup>、<sub> 這些元素。

文字格式的相關標籤

標籤	說明
<b>	粗體
<strong>	標示重點，效果與 <b> 一樣。
<i>	斜體
<em>	標示強調，效果與 <i> 一樣。
<mark>	設定文字高亮標示
<small>	設定為小型字
<s>	刪除線。
<del>	刪除的內容，效果與 <s> 一樣。
<u>	字下線。
<ins>	新增的內容，效果與 <u> 一樣。
<sub> 、<sup>	上標字、下標字

粗體、斜體、字下線

要設定文字粗體，可以使用 **<b>** 或 **<strong>** 元素，效果是一樣的。不過在意義上有所區別，**<b>** 元素是用來標示段落中如專用名詞、人名或公司名稱 ... 等較突顯的文字，而 **<strong>** 元素大多是使用在段落中強調重要性的文字。語法如下：

```
<b> 粗體 </b>、<strong> 粗體 </strong>
```

要設定文字斜體，可以使用 **<i>** 或 **<em>** 元素，效果是類似的。不過在意義上，**<i>** 元素是單純用斜體的方式來標示文字格式，而 **<em>** 元素就比較傾向強調段落中某些文字。語法如下：

```
<i> 斜體 </i>、<em> 強調 </em>
```

可以使用 <u> 或 <ins> 元素加入字下線，<u> 是單純加入字下線，<ins> 代表加入的新內容。語法如下：

```
<u> 字下線 </u>、<ins> 字下線 </ins>
```

上標字、下標字

要設定文字上標字可以使用 <sup> 元素，下標字可以使用 <sub> 元素。語法如下：

```
<sup> 上標字 </sup>、<sub> 下標字 </sub>
```

程式碼：2-10.htm

```
...
    <h2> 靜夜思 <sup> 李 </sup><sub> 白 </sub></h2>
<p>
  <b> 床前明月光，</b><strong> 疑是地上霜。</strong><br>
  <i> 舉頭望明月 </i>，<em> 低頭思故鄉。</em>
</p>
<u>
  月光鋪在床前的地上，
  像是一層瑩白的濃霜。
  抬頭眺望窗外的明月，
  低頭思念久別的故鄉。
</u>
...
```

執行結果

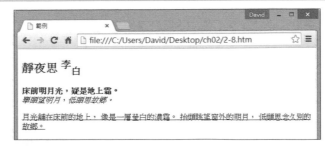

在程式碼中使用各個文字格式的元素來進行設定，可以看到對應的效果。

2.4 HTML5 的語意標籤

HTML5 除了簡化文件結構之外,並利用語意標籤,讓使用者可以用更淺顯易懂的語法來建立網頁。

語意標籤的使用

HTML5 新增了許多語意標籤,利用更直接易懂的語法來標示網頁的內容。例如在文字格式原來以 **<b>** 將文字加粗,但 HTML5 為了更能突顯意義,建議使用 **<strong>** 的語意標籤將重要的文字加粗,瀏覽者能就該標籤的意義直接了解標示原因。

HTML5 在頁面中區域規劃也設計了新的語意標籤,過去我們常用不同的 **<div>** 將頁面的內容分隔成不同的區域,可以藉由「id」標示上不同的意義,讓瀏覽者明瞭每個區域要表達的內容意義。

在 HTML5 中,直接將這些語意文字化為標籤,簡化了整個文件結構,以下是一個常用的 HTML5 文件結構佈局:

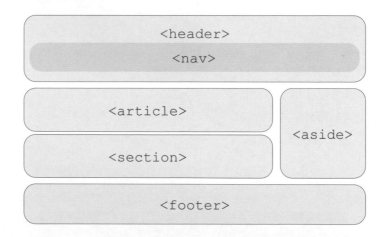

標籤	說明
<header>	文件中的頁首,可放置網站名稱、圖示或是導覽。
<nav>	文件中的導覽列,可設定網站頁面與資源的連結。
<footer>	文件中的頁尾,可放置網站版權宣告,作者資訊 ... 等。

標籤	說明
<article>	文件中完整可單獨閱讀的文章內容區，其中可包含幾個不同的 <section> 章節內容。
<section>	文件中以不同章節區分的內容區，每個章節中也能各自包含單獨閱讀的 <article> 文章內容。
<aside>	文件中的側邊欄，可放置搜尋、廣告或導覽 ... 等資訊。

網頁其實與一般的文件很類似，可以利用不同的層次與意義的區域，架構起整個文件的脈絡。這裡實際將 HTML5 語意標籤應用到文件中，基本的結構如下：

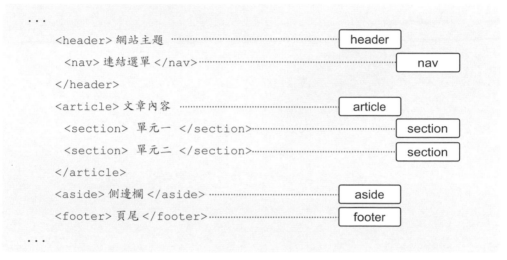

HTML5 使用語義標籤的好處

使用了語意標籤之後，對於網頁的製作、維護以及閱讀都有許多幫助：

1. 語義標籤都是使用淺顯易懂的文字來標示網頁中的結構，在閱讀內容時就能馬上理解各個區域的意義與功能。

2. 網頁在開發維護時，因為語意標籤的使用，可以減少相關人員在溝通上的時間，協同作業時也能快速進入狀況，對於團隊開發很有幫助。

3. 一個健全的網站結構對於搜尋引擎在搜尋網站內容時有正面的作用，如果忽略除了會影響資料搜尋的正確性，也會破壞網站在搜尋引擎上的排名。語義標籤的使用能讓夠加強網站的易讀性，讓搜尋引擎更容易收錄網站的內容，進而改善網站的搜尋的準確度與排名。

接下來這裡就實際新增一個 HTML5 的網頁文件，並以語意元素完成架構：

程式碼：2-11.htm

```html
<!DOCTYPE html>
<html lang="zh">
<head>
    <meta charset="utf-8" />
    <title> 蘭嶼。微旅行 </title>
</head>
<body>
    <header>
        <h1> 蘭嶼。微旅行 </h1>
        <nav>
            <ul>
                <li><a href='#'> 首頁 </a></li>
                <li><a href='#'> 泌遊路線 </a></li>
                <li><a href='#'> 旅人微博 </a></li>
                <li><a href='#'> 相關資訊 </a></li>
            </ul>
        </nav>
    </header>
    <article>
        <section>
            <h2> 充滿驚豔的魅力小島 </h2>
            <p> 位在台東外海的蘭嶼島，四週不僅擁有清澈湛藍的海洋，本島的陸地上
            矗立林木森天的原野。</p>
        </section>
    </article>
    <aside>
        <h2> 推薦景點 </h2>
        <ol>
            <li><a href="#"> 饅頭岩 </a></li>
            <li><a href="#"> 蘭嶼燈塔 </a></li>
            <li><a href="#"> 軍艦岩 </a></li>
```

```
            </ol>
        </aside>
        <footer>
            蘭嶼。微旅行 版權所有
        </footer>
    </body>
</html>
```

執行結果

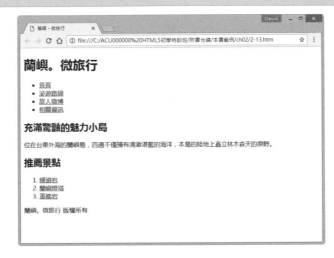

由結果看來，使用 HTML5 可以建置網頁的結構與內容，瀏覽器能由原始碼中清楚分辨每個區域的層次或功能。但是若要突顯或美化頁面的內容，就必須依靠 CSS 的幫助了。

MEMO

Chapter

03

超連結、圖片、音效與影片

超連結是 HTML 中很重要的一個元素,藉由超連結能夠將不同的網站連繫在一起,也能連結到不同的網站,甚至是不同的資源。

除了文字之外,圖片、音效與影片更是 HTML 中很重要的內容。本章將要說明如何在網頁中加入圖片、音效與影片,並說明 HTML5 新增的元素與功能,讓多媒體的資源豐富您的網頁與內容。

3.1 路徑的表示方法

在 HTML 中連結一個網頁、檔案或是資源，都必須了解網路上路徑的表示方法，以確保資源連接正確。

網頁元素中有許多設定值必須標示其他檔案位置，例如超連結元素要設定連結的網頁或檔案，圖片元素要設定圖檔位置。在 HTML 元素中設定路徑有二種方式，一種是絕對路徑，另一種是相對路徑。

絕對路徑

絕對路徑通常要設定的網頁或是檔案位在網路上，只要直接指定網址即可。因為這個位置不會因為目前的頁面位置的改變而受到影響，所以稱為絕對路徑。

例如要指定圖片元素的檔案為網路上的圖片，其格式為：

```
<img src = "http:// 網址 / 檔案名稱 ">
```

相對路徑

相對路徑通常要設定的網頁或是檔案都在本地，與目前的網頁有相對的關係，以下就以不同的狀況來說明：

1. **同層資料夾**：若連結的網頁與檔案是位於相同資料夾，在指定位置時只要直接填入檔案名稱即可。例如設定的圖片元素的圖檔在同層資料夾，其格式為：

```
<img src = " 檔案名稱 ">
```

如右圖中 <A.html> 與 <A.jpg> 在同一層資料夾之中，所以在 <A.html> 中要加入 <A.jpg> 圖片的語法為：

```
<img src="A.jpg">
```

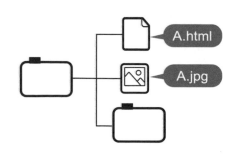

2. **上層資料夾**：若連結的網頁與檔案是位於上層資料夾，在指定位置時在檔名前要加入「../」。例如設定的圖片元素的圖檔在上層資料夾，其格式為：

```
<img src = "../ 檔案名稱 ">
```

如下圖中 <A.jpg> 在 <B.html> 的上一層資料夾之中，所以在 <B.html> 中要加入 <A.jpg> 圖片的語法為：

```
<img src="../A.jpg">
```

若連結的資料夾是上層再上層，其路徑即為：「../../」，以此類推。例如在下圖中 <A.jpg> 在 <C.html> 的上上一層資料夾之中，所以在 <C.html> 中要加入 <A.jpg> 圖片的語法為：

```
<img src="../../A.jpg">
```

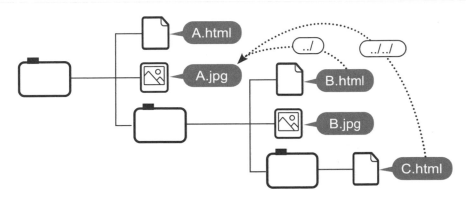

3. **下層資料夾**：若連結的網頁與檔案是位於下層資料夾，在指定位置時在檔名前要加入下層資料夾名稱。例如設定的圖片元素的圖檔在下層資料夾中，其格式為：

```
<img src = " 資料夾名稱 / 檔案名稱 ">
```

如右圖中 <B.jpg> 在 <A.html> 的下一層 <images> 資料夾之中，所以在 <A.html> 中要加入 <B.jpg> 圖片的語法為：

```
<img src="images/B.jpg">
```

3.2 超連結

超連結是 HTML 中很重要的一個元素，藉由超連結能夠將不同的網站連繫在一起，也能連結到不同的網站，甚至是不同的資源。

3.2.1 認識超連結

超連結要使用 \<a\> 元素設定，可以在網頁的文字或是圖片上加上連結設定，當瀏覽者點選這個連結之後可以被導引到另外一個位置，如網頁、檔案、電子郵件、FTP ... 等。語法如下：

```
<a href=" 連結資源位置 " target=" 連結開啟方式 "> 顯示文字或圖片 </a>
```

\<a\> 元素中常用的屬性如下：

屬性	說明
href	設定連結資源的位置，常用的有： 1. **網址**：網路網址或網頁，必須加上通訊協定「http://」，例如「http://www.e-happy.com.tw」。 2. **頁內**：連結同頁中使用「id」屬性命名的元素位置，連結時使用「#id」即可將頁面捲動到該「id」為名的元素位置。 3. **站內網頁**：連結站內網頁，設定的方式是該頁面與目前頁面的相對路徑，例如「/ch01/ex.htm」。 4. **檔案**：網路的檔案路徑或是站內的檔案的相對路徑，例如「http://www.e-happy.com.tw/download/ex.zip」。 5. **電子郵件**：必須加上通訊協定「mailto: 」，例如「mailto:service@e-happy.com.tw」。 6. **FTP**：必須加上通訊協定「ftp://」，例如「ftp://ftp.e-happy.com.tw」。
target	連結資源後開啟的方式，設定格式有： 1. **target = "_blank"**：開啟在新瀏覽器視窗中。 2. **target = "_parent"**：開啟在目前視窗，若有框架會在上一層框架中開啟。 3. **target = "_self"**：開啟在目前視窗或框架中，是預設值。 4. **target = "_top"**：開啟在目前視窗中，若有框架會在移除框架以整頁顯示。 5. **target = " 視窗名稱 "**：開啟在指定名稱的視窗中。

3.2.2 常見的超連結

在網頁上使用超連結，能將不同的資源快速的串連起來。一般常見的超連結的使用方式，是連結外部網站、電子郵件、內部網頁以下內部或外部的檔案，相當的實用。

以在下的範例中，主頁會佈置 4 個超連結，分別連往外部網站、電子郵件，以及一個在 <ex> 資料夾中的內部網頁與檔案，主頁面如下：

程式碼：3-01.htm

```
...
<h2> 認識我們 </h2>
<ul>
  <li><a href="http://www.e-happy.com.tw" target="_blank"> 文淵閣
    工作室 </a></li>
  <li><a href="mailto:service@e-happy.com.tw" target="_blank">
    公司服務信箱 </a></li>
  <li><a href="ex/page.htm" target="_self"> 公司介紹 </a></li>
  <li><a href="ex/file.zip"> 檔案下載 </a></li>
</ul>
...
```

內部網頁的內容中有一個返回主頁的超連結，內容如下：

程式碼：ex/page.htm

```
...
<h2> 認識我們 </h2>
<p> 感謝您對文淵閣工作室的熱愛，展迎第二個十年，也請您和我們在快快樂樂的氣氛中
共同成長。謝謝大家！ </p>
<a href="../3-01.htm" target="_self"> 回上一頁 </a>
...
```

執行結果

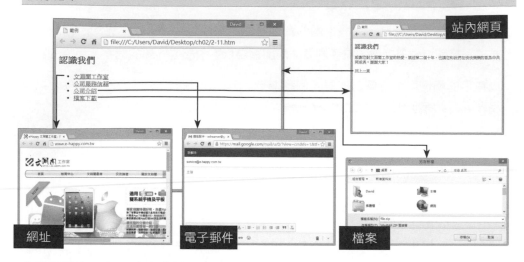

由結果看來：在程式碼中使用各種不同的超連結來進行設定，其中網址的超連結會另開新頁來顯示指定網頁；電子郵件超連結會使用系統註冊的電子郵件軟體，準備寄信；站內網頁使用相對路徑來設定超連結，並在目標頁同樣設定返回超連結；檔案超連結會開啟另存新檔對話方塊，準備儲存下載檔案。

3.2.3 頁內超連結

頁內超連結的原理

在 HTML 中可以在元素中使用 id 識別碼屬性來標示特別的內容，因為 id 識別碼屬性在頁面中有索引的特性，所以同一頁的 HTML 元素中用過的 id 識別碼只能出現一次，不能重複。所以在元素設定 id 識別碼，彷彿就是在同一頁面中加入書籤，使用者也就能利用這個書籤找到特定的位置。

頁內超連結的設定方式

例如，要在 <h2> 元素加入 id 識別碼屬性「ch01」方式如下：

```
<h2 id="ch01">Ch01</h2>
```

如此一來，同頁中其他的元素就不能再設定以「ch01」來設定 id 識別碼屬性。也因為這個特性，當超連結使用「#id 識別碼」當作連結目標時，整個頁面就會捲動到該元素所在的頁面位置。例如，要設定連結到 id 識別碼屬性為「ch01」方式如下：

```
<a href="#ch01">前往 Ch01</a>
```

瀏覽者可以藉著頁內超連結的設定，在單頁中快速捲動到指定的位置，若是在單頁中放入大量資料的網站來說，對於瀏覽者的使用上會是相當大的幫助。

回到最上方的頁內超連結

另外一點要注意，若是設定頁內超連結所設定的 id 識別碼如果並不存在該頁中，整個頁面會捲動到頁面的最上方。因此許多人都利用這個特性在超連結設定「#top」的連結，因為頁面上沒有這個 id 識別碼，所以整個頁面就會捲動到頁面的最上方。

程式碼：3-02.htm

```
...
<h2> 目錄 </h2>
<ul>
   <li><a href="#ch01"> 前往 Ch01</a></li>
   <li><a href="#ch02"> 前往 Ch02</a></li>
   <li><a href="#ch03"> 前往 Ch03</a></li>
   <li><a href="#ch04"> 前往 Ch04</a></li>
   <li><a href="#ch05"> 前往 Ch05</a></li>
   <li><a href="#ch06"> 前往 Ch06</a></li>
</ul>
<h2 id="ch01">Ch01</h2>
<p>Lorem ipsum dolor sit amet, consectetur adipisicing elit.
Voluptatum nihil unde odit eius tempore veritatis provident
repellat quo fugiat. Voluptatibus distinctio optio enim, obcaecati
in? Nihil voluptatem dolor itaque sed vero repellendus similique
cum corporis minus inventore alias voluptate tempora voluptates
ut placeat, commodi, ea est. Est laboriosam, in libero.</p>
<p><a href="#top">TOP</a></p>
<h2 id="ch02">Ch02</h2>
<p>Lorem ipsum dolor sit amet, consectetur adipisicing elit.
Voluptatum nihil unde odit eius tempore veritatis provident
repellat quo fugiat. Voluptatibus distinctio optio enim, obcaecati
in? Nihil voluptatem dolor itaque sed vero repellendus similique
cum corporis minus inventore alias voluptate tempora voluptates
ut placeat, commodi, ea est. Est laboriosam, in libero.</p>
<p><a href="#top">TOP</a></p>
...
```

執行結果

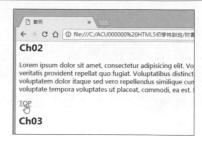

由結果可以看到：範例在每個 <h2> 元素中設定 id 識別碼屬性，並以該章節名為值。接著在最上方目錄中的每個 <a> 連結設定對應的頁內超連結，瀏覽時只要點選連結時，頁面即會捲動到設定相關 id 識別碼的 <h2> 元素處。

在每個段落的後方都有加入「<a href="#top">TOP</a>」的超連結，因為在這個頁面中並沒有設定「top」這個 id 識別碼，因此整個頁面會捲動到最上方。

註 **設定連結到他頁的頁內超連結**

頁內超連結不是只有本頁才能設定，也可以設定由他頁連結到本頁的頁內超連結。例如想要設定連結到 <index.htm> 頁面中 id 識別碼屬性為「link_map」處，方式如下：

```
<a href="index.html#link_map"> 連結地圖 </a>
```

如此就能順利連結。

3.3 圖片

網頁內容除了文字之外,最重要的就是圖片。除了能豐富視覺,對於文字的說明也有幫助。

3.3.1 網頁中可以使用的圖片格式

HTML 能支援常用的圖片格式有:GIF、JPG(JPEG) 及 PNG。這些檔案格式的特色如下:

圖片類別	色彩畫質	特色
GIF	256 色	可製作背景透明圖,GIF 動畫檔。
JPG(JPEG)	全彩	網頁上的全彩影像圖片,較常用於照片類的影像圖片。
PNG	全彩	可製作背景透明圖,亦可處理全彩的影像圖片,已經成為目前影像圖片的主流。

在選擇網頁的使用圖片時,要特別注意以下的幾點:

1. 一般網頁上使用的照片,建議使用 JPG 檔或是 PNG 檔,較能呈現豐富的色彩。

2. 一般的圖示、線條插圖、灰階圖或是黑白圖,建議使用 GIF 檔。

3. 目前一般的動畫圖檔都是 GIF 檔,PNG 檔的動畫效果並未被所有的瀏覽器支援。

4. 目前也只有 GIF 檔及 PNG 檔能支援背景透明的效果。

▲ 圖片是否支援背景透明的差異

3.3.2 插入圖片：<img>

<img> 是單一元素，其語法格式如下：

```
<img href="圖片檔案位置" width="寬度" hieght="高度" alt="說明文字">
```

<img> 元素中常用的屬性如下：

屬性	說明
href	圖片的檔案位置。
width	圖片寬度，預設以像素 (pixels) 為單位。
height	圖片高度，預設以像素 (pixels) 為單位。
alt	說明文字，當圖片不能顯示時會出現。

程式碼：3-03.htm

```
...
  <h2>HTML5 標誌圖示 </h2>
  <img src="images/HTML5.png" width="128" height="128" alt="HTML5
Logo">
...
```

執行結果

由結果可以看到：範例中的圖片會依設定的寬度與高度，顯示在頁面當中。如果設定的圖片來源並不存在，頁面中圖片顯示的位置會以設定的寬度與高度保留下來，並顯示說明文字。

3.3.3 圖片區域及說明：\<figure\>、\<figcaption\>

一般圖片都希望能加上對應的註解，在 HTML5 中使用 \<figure\> 元素來標示圖片及
說明文字的區域，其中使用 \<figcaption\> 元素來包含說明文字的區域。

程式碼：3-04.htm

```
...
<h2>HTML5&CSS3 標誌圖示 </h2>
<figure>
  <img src="images/HTML5.png" width="128" height="128" alt="HTML5
Logo">
  <img src="images/CSS3.png" width="128" height="128" alt="CSS3
Logo">
  <figcaption>HTML5&CSS3 的 Logo 標誌 </figcaption>
</figure>
...
```

執行結果

由結果可以看到：設定的二張圖片屬於同一個圖片區域，而下方的圖片說明就呈現
在區域之中。

3.4 音效的使用

<audio> 及 <video> 是 HTML5 的新元素，它大幅度簡化了在網頁中插入音效與影片的動作。

3.4.1 瀏覽器對HTML5音效檔格式的支援

audio 元素是 HTML5 中特有的元素，使用於音效檔的加入。目前支援的狀況如下：

格式	Firefox	Opera	Chrome	Safari
mp3	Yes	Yes	Yes	Yes
wav	Yes	Yes	Yes	Yes
ogg	Yes	Yes	Yes	No

3.4.2 加入音效：<audio>

audio 元素的語法

以下是在 HTML5 中利用 audio 元素顯示音效的標準語法：

```
<audio controls>
    <source src="mp3 檔案位置 " type="audio/mpeg">
    <source src="wav 檔案位置 " type="audio/wav">
    <source src="ogg 檔案位置 " type="audio/ogg">
    所有格式瀏覽器都不支援時顯示的訊息
</audio>
```

為了因應瀏覽器對於音效檔案的支援度，使用者為同一個音效準備不同格式的檔案。在 <audio> 元素中可以利用 <source> 元素指引不同格式的音效檔，若真的都不支援會顯示說明的訊息。

audio 元素的屬性

<audio> 元素可對整個音效播放進行控制，重要屬性如下：

屬性	值	說明
autoplay	autoplay	只要下載足夠資源，就會自動播放音效。
controls	controls	為音效加上播放、暫停和音量等控制項。
loop	loop	音效是否循環播放
muted	muted	音效播放時先保持靜音
preload	(none)	按下播放鈕時才開始載入音效，可節省頻寬。
	auto	無論是否按下播放鈕時都會載入音效
	metadata	載入音效的資料，如播放進度、列表或長度等。

<soruce> 元素可設定多個音效檔來源，不同瀏覽器可識別它所支援的音效格式，並使用第一個可使用的音效格式。

屬性	值	說明
src	url	設定使用音效檔網址
type	audio/mpeg audio/wav audio/ogg	設定使用音效檔的類型

程式碼：3-05.htm

```
...
<audio controls autoplay>
  <source src="media/music.mp3" type="audio/mpeg">
  <source src="media/music.wav" type="audio/wav">
  目前瀏覽器不支援播放的格式
</audio> ...
```

執行結果

網頁載入頁面後音效會自動播放，在頁面上也會顯示控制列，使用者可以控制播放起停、進度及音效大小聲。

3.5 影片的使用

HTML5 大幅度降低了在網頁中使用多媒體檔案的難度，尤其是越來越重要的影片檔，更是簡單。

3.5.1 video 元素的格式支援

video 元素是 HTML5 中特有的元素，使用於音效檔的加入。目前可搭配的格式與瀏覽器支援的狀況如下：

格式	IE	Firefox	Opera	Chrome	Safari
mp4	Yes	Yes	Yes	Yes	Yes
webm	No	Yes	Yes	Yes	No
ogg	No	Yes	Yes	Yes	No

3.5.2 加入影片：<video>

video 元素的語法

以下是在 HTML5 中利用 video 元素顯示影片的標準語法：

```
<video width=" 影片寬度 " height=" 影片高度 " controls>
    <source src="mp4 檔案位置 " type="video/mp4">
    <source src="webm 檔案位置 " type="video/webm">
    <source src="ogg 檔案位置 " type="video/ogg">
    所有格式瀏覽器都不支援時顯示的訊息
</video>
```

為了因應瀏覽器對於影片檔案的支援度，使用者為同一個影片準備不同格式的檔案。在 <video> 元素中可以利用 <source> 元素指引不同格式的影片檔，若真的都不支援會顯示說明的訊息。

video 元素的屬性

<video> 元素可對整個音效播放進行控制，重要屬性如下：

屬性	值	說明
width	pixels	設定影片寬度
height	pixels	設定影片高度
autoplay	autoplay	只要下載足夠資源，就會自動播放影片。
controls	controls	為影片加上播放、暫停和音量等控制項。
loop	loop	影片是否循環播放
muted	muted	影片播放時先保持靜音
	(none)	按下播放鈕時才開始載入影片，可節省頻寬。
preload	auto	無論是否按下播放鈕時都會載入影片
	metadata	載入影片的資料，如播放進度、列表或影片長度等。

<soruce> 元素可設定多個影片檔來源，不同瀏覽器可識別它所支援的影片格式，並使用第一個可使用的影片格式。

屬性	值	說明
src	url	設定使用影片檔網址
type	video/mp4 video/webm video/ogg	設定使用影片檔的類型

程式碼：3-06.htm

```
...
<video width="640" height="480" controls autoplay>
 <source src="media/movie.mp4" type="video/mp4">
 <source src="media/movie.webm" type="video/webm">
 目前瀏覽器不支援播放的格式
</video>
...
```

執行結果

網頁載入頁面後影片會自動播放，在頁面上也會顯示控制列，使用者可以控制播放
起停、進度及音效大小聲。

Chapter 04

表格與表單

表格是網頁中資料展示的重要利器，本章將分析表格中各個部位，並說明相關的
標籤與屬性。

表單是網站與瀏覽者互動的窗口，不同的資料需要不同的表單元件來傳送。本章
除了介紹 HTML 中原有的表單元件的建置方式，並會進一步說明 HTML5 新增的
表單元件與使用方式。

4.1 表格

在網頁中可以使用表格，利用欄列的佈置的狀態，將資訊整理的更清楚，更有條理。

4.1.1 基礎的表格結構

在 HTML 中是利用 <table> 元素來建構表格的內容，下圖可清楚了解組成表格的元素及重要屬性有哪些：

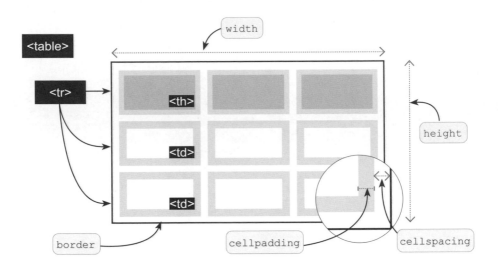

4.1.2 加入表格：<table>

<table> 是建構表格的主要元素，並語法格式如下：

```
<table width=" 表格寬度 " height=" 表格高度 " border=" 框線寬度 "
            cellspacing=" 儲存格間距 " cellpadding=" 儲存格內距 " >
    <tr>
        <th> 表頭標題 </th>...
    </tr>
    <tr>
        <td> 儲存格內容 </td>...
    </tr>
    ...
</table>
```

<table> 元素中相關元素如下：

元素	說明
table	加入表格。
tr	在表格中加入列。
th	在列中加入設定為表頭標題的儲存格。
td	在列中加入儲存格。

<table> 元素中常用的屬性如下：

屬性	說明
width	使用像素 (px) 或百分比 (%) 設定表格寬度。
height	使用像素 (px) 或百分比 (%) 設定表格高度。
border	使用像素 (px) 設定表格框線的寬度。
cellspacing	使用像素 (px) 設定儲存格之間的距離。
cellpadding	使用像素 (px) 設定儲存格內部的距離。

程式碼：4-01.htm

```
...
<table border="1" width="80%" cellspacing="5" cellpadding="5">
 <tr>
  <th> 表頭 A</th>
  <th> 表頭 B</th>
 </tr>
 <tr>
  <td>A1</td>
  <td>B1</td>
 </tr>
```

```
    <tr>
      <td>A2</td>
      <td>B2</td>
    </tr>
  </table>
...
```

執行結果

由結果可以看到：在程式碼中加入一個 2 列 2 欄的表格，其中第一欄是表頭標題。在 `<table>` 元素中加入屬性設定框線，儲存格間距與儲存格內距。

4.1.3 合併儲存格

在 `<td>` 或 `<th>` 元素中可以設定 colspan 屬性水平合併欄，語法格式如下：

```
<td colspan=" 合併欄數 ">
```

可以設定 rowspan 屬性垂直合併列，語法格式如下：

```
<td rowspan=" 合併列數 ">
```

程式碼：4-02.htm

```
...
<table border="1" width="80%" cellspacing="5" cellpadding="5">
  <tr>
    <td colspan="2">A</td>
  </tr>
  <tr>
    <td>A1</td>
    <td>A2</td>
```

```
    </tr>
  </table>
  <br>
  <table border="1" width="80%" cellspacing="5" cellpadding="5">
    <tr>
      <td rowspan="2">A</td>
      <td>A1</td>
    </tr>
    <tr>
      <td>A2</td>
    </tr>
  </table>
...
```

執行結果

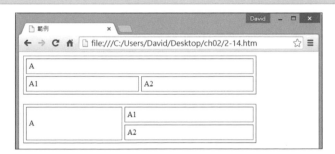

在程式碼中加入二個表格，第一個表格合併第一列中的二欄，第二個表格合併第一欄中的二列。

註 **設定儲存格文字不換行**

在表格中，當儲存格中的文字太長時會自動換行。若是希望該儲存格裡的文字不換行，可以使用 nowrap 這個屬性，語法格式如下：

```
<td nowrap>儲存格的文字內容</td>
```

以下的結果可以比較一下儲存格有無使用 nowrap 屬性的差異：

這是文字這是文字這是文字這是文字	這是文字這是文字這是文字這是文字

4.2 表單

在 HTML 中的表單是利用欄位，讓網站訪客在填入資訊後送出，集中到指定的頁面或是程式進行處理。

4.2.1 表單的功能

您可能沒有發覺，在生活中到處充斥著表單，例如填寫每日出勤表、申請補助或獎助學金、加入社團填寫個人資料 ... 等，表單都能將所需要的資料整理在紙本中，讓使用者依欄位填寫。而 HTML 就是利用這樣的概念，讓網站訪客在填寫完資料之後，收集到指定的程式進行處理。

Google 首頁上的搜尋欄，就是表單最經典的演繹。只要使用者輸入關鍵字後按下送出鈕，程式處理後即可將搜尋結果送回頁面呈現。

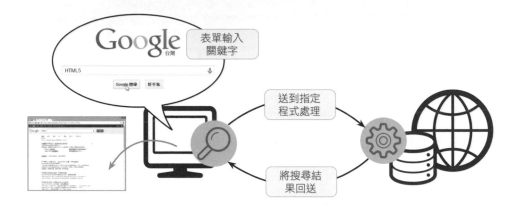

4.2.2 建立表單區域

在網頁裡的表單必須要建立在 <form> ... </form> 標籤之中，其中包含了說明文字、輸入欄位與其他的表單元件。當按下送出按鈕時，會將表單中所填寫的資料一併送出到指定的目的地進行處理。在同一個頁面中可以包含多個表單，但是表單中不能再包含另一個表單。表單基本的語法格式如下：

```
<form action=" 表單資料處理目的地 " method=" 傳送方式 ">
```

屬性	說明
action	指定表單資料送出後的目的頁面網址。
method	表單傳送資料的方法，分為「GET」及「POST」。 1. GET：瀏覽器會前往 action 指定的網址，並將表單中的資料直接附在網址之後。網址與資料之間用「?」問號進行分隔，有多個欄位資料會用「&」符號進行串接。 2. POST：瀏覽器會前往 action 指定的網址，並將表單中的資料放置在 HTTP 的表頭之中進行傳遞。

4.2.3 文字、密碼及按鈕輸入欄位：<input>

在表單中最常使用的欄位即是輸入欄位，因為對應的資料格式很多，所以有許多不同的類型，<input> 基本的使用格式為：

```
<input type=" 輸入欄位類型 " name=" 欄位名稱 " value=" 預設值 ">
```

屬性	說明
type	輸入欄位因為資料格式需求不同，有以下不同類型： 1. **text**：文字輸入欄。 2. **password**：密碼輸入欄，輸入值會以星號或實心圓顯示。 3. **radio**：單選鈕。 4. **checkbox**：多選核取方塊。 5. **button**、**submit**、**reset**：一般、送出及重置按鈕欄位。 6. **hidden**：隱藏欄位。
name	表單資料送出時，會以「欄位名稱 = 資料值」的方式來傳送資料。建議在對表單欄位命名時要易於理解及閱讀，在接收時才不會造成困擾。
value	可設定表單欄位的預設值，當沒有填寫資料送出時，即會以預設值做為傳送的資料值。

文字欄位：text

這是最常使用的輸入欄位，例如想要加入一個名稱為「**username**」的文字欄位：

```
帳號：<input type="text" name="username">
```

若要設定欄位長度或限制輸入資料長度，可使用 size 及 maxlength 二個屬性，例如：

```
帳號：<input type="text" name="username" size="20" maxlength="12">
```

密碼欄位：password

若是輸入欄位的資料是密碼即可使用，例如想要加入一個名稱為「passwd」的密碼欄位：

```
密碼：<input type="password" name="passwd">
```

送出及重置按鈕欄位：submit、reset

完成了表單的資料填寫，即可按下送出按鈕欄位將表單中的資料送往指定的處理程式，若是資料填寫錯誤，可以按下重置按鈕欄位將表單中的資料清空。例如：

```
<input type="submit" value=" 送出資料 ">
<input type="reset" value=" 重置資料 ">
```

程式碼：4-03.htm

```
...
  <form>
  <p> 帳號：<input type="text" name="username"></p>
  <p> 密碼：<input type="password" name="passwd"></p>
  <p><input type="submit" value=" 登入 ">
     <input type="reset" value=" 重置 "></p>
  </form>
...
```

執行結果

由結果可以看到：在 <form> 標籤中並沒有設定 action 及 method，預設表單資料送出時會以 GET 的方式將資料傳送到目前頁面。如上圖，在輸入帳號及密碼時會以設定的方式顯示，按下登入鈕即會將資料送出，資料會傳送到目前的頁面，在網址與資料之間用「？」問號進行分隔，每個欄位名稱與資料會用「&」符號進行串接。

4.2.4 單選鈕及多選核取方塊：radio、checkbox

除了文字、密碼的輸入外，單選鈕及多選的核取方塊也是常用的表單元件。

單選鈕：radio

在多個選項之中只能選擇其中一項，即為單選鈕。只要將 name 屬性設為相同，即會被視為同一組選項。例如製作一組性別的單選鈕：

```
<input type="radio" name="gender" value="male"> 男
<input type="radio" name="gender" value="female"> 女
```

多選核取方塊：checkbox

可以在多個選項之中選擇一個以上的選項，即為多選核取方塊。只要將 name 屬性設為相同，即會被視為同一組選項。例如製作一組興趣的多選核取方塊：

```
<input type="checkbox" name="interest" value="Jog"> 慢跑
<input type="checkbox" name="interest" value="Swin"> 游泳
```

程式碼：4-04.htm

```
...
  <form>
    性別：<input type="radio" name="gender" value="male"> 男
    <input type="radio" name="gender" value="female"> 女 <br>
    興趣：<input type="checkbox" name="interest" value="Jog"> 慢跑
    <input type="checkbox" name="interest" value="Swin"> 游泳
    <input type="checkbox" name="interest" value="Balls"> 球類
    <input type="checkbox" name="interest" value="Other"> 其他
  </form>
...
```

執行結果

4.2.5 輸入欄位的標籤：<label>

<input> 輸入欄位可以使用 <label> 標籤來顯示標題名稱，格式如下：

```
<label for=" 欄位編號 ">顯示名稱</label>
<input type=" 輸入欄位類型 " name=" 欄位名稱 " id=" 欄位編號 ">
```

為什麼要使用 <label> 標籤呢？在表單中輸入時常常不會很精準的點在輸入欄位上，而是欄位的名稱。如果使用 <label> 標籤來顯示名稱，當點選時也會進入輸入欄位。若要使用 <label> 標籤，<input> 輸入欄位就必須設定 id 欄位編號，因為 <label> 標籤就是根據 id 屬性值來對應。

程式碼：4-05.htm

```
...
<form>
 <p><label for="username"> 帳號：</label><input type="text"
name="username" id="username"></p>
 <p><label for="passwd"> 密碼：</label><input type="password"
name="passwd" id="passwd"></p>
 <p><input type="radio" name="gender" value="male" id="male">
<label for="male"> 男 </label>
 <input type="radio" name="gender" value="female" id="female">
<label for="female"> 女 </label></p>
</form>
...
```

執行結果

對於文字欄位來說，當滑鼠沒有點到顯示名稱時，輸入焦點會進入文字欄位之中；而點到單選欄位的文字時，也能選取該選項。

4.2.6 下拉式選項：<select>、<option>

下拉式選項的使用

在表單中如果必須在多個欄位中選取一個或多個選項時，無論使用單選鈕或多選核取方塊，都必須占用較大的顯示區域。若使用下拉式選項即可將選項折疊起來，要進行選取時再展開，即可達到較理想的顯示方式。下拉式選項的語法格式如下：

```
<select name=" 欄位名稱 ">
    <option value=" 值 1"> 選項 1</option>
    <option value=" 值 2"> 選項 2</option>
    ...
    <option value=" 值 n"> 選項 n</option>
</select>
```

設定預設選項：selected

一般來說下拉式選項會以第一個選項為預設選項，若要使用其他的選項為預設，請在該項的 <option> 標籤中加入 selected 屬性。例如：

```
<option value="summer" selected> 夏天 </option>
```

程式碼：4-06.htm

```
...
    <select name="season">
     <option value="spring"> 春天 </option>
     <option value="summer" selected> 夏天 </option>
     <option value="autumn"> 秋天 </option>
     <option value="winter"> 冬天 </option>
    </select>
...
```

執行結果

選定顯示選項數目：size

下拉式選項預設只會顯示一個選項，若在 `<select>` 標籤中加入 size 屬性即可指定顯示的選項數目。例如想讓下拉式選項中一次可以顯示 3 個選項：

```
<select name="month" size="3">
  <option value="1">1 月 </option>
  <option value="2">2 月 </option>
  ...
  <option value="12">12 月 </option>
</select>
```

允許多選：multiple

下拉式選項欄位並不是只能單選，只要在 `<select>` 標籤中加入 multiple 屬性，使用者即可在選取時按著 **Ctrl** 鍵不放選取多個選項。例如想讓下拉式選項中可以多選：

```
<select name="month" multiple> ... </select>
```

程式碼：4-07.htm

```
...
    <select name="season" size="4" multiple>
     <option name="spring"> 春天 </option>
     <option name="summer"> 夏天 </option>
     <option name="autumn"> 秋天 </option>
     <option name="winter"> 冬天 </option>
    </select>
...
```

執行結果

4.2.7 文字區域：<textarea>

文字區域的使用

文字欄位雖然可以設定長度，但若是資料太多，不僅不好分行編輯，也無法進行相關的操作，此時可以使用 <textarea> 文字區域，它的語法格式如下：

```
<textarea name=" 欄位名稱 " rows=" 長度 " cols=" 寬度 ">
  ...
</textarea>
```

文字區域的換行設定：wrap

當文字的長度超過文字區域的寬度或長度，在文字區域即會自動換行並顯示捲軸，可以使用 wrap 屬性來設定換行的模式，使用「wrap="off"」可以關閉換行效果。

程式碼：4-08.htm

```
...
<textarea name="poem" rows="5" cols="20">
  靜夜思　李白

  床前明月光，疑是地上霜。
  舉頭望明月，低頭思故鄉。

  月光舖在床前的地上，
  像是一層瑩白的濃霜。
  抬頭眺望窗外的明月，
  低頭思念久別的故鄉。
</textarea>
...
```

執行結果

4.2.8 表單群組元件：`<fieldset>`、`<legend>`

若是表單的頁面中元件很多，又有不同的類別時，可以使用 `<fieldset>`、`<legend>` 標籤來將有相同目的的表單元件群組化並設定標題，它的格式如下：

```
<fieldset>
    <legend> 群組表單名稱 </legend>
    ...
</fieldset>
```

程式碼：4-09.htm

```
...
<form>
<fieldset>
  <legend> 登入資訊 </legend>
  <p><label for="username"> 帳號：</label>
     <input type="text" name="username" id="username"></p>
  <p><label for="passwd"> 密碼：</label>
     <input type="password" name="passwd" id="passwd"></p>
  <p><input type="submit" value=" 登入 ">
     <input type="reset" value=" 重置 "></p>
</fieldset>
</form>
...
```

執行結果

4.2.9 HTML5 新增表單元件與屬性

HTML5 新增了許多可以直接檢驗輸入資料的表單元件，並且增加了一些方便好用的屬性，雖然各家瀏覽器的支援度不一，但隨著 HTML5 的普及，應在很快的時間內能在各個平台上正常執行。

HTML5新增表單元件

預覽	範例及說明
搜尋：apple	**搜尋輸入欄**：瀏覽器不同可能有不同的樣子與功能。 `<input type="search" name="search">`
信箱：abc 電話： 數字： ■ 請在電子郵件地址中包含「@」，「abc」未包含「@」。	**電子郵件欄**：輸入值必須符合電子郵件的格式，否則無法送出。 `<input type="email" name="email">`
網址：e-happy 電話： 數字： ■ 請輸入網址。	**URL 輸入欄**：輸入值必須符合網址 URL 的格式，否則無法送出。 `<input type="url" name="url">`
電話：02-12312312	**電話輸入欄**：在手機上使用時會顯示數字鍵盤。 `<input type="tel" name="tel">`
數字：7	**數字輸入欄**：只能輸入數字，欄位旁還可以使用上下按鈕來增減數字。 `<input type="number" name="number">`
日期：2017/01/10 時間：2017年01月 　週日 週一 週二 週三 週四 週五 週六 　1 2 3 4 5 6 7 　8 9 10 11 12 13 14 　15 16 17 18 19 20 21 　22 23 24 25 26 27 28 　29 30 31 1 2 3 4 送出	**日期輸入欄**：會顯示年 / 月 / 日三欄供設定，欄位旁還可以使用按鈕顯示小日曆來選取。 `<input type="date" name="date">`
時間：上午 12:00	**時間輸入欄**：會顯示上下午 / 時 / 分三欄供設定，欄位旁還可以使用上下按鈕來增減時間。 `<input type="time" name="time">`
程度：	**範圍輸入欄**：可左右拖曳顯示的移動軸在限制的範圍內設定。 `<input type="range" name="range">`
顏色：　　顏色：	**顏色輸入欄**：可點選後在開啟的顏色盤上選取顏色。 `<input type="color" name="color">`

HTML5新增表單屬性

屬性	範例及說明
autofocus	網頁開啟後會自動將輸入線移到該欄位中。要特別注意，每個頁面只能設定一個欄位有 autofocus 的功能。 `<input type="text" autofocus>`
autocomplete	依欄位過去輸入的值來自動完成，預設狀態為「on」，若要關閉可以設定為「off」。 `<input type="text" autocomplete="on">`
placeholder	在欄位中顯示設定的提示文字，輸入文字後會消失。 `<input type="text" placeholder=" 請輸入姓名 ">` 姓名：請輸入姓名　　　　姓名：黃
required	設定該表單元件為必填欄位，若沒有輸入資料即送出表單會顯示警告訊息，並停止表單送出的動作。 `<input type="text" required>` 姓名：請輸入姓名 搜尋：　　　❗ 請填寫這個欄位。
min / max / step	min、max 及 step 三個屬性是用來設定數字、日期、時間欄位的最小值、最大值及遞增值。 `<input type="number" min="1" max="21" step="3">` 數字：1　　　數字：4　　　數字：19

pattern	使用設定的正規表達式來檢查欄位中的輸入值，這個屬性適用在 text、date、search、url、tel、email 及 password 的輸入欄位中。以下簡單說明幾種正規表達式的使用方式：
	
	1. 輸入值的第一個字必須為大小寫英文或數字：
	`<input type="text" pattern="[a-zA-Z0-9]">`
	
	2. 輸入值的前三個字必須為大小寫英文或數字：
	`<input type="text" pattern="[a-zA-Z0-9]{3}">`
	
	3. 輸入值全部都必須為大小寫英文或數字：
	`<input type="text" pattern="[a-zA-Z0-9]*">`
	
	4. 驗證輸入值的內容為電子郵件格式：
	`<input type="text" pattern="[a-z0-9._%+-]+@[a-z0-9.-]+\.[a-z]{2,4}$">`

程式碼：4-10.htm

```
...
<form action="">
  <p>姓名：<input type="text" name="username" placeholder=
         "請輸入姓名" required autofocus></p>
  <p>搜尋：<input type="search" name="search"></p>
  <p>信箱1：<input type="email" name="email"></p>
  <p>信箱2：<input type="text" name="email2" pattern=
         "[a-z0-9._%+-]+@[a-z0-9.-]+\.[a-z]{2,4}$"></p>
  <p>網址：<input type="url" name="url"></p>
  <p>電話：<input type="tel" name="tel"></p>
  <p>數字：<input type="number" name="number" min="1" max="21"
         step="3"></p>
  <p>日期：<input type="date" name="date"></p>
  <p>時間：<input type="time" name="time"></p>
  <p>程度：<input type="range" name="range"></p>
  <p>顏色：<input type="color" name="color"></p>
  <p><input type="submit" value="送出">
  <input type="reset" value="重置"></p>
</form>
...
```

執行結果

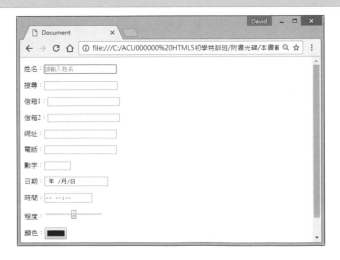

MEMO

CSS 基礎入門

CSS (Cascading Style Sheets) 樣式表在網頁設計中占了十分重要的地位，HTML 是將網頁進行結構化的製作，而 CSS 可以依照這個結構進行美化，提升網頁載入的速度，有系統的打造網站的風格。

CSS 選擇器是套用樣式的基本功夫，除了一般的套用之外，還能使用屬性選擇器、虛擬類別選擇器、虛擬元素選擇器及組合選擇器，讓樣式的套用更靈活。

5.1 認識 CSS

CSS 在現代網頁設計中占有相當重要的地位，它能為 HTML 打造出美觀而實用的外型，豐富網頁的內容。

5.1.1 什麼是 CSS？

CSS (Cascading Style Sheets) 是建立在 HTML 的基礎上，用來美化網頁、進行版面設計的語言。CSS 是由 W3C 定義和維護，目前最新版本是 CSS2.1，為 W3C 的推薦標準。但新一代的 CSS3 現在已被大部分現代瀏覽器支援，設計者能利用它來完成更美觀，更符合使用經驗的網頁。

HTML 就像一個建築的結構與主體，而 CSS 就等於是建築外型的設計與內部的裝潢：一個完美的建築作品，除了要有健全堅固的結構之外，還必須要有美觀貼心的設計，才能彰顯作品的價值。

CSS 可以定義 HTML 標籤，依表列的語法將網頁中的文字段落、圖片、表格、表單 ... 等設計加以格式化，讓網頁上的元件不僅美觀，還能保持一致的風格。CSS 還能定義 HTML 中不同區域彼此之間的大小、位置與配置方式，變化出不同的版型。除此之外，新一代的 CSS3 還能為元件加入動畫、特效，豐富網頁的內容與呈現。

有了 CSS 的協助，不但讓網頁大大的減肥，對於網頁、網站的維護更方便，讓您在最快速的時間內更新網站相關格式與設計。

5.1.2 CSS 的演進

CSS3 的發展歷史經歷了 CSS1、CSS2、CSS2.1。

1. **CSS1**：1996 年 12 月，CSS1 正式推出。這個版本中定義了字型、文字、顏色、背景、區塊等相關屬性。

2. **CSS2-2.1**：由 1998 年 5 月 CSS2 問世到 2011 年 6 月，CSS2.1 正式推出，這是目前瀏覽器幾乎都能支援的 CSS 正式版本。除了向下相容於 CSS1，在這個版本中加強選擇器的功能，定義了相對、絕對與固定的元素定位方式，加入了版面與表格的佈局，並且開始支援對於特定媒體類型的呈現方式。

3. **CSS3**：CSS3 早於 1999 年已開始制訂，直到 2011 年 6 月 7 日，終於發布為 W3C 的推薦標準 (Recommendation)。CSS3 的制定版本以 CSS2.1 為核心，除了修訂錯誤並追加功能外，CSS3 使用了模組 (modules) 的概念將規格再細分割不同的功能，使其能各自獨立進行開發及修訂，加速開發的效率。

CSS 是個與時俱進的技術，目前 CSS4 的規格制定也已經開始了，所有的新功能與規格都正在測試與發展中，讓我們一起期待。

5.1.3 CSS 的特色

改善網頁的結構

因為 CSS 最主要的目的是將網頁所使用的 HTML 文件內容與顯示設定分隔開來，如此一來網頁在顯示時可以利用 CSS 來決定網頁中要使用的顏色、字型、排版等顯示特性。如此一來會有許多好處：

1. HTML 文件因為脫離了樣式設定的敘述去除不必要的資訊，讓整個結構簡化。

2. 加強 HTML 文件內容的可讀性，也讓 HTML 文件的結構更加靈活。

縮短製作與維護的時間

CSS 樣式表將網頁的視覺呈現，甚至互動效果由 HTML 文件中分離出來，也因此帶來了效率的提升。

1. **快速規格化網頁樣式**：在 HTML 語法中，常會使用一些關於顏色、文字大小、框線粗細 ... 等類型的標籤元素或是屬性，在使用上必須針對每個標籤元素逐一設定，十分繁瑣。

   而 CSS 的主要功能就是希望在一開始製作網頁時就將這些設定值建置好，不需要反覆寫入同樣的標籤，即可將整個網頁套用設定好的 CSS 樣式。

2. **快速套用大量網頁**：所有定義完畢的樣式，並不限於套用在某一個網頁中，可以將它匯出成單一檔案，讓多個網頁，甚至整個網站使用，如此一來不但可以快速統一整個網站的格式，而且當格式有所修改時，只要在 CSS 樣式表中重新定義，整個網站頁面都會自動跟著改變。

提升頁面讀取速度

CSS 的出現能大量簡化網頁所使用的原始碼、程式碼與圖片，CSS 語法中提供的特效，能減少甚至是取代讀入許多肥大的多媒體檔案，讓頁面執行能夠更輕量、更順暢，也更快速。

改善搜尋引擎排名

結構健康而清楚的 HTML 文件結構，除了能改善頁面讀取的效能，也更符合搜尋引擎的排序考量，將網站中的資訊收錄到資料庫之中。CSS 的加入能大幅提升 HTML 文件的可讀性，並讓 HTML 的結構更加簡化，更有利於搜尋引擎的搜尋，改善網站在搜尋引擎中的排名。

跨平台開發與無障礙設計

CSS 能根據不同的媒體提供不同的樣式設定，利用媒體查詢的功能，讓網頁無論在哪個尺寸的畫面或是作業系統，都能呈現最適合的配置。

文字是網頁中提供資訊的主要方式，對於視覺障礙者的使用更加重要。使用 CSS 能兼顧一般使用者與視障者的需求，利用不同的設備給予相對的幫助。

5.2 CSS3 的新功能

CSS3 為新一代的網頁技術帶來了革命性的突破，也大幅拓展了使用者網頁應用的深度及廣度，有哪些新功能值得注意的呢？

更強大的選擇器

CSS 要能精準的套用在 HTML 文件之中再進行設定，必須依靠 CSS 選擇器，也是所有 CSS 使用的基礎。CSS3 提供了更強大的選擇器，在不須使用 id 識別碼或是 class 類別就能指向 HTML 中特定的元素，讓語法更加的順暢易用，不容易出錯。

視覺特效

CSS3 推出更多新的屬性，讓過去必須要用圖片才能達到的視覺效果，可以利用 CSS3 語法取代。不僅降低了使用的門檻，也減少了製作的困難，讓視覺更加豐富。例如：圖角、下拉式陰影、半透明背景、漸層 ... 等，都是 CSS3 中新增的視覺特效屬性。

變形、轉換和動畫

CSS3 另一個更加重要的特效，是能對於元素進行變形、轉換，甚至是動畫的設定。變形效果是針對區塊進行移動、縮放、旋轉、傾斜 ... 等效果。轉換效果是針對元素在不同樣式之間變化的動作。動畫效果是根據播放時關鍵影格的不同屬性設定所呈現的動畫。讓網頁可以不在 JavaScript 及 Flash 的幫助之下，呈現豐富的動態效果。

自訂顯示字型

CSS3 能夠連結網路上的字型檔案，讓網頁的文字不僅只能以瀏覽者系統字型進行顯示，還可以用自訂的字型來呈現，讓整個頁面呈現更美觀的畫面。

媒體查詢

CSS3 可以針對使用者的顯示器或裝置的不同，如螢幕寬度、解析度或是色彩數，提供相符的 CSS 樣式設定，讓網頁的內容能夠完美的呈現在不同的平台上。

5.3 CSS 的套用方式

在 HTML 中可以利用三種方式來套用 CSS 樣式，使用者可以根據適合的方式進行套用。

5.3.1 行內樣式

直接在 HTML 的標籤中將 CSS 的樣式設定在 **Style** 屬性裡，如此即可立即改變該 HTML 元素的樣式。例如想將標題一 <h1> 的文字設定為紅色 (#FF0000)，方式如下：

```
<h1 style="color:#FF0000"> 標題一文字 </h1>
```

這個方式雖然相當直覺，但缺點是一旦要修改就必須回到原設定的標籤中調整屬性的設定，若是範圍少還能忍受，當遇到大量而相同的修改時，不僅耗時費工，而且容易漏失發生錯誤。

5.3.2 內部樣式表載入

內部樣式表就是在 HTML 文件的 <head> 檔頭元素裡，將 CSS 語法設定在 <style> 元素之中，這裡所定義的 CSS 樣式就僅供該網頁使用。例如想將標題一 <h1> 的文字設定為紅色 (#FF0000)，方式如下：

```
...
<head>
 <style>
  h1 {color: #FF0000;}
 </style>
</head>
...
```

如此一來就能將 HTML 的標籤與 CSS 的樣式設定分開，當需要新增或是修改 CSS 樣式時只要調整 <style> 元素中的設定即可，所有套用的地方都會一起改變。

5.3.3 外部樣式檔載入

外部樣式檔就是將所有的 CSS 樣式單獨寫在一個外部檔案之中，格式為「.css」。
若要套用這些 CSS 樣式時只要在 HTML 中載入這個外部檔案即可。HTML 文件可以
在 <head> 元素中利用 <link> 元素或是在 <style> 元素中利用 @import 語法來載入
外部樣式檔。

1. 使用 <link> 元素：

```
<head>
    <link href="CSS 樣式檔的路徑 " rel="stylesheet" type="text/css">
</head>
```

2. 使用 @import：

```
<head>
    <style>
     @import url(CSS 樣式檔路徑 );
    </style>
</head>
```

另外要特別注意的是，在 CSS 外部樣式檔中，只需要直接將使用的 CSS 樣式寫
入即可，建議在最前方加入 @charset 來設定樣式檔所使用的編碼，例如想要設定
CSS 樣式檔為 UTF-8，其方式如下：

```
@charset = "UTF-8";
p {
  fontfamily: Arial;
  color: #0000FF;
}
...
```

使用 CSS 外部樣式檔連入的方式是最為推薦的，因為只有這個方式能讓多個網頁共
用一個 CSS 樣式表，能讓所有套用的網頁在樣式及版面的配置上顯得一致。

最重要的是，所有網頁的樣式維護只要修改一個檔案，不需要開啟一個個的網頁進
行更新，只要針對 CSS 外部樣式檔來調整，所有連結的網頁即會跟著改變。

5.4 CSS 基本語法

CSS 在現代網頁設計中占有相當重要的地位，它能為 HTML 打造出美觀而實用的外型，豐富網頁的內容。

5.4.1 CSS的語法結構

CSS 樣式的語法是由 **選擇器** 與 **宣告** 所組成，其中宣告包含了 **屬性** 與 **值**，基本格式如下：

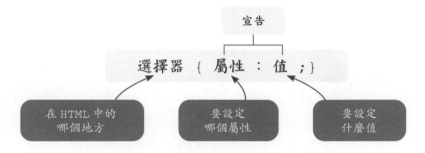

選擇器

選擇器 是用來指定 CSS 的樣式要套用到 HTML 的哪些位置上，例如想套用到某個元素上，該元素名稱即為選擇器名稱，如果有數個元素要套用相同的樣式設定，可以利用「，」來區隔。

例如想要將標題 <h1>、<h2> 的文字都設定為紅色 (#FF0000)，方式如下：

```
h1, h2 {
    color: #FF0000;
}
```

CSS 選擇器對於 CSS 的套用相當重要，後續內容中會有詳細的說明。

宣告

宣告 是用來設定選擇器所指定的元素該套用何種樣式。

CSS 的樣式宣告是位於「{ ... }」大括號之間，每一個宣告都是由 **屬性** 與 **值** 組成，其中以「：」分開。

CSS 宣告在使用時可以指定多組屬性與值，每組之間可以使用「；」分號來區隔。例如想將段落文字 <p> 的字型設定為 Arial 字體，字型顏色為藍色 (#0000FF)，方式如下：

```
p {
      fontfamily: Arial;
      color: #0000FF;
}
```

5.4.2 瀏覽器的前綴詞

CSS 是一個一直在進步的技術，在其規則還在制定的階段，許多屬性、功能在不同的瀏覽器支援度是不一的。許多實驗性或是針對某些瀏覽器所擴充的屬性或是功能，必須在設定值前加上前綴詞，讓瀏覽器在讀取執行時可以依前綴詞的區隔選取適合自己的設定。以下是常見瀏覽器的前綴詞：

前綴詞	瀏覽器
-ms-	Internet Explorer
-moz-	Firefox
-o-	Opera (Mobile、Mini)
-webkit-	Chrome、Safari、Safari on iOS、Android browser

例如圖片想使用 CSS3 的變形 transform 屬性進行旋轉，方式如下：

```
img {
      -ms-transform: rotate(45deg);
      -moz-transform: rotate(45deg);
      -o-transform: rotate(45deg);
      -webkit-transform: rotate(45deg);
      transform: rotate(45deg);
}
```

在本書中為說明單純化，將視瀏覽器皆能接受使用的 CSS 屬性，不加瀏覽器前綴詞，使用者可視需求自行添加。

5.5 CSS 基本選擇器

樣式設定的第一關就是使用 CSS 的選擇器，能夠在 HTML 中準確的選取適合的元素才能套用適合的樣式。

CSS 樣式的設定必須要先確定套用的位置與範圍，所以 CSS 選擇器就十分的重要。以下是基本的 CSS 選擇器：

5.5.1 全域選擇器

全域選擇器可以選擇 HTML 中所有的元素，其格式如下：

```
*  { 宣告 ; }
```

例如想要將頁面中的文字設定為紅色 (#FF0000)，方式如下：

```
*  { color: #FF0000; }
```

5.5.2 元素選擇器

直接選擇 HTML 的標籤元素名稱來設定樣式，例如 h1、h2、h3、p、div 等 HTML 標籤，是最基本的選擇器，其格式如下：

```
元素名稱 { 宣告 ; }
```

例如想要將標題 <h3> 的文字設定為紅色 (#FF0000)，方式如下：

```
h3 { color: #FF0000; }
```

5.5.3 class選擇器

若要將整個頁面中某些 HTML 標籤元素設為相同的樣式，通常會在這些元素中使用 class 屬性並設定相同的值當作名稱。一旦以該 class 名稱為選擇標的，即可一次將頁面中同類別的標籤元素選取起來進行設定，其格式如下：

```
.class 名稱 { 宣告 ; }
```

例如想要將所有設定「class="note"」元素的文字為紅色 (#FF0000)，方式如下：

```
.note { color: #FF0000; }
```

例如想要將所有段落 <p> 中設定「class="note"」元素的文字為紅色 (#FF0000)，方式如下：

```
p.note { color: #FF0000; }
```

5.5.4 id 選擇器

在 HTML 中會在元素使用 id 識別碼屬性來標示特別的內容。因為 id 識別碼屬性是有排他唯一的特性，所以在整個 HTML 文件中一個 id 只能使用一次。如果要為這個 id 識別碼屬性所指定的元素進行設定，就可以使用 id 選擇器，其格式如下：

```
#id 名稱 { 宣告; }
```

例如想要將設定「id="hotnews"」元素中的文字為紅色 (#FF0000)，方式如下：

```
#hotnews { color: #FF0000; }
```

例如想要將 <h1> 標題中設定「id="hotnews"」元素的文字為紅色 (#FF0000)，方式如下：

```
h1#hotnews { color: #FF0000; }
```

程式碼：5-01.htm

```
...
<head>
    <title> 範例 </title>
    <style>
    h1 { color: blue;}
    #maindiv { font-size: 75%;}
    .poem { font-style: italic; font-size: 120%;}
    </style>
</head>

<body>
<h1> 靜夜思　李白 </h1>
```

```
<div id="maindiv">
 <p class="poem">
床前明月光，疑是地上霜。<br>
舉頭望明月，低頭思故鄉。
</p>
<p>
月光鋪在床前的地上，<br>
像是一層瑩白的濃霜。<br>
抬頭眺望窗外的明月，<br>
低頭思念久別的故鄉。
</p>
</div>
</body>
...
```

執行結果

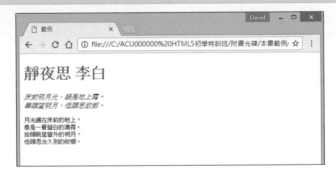

由結果看來：CSS 選擇器分別選取了 <h1> 標題元素、id 為「maindiv」以及 class 為「poem」的內容進行樣式的設定。

5.6 CSS 屬性選擇器

除了 CSS 基本的選擇器之外，在 CSS2 之後加入了屬性選擇器，大大增加了選擇器的彈性。

CSS 屬性選擇器可以快速選取頁面中套用指定屬性的元素，再套用 CSS 的設定，以下是常用的 CSS 屬性選擇器：

格式	説明及範例

元素 [屬性]	對有設定指定屬性的元素進行 CSS 樣式設定。
	例如想選取 `<img>` 中有設定 alt 屬性的元素設定框線，方式如下：
	<pre>img[alt] {
	    border: 1px solid red;
	}</pre>

元素 [屬性 = " 值 "]	對有設定指定屬性及值的元素進行 CSS 樣式設定。
	例如想選取 `<a>` 中有設「href="http://www.google.com"」屬性的元素設定文字顏色，方式如下：
	<pre>a[href = "http://www.google.com"]{
	    color: #FF0000;
	}</pre>

元素 [屬性 ~= " 文字 "]	在設定屬性值時，內容可以使用半形空白隔開單字。使用「~=」代表設定文字只要符合其中一個單字即可被選取並進行相關的 CSS 設定。
	例如想選取 `<img>` 元素中的 alt 屬性值有包含「Google」就設定框線，方式如下：
	<pre>img[alt ~= "Google"]{
	    border:1px solid red;
	}
	...
	<img src="logo.png" alt="I Am Google"></pre>

格式	説明及範例

元素 [屬性 |= " 文字 "]	在設定屬性值時，內容中會使用「-」連接單字或編號。使用「|=」代表值只要符合是開頭文字加「-」，即可被選取並進行相關的 CSS 設定。
	
	例如想選取 <img> 元素中的 alt 屬性值開頭是「photo」就設定框線，方式如下：
	
	``css
	img[alt |= "photo"]{
	  border:1px solid red;
	}
	
	...
	
	<img src="photo1.png" alt="photo-1">
	<img src="photo1.png" alt="photo-2">
	``

元素 [屬性 ^= " 文字 "]	對有設定指定屬性，並且其值開頭為指定文字的元素進行 CSS 樣式設定。
	
	例如想選取 <a> 中設定為郵件超連結 (即 href 屬性開頭是「mailto:」) 的元素設定文字顏色，方式如下：
	
	``css
	a[href ^= "mailto:"] {
	  color: #FF0000;
	}
	``

元素 [屬性 $= " 文字 "]	對有設定指定屬性，並且其值結束為指定文字的元素進行 CSS 樣式設定。
	
	例如想選取 <img> 中圖片來源是 png 檔 (即 src 屬性結尾是「.png」) 的元素設定框線，方式如下：
	
	``css
	img[src $= ".png"]{
	  border:1px solid red;
	}
	``

元素 [屬性 *= " 文字 "]	對有設定指定屬性，並且其值內容有包含指定文字的元素進行 CSS 樣式設定。
	
	例如想選取 <a> 中設定超連結有「e-happy」文字的元素設定文字顏色，方式如下：
	
	``css
	a[href *= "e-happy"] {
	  color: #FF0000;
	}
	``

```
...
<style>
...
h2[class="brand"]{
   color: #FF3300;
}
img[alt~="Logo"]{
   width: 80px; height: 80px;
}
a[href^="http://"]{
   color: #FF0000;
   text-decoration: none;
}
img[src$=".png"]{
   border: 1px solid #000;
}
a[href*="e-happy"]{
   background-color: yellow;
}
</style>
...
<table>
 <tr>
  <td>
   <h2 class="brand">HTML5</h2>
   <img src="images/HTML5.png" alt="HTML5 Logo">
   <p><a href="http://zh.wikipedia.org/zh-tw/HTML5"> 認 識 HTML5</a></p>
  </td>
  <td>
   <h2 class="brand">CSS3</h2>
   <img src="images/CSS3.png" alt="CSS3 Logo">
```

```
    <p><a href="https://zh.wikipedia.org/zh-tw/CSS3"> 認 識 CSS3</a></p>
  </td>
  <td>
    <h2> 聯絡我們 </h2>
    <img src="images/logo.jpg" alt="eHappy Logo">
    <p><a href="mailto:e-happy@e-happy.com.tw"> 文淵閣工作室信箱 </a></p>
  </td>
  </tr>
</table>...
```

執行結果

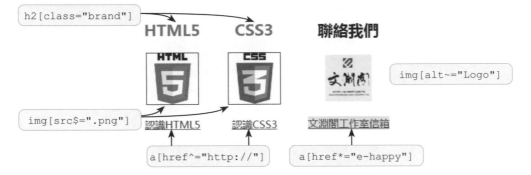

由結果看來，CSS 屬性選擇器進行了以下的設定：

1. 用 h2[class="brand"] 將 <h2> 前二個標題選起來並調整了顏色。

2. 用 img[alt~="Logo"] 將 <img> 有設定 alt 屬性，而且其值在用空白分隔後的單字有「Logo」的圖片設定圖定的寬高，所有的圖片受到影響。

3. 用 a[href^="http://"] 將 <a> 的 href 屬性值開頭為「http://」進行文字格式設定，前二個超連結受到影響。

4. 用 img[src$=".png"] 將 <img> 的 src 屬性結尾是「.png」的加上框線，前二張圖片受到影響。

5. 用 a[href*="e-happy"] 將 <a> 的 href 屬性值有包含「e-happy」進行文字格式設定，最後的超連結受到影響。

5.7 CSS 虛擬類別選擇器

CSS 除了用基本選擇器、屬性選擇器，這裡將介紹 CSS3 的虛擬類別選擇器進行更進階的選擇方式。

CSS 的 **虛擬類別** (Pseudo-classes) 選擇器是針對套用樣式的元素狀態或是特徵來進行選擇。以狀態來說，例如可以選擇點閱過或是沒有點閱過的連結，選擇滑鼠滑過上方或是正在選按的元素，或是有啟用及沒啟用的連結 ... 等。以特徵來說，例如可在相同的元素中選擇奇數或偶數的元素，選擇第一個或最後一個子元素 ... 等。

5.7.1 常用虛擬類別選擇器

格式	說明及範例

元素：link
元素：visited
	:link 是選擇尚未點閱的超連結元素，:visited 是選擇已經點閱的超連結元素。
	例如想設定未點閱過的連結文字為紅色，點閱過的連結文字為藍色，方式如下：
	`a:link { color: red }`
	`a:visited { color: blue }`

元素：hover
元素：active
元素：focus
	:hover 是選擇滑過的元素，:active 是選擇被點選或按下的元素，:focus 是選擇移入焦點的元素，常用在表單元件上。
	例如想設定滑過的連結文字為橘色，按下的連結文字尚未放開前為黃色，方式如下：
	`a:hover { color: orange }`
	`a:active { color: yellow }`

元素：enabled
元素：disabled
元素：checked
	:enabled 是對有效元素套用樣式，:disabled 是對無效元素套用樣式，:checked 是對核選的元素套用樣式。
	例如按鈕元件是啟用的就呈現紅框，按鈕元件是停用的就呈現灰框，核選的核選方塊放大，方式如下：
	`button:enabled {border: 1px solid red;}`
	`button:disabled {border: 1px solid gray;}`
	`input:checked {height: 50px;width: 50px;}`

格式	說明及範例
元素：empty	:empty 是選擇沒有子元素或是內容的元素。 例如想設定沒有內容的儲存格為灰色，方式如下： `td:empty { background-color: gray }`
元素：not(選擇器)	:not() 選擇不符合參數中的選擇器的元素。 例如想在段落中選擇沒有設定「class="poem"」的段落為紅色，方式如下： `p:not(.poem) { color: red }`

程式碼：5-03.htm

```
...
<style>
 a {
   text-decoration: none;
   font-size: 13pt;
 }
 a:link { color: blue; }
 a:visited { color: Crimson; }
 a:hover { border: 1px solid black; }
 a:active { color: yellow; }
</style>
...
 <h2> 網路食譜網站 </h2>
 <ul>
   <li><a href="http://icook.tw/">iCook 愛料理 </a></li>
   <li><a href="http://food.tank.tw/"> 食譜大全 </a></li>
   <li><a href="http://cookpad.com/tw">Cookpad 台灣 </a></li>
   <li><a href="http://recipe.piliapp.com"> 食譜幫 </a></li>
 </ul>
 ...
```

執行結果

由結果看來，CSS 虛擬類別選擇器為文件中的超連結設定了不同狀態下的樣式。

5.7.2 child 虛擬類別選擇器

CSS3 新增的 child 系列的虛擬類別選擇器相當強大，能有規律選取元素進行屬性的設定，將以往只能利用程式達到的功能，用 CSS 一次解決。

所謂的「child」就是同在一個父元素之下的子元素之間選取，常見的選取方式如下：

格式	說明
元素：first-child	第一個元素
元素：last-child	最後一個元素
元素：only-child	只有一個元素
元素：nth-child	在相同的子元素間，指定或間隔幾個元素進行選擇，常見方式如下： | 格式	說明
元素：nth-child(數字)	選取第幾個元素
元素：nth-child(2n)	選取偶數的元素
元素：nth-child(2n+1)	選取奇數的元素
元素：nth-child(even)	選取偶數的元素
元素：nth-child(odd)	選取奇數的元素
元素：nth-last-child(數字)	選取由後面數來第幾個元素	

程式碼：5-04.htm

```
...
<style>
...
  td:nth-child(1){
    text-align:left;
  }
  td:nth-child(2){
    text-align:right;
  }
  tr:nth-child(2n+1){
    background-color: #f1f1f1;
  }
  tr:first-child{
    color: #FFFFFF;
    background-color: #00CED1;
  }
</style>
...
  <h2> 花生餅乾 </h2>
  <table>
    <tr>
      <th> 食材 </th>
      <th> 份量 </th>
    </tr>
    <tr>
      <td> 無鹽奶油 </td>
      <td>120g</td>
    </tr>
    ...
  </table>
...
```

執行結果

花生餅乾

食材	份量
無鹽奶油	120g
白細砂糖	100g
全蛋1顆	50g
低筋麵粉	250g
花生醬	50g
泡打粉	2g

`tr:first-child`
`td:nth-child(1)`
`td:nth-child(2)`
`tr:nth-child(2n+1)`

由結果看來，使用 child 虛擬類別選擇器能快速為表格的欄列設定了不同的樣式。

5.7.3 of-type 虛擬類別選擇器

所謂的「of-type」就是同在一個父元素之下，又必須是相同類別的子元素之間選取。使用「child」時的子元素，無論何種類型都會算入計次，但「of-type」就必須是相同的元素才能算入計次。常見的選取方式如下：

格式	說明
元素：first-of-type	第一個相同元素
元素：last-of-type	最後一個相同元素
元素：only-of-type	只有一個相同子元素
元素：nth-of-type	在相同的子元素間，指定或間隔幾個元素進行選擇，如下：

格式	說明
元素：nth-of-type(數字)	選取第幾個相同元素
元素：nth-of-type(2n)	選取偶數的相同元素
元素：nth-of-type(2n+1)	選取奇數的相同元素
元素：nth-of-type(even)	選取偶數的相同元素
元素：nth-of-type(odd)	選取奇數的相同元素
元素：nth-of-type(數字)	選取由後面數來第幾個相同元素

程式碼：5-05.htm

```
...
<style>
p:nth-child(3){
    background-color: yellow;
}
p:nth-of-type(3){
    background-color: green;
}
</style>
...
<h2>花生餅乾 </h2>
<p>無鹽奶油  120g</p>
<p>白細砂糖  100g</p>
<p>全蛋 1 顆  50g</p>
<p>低筋麵粉  250g</p>
<p>花生醬  50g</p>
<p>泡打粉  2g</p>
...
```

執行結果

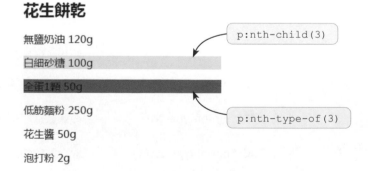

許多人會無法分辨 child 與 type-of 虛擬類別選擇器，在這範例中刻意用 :nth-child 及 :nth-type-of 來選擇同一個數字順序的元素。由結果看來，child 虛擬類別選擇器將同一層的元素，除了 <p> 還包含了 <h2> 來進行計數並進行套用。而 type-of 虛擬類別選擇器在同一層的元素只選相同的 <p> 來進行計數並進行套用。

5.8 CSS 虛擬元素選擇器

CSS3 虛擬類別選擇器可以使用之外，還有虛擬元素選擇器能夠在頁面上加入其他的內容。

所謂 **虛擬元素** (Pseudo-elements)，也就是原來在文件中沒有的元素，在特定的狀況之下加入到文件之中的元素。在語法上，虛擬類別選擇器與虛擬元素選擇器最大差異：虛擬類別選擇器是用「:」開頭，而虛擬元素是用「::」。

在 CSS3 中可以使用以下的虛擬元素選擇器：

格式	說明及範例
元素 ::first-line	選擇元素的第一行套用樣式。
元素 ::first-letter	選擇元素的第一個字套用樣式。
元素 ::before	在選擇元素前加入內容並套用樣式，必須加上 content 屬性來加入內容。
元素 ::after	在選擇元素後加入內容並套用樣式，必須加上 content 屬性來加入內容。

程式碼：5-06.htm

```
...
<style>
p::first-line{
   background-color: yellow;
}
p::first-letter{
   font-size: 200%;
}
ul::before{
  content: " 準備材料 ";
```

```
    color: white;

    background-color: black;

    margin-left: -1em;

  }

  ul::after{

    content: " ";

    display: block;

    border-bottom: 1px solid black;

  }

</style>

...

<h2>花生餅乾</h2>

<p>簡單純萃，往往最令人難忘。<br>花生餅乾的製作相當簡單，只要用下列材料組合
並進行烘烤，即可做出外表香酥入口即化的成品。不要錯過了！</p>

<ul>

  <li>無鹽奶油 120g</li>

  <li>白細砂糖 100g</li>

...

  </ul>

...
```

執行結果

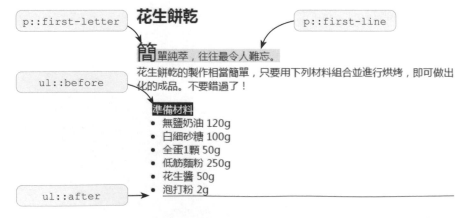

由結果看來，虛擬元素選擇器將首行加上背景，並將首字放大。接著再將下方原來
的原料列表前方加上標題，後方加上底線。

5.9 組合選擇器

樣式設定的第一關就是使用 CSS 的選擇器，能夠在 HTML 中準確的選取適合的元素才能套用適合的樣式。

5.9.1 後代選擇器

若要將某個父層元素下的元素，不僅是直系子元素選取起來，可以使用後代選擇器，其格式如下：

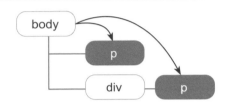

元素名稱 子層元素名稱 { 宣告 ; }

例如想要將頁面中所有的段落 <p> 的字設定為藍色 (#0000FF)，方式如下：

```
body p { color: #0000FF; }
```

5.9.2 子選擇器

若要將某個父層元素下的直系子元素選取起來，可以使用子選擇器，其格式如下：

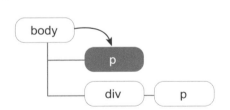

元素名稱 > 子層元素名稱 { 宣告 ; }

例如要將頁面中的段落 <p> 的字 (不包含其他元素中的段落) 設定為藍色 (#0000FF)，方式如下：

```
body > p { color: #0000FF; }
```

程式碼：5-07.htm

```
...
<head>
 <meta charset="UTF-8">
 <title> 範例 </title>
```

```
</head>
<body>
 <ul>
  <li><em> 選項 1</em></li>
  <li><em> 選項 2</em>
   <ol>
    <li><em> 選項 2-1</em></li>
    <li><em> 選項 2-2</em></li>
   </ol>
  </li>
  <li><em> 選項 3</em></li>
 </ul>
</body>
...
```

執行結果

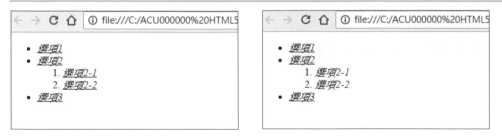

將原來的後代選擇器改為子選擇器之後，結果就有明顯的不同。

5.10 CSS選擇器的套用順序

樣式設定的第一關就是使用 CSS 的選擇器，能夠在 HTML 中準確的選取適合的元素才能套用適合的樣式。

如果有多個 CSS 設定值套用到同一個元素位置上，就會發生 CSS 選擇器套用的順序問題。以下是 CSS 選擇器套用的順序優先規則：

後來設定的勝過前面的設定

寫在後方的 CSS 設定值，會優先在前方的設定值，也就是後來的優先，寫在前方的設定值會被後面的設定值覆蓋。

選擇器的明確度越精確先行套用

什麼是明確度呢？也就是選擇器能指定的元素越精確，就會先行套用。以下依選擇器的明確度說明執行的優先順序。

!important 優先套用

如果有一定要優先套用的 CSS 屬性值，可以在該設定值後加入「!important」來表示套用的最高優先權。

MEMO

Chapter 06

顏色與文字設定

網頁中顏色的使用相當重要，除了能提高閱讀的舒適度，善用顏色的搭配能讓頁面的表現更加分。

文字是網頁中最基礎但也最重要的內容，使用 CSS 能快速的定義文字大小，粗細、字型、顏色 ... 等樣式，讓文字的呈現不再一成不變。

6.1 顏色的設定

顏色可以套用在網頁中的文字、段落、區塊、背景，對於網頁的配色來說，正確指定使用的顏色是十分重要的。

CSS 可以使用 RGB、RGBA、HSL、HSLA、顏色名稱 ... 等方式來指定網頁上顏色的使用，以下是各個設定的方式說明。

6.1.1 使用RGB設定

RGB 是使用紅 (r)、綠 (g)、(b) 三顏色以 00~ff 的 16 進位數來表示顏色的方法，其格式如下：

```
#rrggbb
```

在 16 進位中若每個顏色數字重疊，可以簡化為 3 位數來指定顏色，其格式如下：

```
#rgb
```

也可以 10 進位來表達紅 (r)、綠 (g)、藍 (b) 三顏色的值，每個顏色值的範圍就為 0~255 (16 進位是 00~FF)，每個值之間以「，」區隔，格式如下：

```
rgb(n, n, n)
```

也可以百分比來表達紅 (r)、綠 (g)、藍 (b) 三顏色的值，顏色值的範圍為 0%~100%，每個值之間以「，」區隔，格式如下：

```
rgb(n%, n%, n%)
```

舉例來說，將 <p> 段落文字以 RGB 設定為紅色的方式如下：

```
p { color: #FF0000; }
p { color: #F00; }
p { color: rgb(255, 0, 0); }
p { color: rgb(100%, 0%, 0%); }
```

6.1.2 使用RGBA設定

RGBA 是使用 RGB 設定顏色時再加上對於透明度 Alpha 的設定。Alpha 的設定值由透明到不透明是介於 0.0~1.0 之間，設定值是加在以 10 進位設定 RGB 設定值之後，以「，」隔開。其格式如下：

```
rgba(n, n, n, n)
```

舉例來說，將 <p> 段落文字以 RGBA 設定為紅色，透明度為 50% 的方式如下：

```
p { color: rgba(255, 0, 0, 0.5); }
p { color: rgba(100%, 0%, 0%, 0.5); }
```

6.1.3 使用HSL設定

HSL 色彩空間是使用色相 (h)、彩度 (s)、亮度 (l) 來表示顏色的方法，這三個數值說明如下：

1. **色相 (Hue)**：以色相環上的角度來指定顏色，例如紅色為 0 度，綠色為 120 度，藍色為 240 度。

2. **彩度 (Saturation)**：設定顏色的鮮豔程度，例如 0% 為無色，100% 為純色。

3. **亮度 (Lightness)**：設定顏色的明亮程度，例如 0% 為黑色，100% 為白色，一般取中間值 50% 為純色。

6.1.4 使用HSLA設定

HSLA 是使用 HSL 設定顏色時再加上對於透明度 Alpha 的設定。Alpha 的設定值由透明到不透明是介於 0.0~1.0 之間，設定值是加在 HSL 設定值之後，以「，」隔開。其格式如下：

```
hsla(n, n, n, n)
```

舉例來說，將 <p> 段落文字以 HSLA 設定為紅色，透明度為 50% 的方式如下：

```
p { color: hlsa(0, 100%, 100%, 0.5); }
```

6.1.5 使用顏色名稱設定

可以使用顏色的英文名稱來設定，英文不區分大小寫。例如，要將 `<p>` 段落文字設定為紅色，方式如下：

```
p { color: red; }
```

常用的顏色英文及色碼對應列表如下：

顏色名稱	色碼	顏色名稱	色碼	顏色名稱	色碼
white	#ffffff	lightsalmon	#ffa07a	honeydew	#f0fff0
ivory	#fffff0	darkorange	#ff8c00	aliceblue	#f0f8ff
lightyellow	#ffffe0	coral	#ff7f50	khaki	#f0e68c
yellow	#ffff00	hotpink	#ff69b4	lightcoral	#f08080
snow	#fffafa	tomato	#ff6347	palegoldenrod	#eee8aa
floralwhite	#fffaf0	orangered	#ff4500	violet	#ee82ee
lemonchiffon	#fffacd	deeppink	#ff1493	darksalmon	#e9967a
cornsilk	#fff8dc	fuchsia	#ff00ff	lavender	#e6e6fa
seashell	#fff5ee	red	#ff0000	lightcyan	#e0ffff
lavenderblush	#fff0f5	oldlace	#fdf5e6	burlywood	#deb887
papayawhip	#ffefd5	lightgoldenrodyellow	#fafad2	plum	#dda0dd
mistyrose	#ffe4e1	linen	#faf0e6	gainsboro	#dcdcdc
bisque	#ffe4c4	antiquewhite	#faebd7	crimson	#dc143c
blanchedalmond	#ffe4c4	salmon	#fa8072	palevioletred	#db7093
moccasin	#ffe4b5	ghostwhite	#f8f8ff	goldenrod	#daa520
navajowhite	#ffdead	mintcream	#f5fffa	orchid	#da70d6
peachpuff	#ffdab9	whitesmoke	#f5f5f5	thistle	#d8bfd8
gold	#ffd700	beige	#f5f5dc	lightgrey	#d3d3d3
pink	#ffc0cb	wheat	#f5deb3	tan	#d2b48c
lightpink	#ffb6c1	sandybrown	#f4a460	chocolate	#d2691e
orange	#ffa500	azure	#f0ffff	peru	#cd853f

顏色名稱	色碼	顏色名稱	色碼	顏色名稱	色碼
indianred	#cd5c5c	blueviolet	#8a2be2	turquoise	#40e0d0
mediumvioletred	#c71585	lightskyblue	#87cefa	mediumseagreen	#3cb371
silver	#c0c0c0	skyblue	#87ceeb	limegreen	#32cd32
darkkhaki	#bdb76b	grey	#808080	darkslategrey	#2f4f4f
rosybrown	#bc8f8f	olive	#808000	seagreen	#2e8b57
mediummorchid	#ba55d3	purple	#800080	forestgreen	#228b22
darkgoldenrod	#b8860b	maroon	#800000	lightseagreen	#20b2aa
firebrick	#b22222	aquamarine	#7fffd4	dodgerblue	#1e90ff
powderblue	#b0e0e6	chartreuse	#7fff00	midnightblue	#191970
lightsteelblue	#b0c4de	lawngreen	#7cfc00	aqua	#00ffff
paleturquoise	#afeeee	mediumslateblue	#7b68ee	springgreen	#00ff7f
greenyellow	#adff2f	lightslategrey	#778899	lime	#00ff00
lightblue	#add8e6	slategrey	#708090	mediumspringgreen	#00fa9a
darkgrey	#a9a9a9	olivedrab	#6b8e23	darkturquoise	#00ced1
brown	#a52a2a	slateblue	#6a5acd	deepskyblue	#00bfff
sienna	#a0522d	dimgrey	#696969	darkcyan	#008b8b
yellowgreen	#9acd32	mediumaquamarine	#66cdaa	teal	#008080
darkorchid	#9932cc	rebeccapurple	#663399	green	#008000
palegreen	#98fb98	cornflowerblue	#6495ed	darkgreen	#006400
darkviolet	#9400d3	cadetblue	#5f9ea0	blue	#0000ff
mediumpurple	#9370db	darkolivegreen	#556b2f	mediumblue	#0000cd
lightgreen	#90ee90	indigo	#4b0082	darkblue	#00008b
darkseagreen	#8fbc8f	mediumturquoise	#48d1cc	navy	#000080
saddlebrown	#8b4513	darkslateblue	#483d8b	black	#000000
darkmagenta	#8b008b	steelblue	#4682b4		
darkred	#8b0000	royalblue	#4169e1		

6.2 文字大小、字型及相關的樣式設定

文字是網頁的基礎，使用適當的文字大小、文字字形與顏色，對於網頁資訊傳達來說十分重要。

6.2.1 文字大小：font-size

在閱讀網頁時許多人最在意的就是文字大小，這關係到文字是否容易閱讀。在 CSS 中設定文字大小是使用 font-size，代表的方式可以用絕對大小與相對大小。其格式如下：

```
font-size: 文字大小
```

絕對數值設定

以絕對數值與單位來設定文字的大小，常見的類型如下：

設定	說明
xx-small x-small small medium large x-large xx-large	以 7 個等級來設定文字大小，預設值為 medium，為目前的文字預設大小，但依各瀏覽器而不有同，每大一級或小一級的尺寸大約差 1.2 倍。
px	像素。
cm	公分。
pt	點數，印刷常用的單位，1pt=1/72 英吋。

相對設定

以相對比例來設定文字的大小，常見的類型如下：

設定	說明
smaller	比預設等級小一級。

設定	說明
larger	比預設等級大一級。
em	以正在使用的文字樣式大小為基準，1em 等於 1 個文字的大小。例如設定 \<h1\> 文字大小為 1.2em，就代表比原 \<h1\> 文字尺寸大 20%。
rem	這是 CSS3 的新單位，以根元素的文字大小為基準。在網頁中的根元素即是 \<body\>，rem 即是以預設 \<body\> 的文字尺寸進行比例設定。例如設定 \<h1\> 文字大小為 1.2em，就不是以 \<h1\> 原文字尺寸為基準，而是比 \<body\> 的文字尺寸大 20%。
%	以父層元素的文字大小為基準，進行百分比比例的設定。

程式碼：6-01.htm

```
...
<head>
 <meta charset="UTF-8">
 <title> 範例 </title>
</head>
<body style="font-size: 16px;">
預設文字尺寸 16px
<div>
 <div style="font-size: xx-small;"> 文字尺寸 xx-small</div>
 <div style="font-size: x-small;"> 文字尺寸 x-small</div>
 <div style="font-size: small;"> 文字尺寸 small</div>
 <div style="font-size: medium;"> 文字尺寸 medium</div>
 <div style="font-size: large;"> 文字尺寸 large</div>
 <div style="font-size: x-large;"> 文字尺寸 x-large</div>
 <div style="font-size: xx-large;"> 文字尺寸 xx-large</div>
 <div style="font-size: smaller;"> 文字尺寸 smaller</div>
 <div style="font-size: larger;"> 文字尺寸 larger</div>
</div>
<hr>
預設文字尺寸 16px
<div style="font-size: 20px;">
```

```
    <div> 文字尺寸 20px</div>

    <div style="font-size: 1em;"> 文字尺寸 1em</div>

    <div style="font-size: 1rem;"> 文字尺寸 1rem</div>

    <div style="font-size: 100%;"> 文字尺寸 100%</div>

</div>

</body>

...
```

執行結果

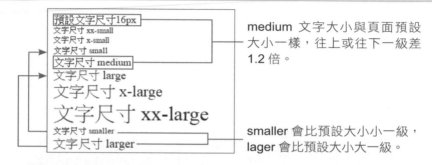

medium 文字大小與頁面預設大小一樣，往上或往下一級差 1.2 倍。

smaller 會比預設大小小一級，lager 會比預設大小大一級。

下圖中在 div 預設文字大小為 20px，設定為 1em 及 100% 都是跟父層 div 文字大小相同，1rem 則跟網頁根元素 <body> 的文字大小相同。

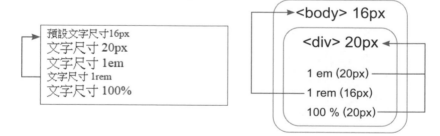

在設定網頁文字尺寸時要注意使用的單位，以及對應的基準，設定時才會容易控制。

註　設定文字大小的極限

為了確保網頁瀏覽文字的閱讀舒適感，不同瀏覽器會限定文字的最小顯示尺寸。Chrome 的文字最小可以顯示到 10px，Opera 是 9px，設定到更小的尺寸都會被忽略。Safari 中若是以 em 或 % 設定的文字，其實際大小小於 9px 時都會以 9px 顯示。

在行動裝置上，Android 平台的顯示規定與 Chrome 相同，iOS 平台的顯示規定與 Safari 相同。

6.2.2 文字粗細：font-weight

在網頁上除了要注意文字的大小，文字的粗細也是很重要的一個設定值。在 CSS 中設定文字粗細是使用 font-weight，其格式如下：

```
font-weight: 文字粗細
```

文字粗細預設是「normal」，若要粗體字可以設定為「bold」，若要變細一級可以使用「lighter」，變粗一級可以使用「bolder」。若要更精確設定文字的粗細，可以使用 100~900 的 9 個等級，但是一般字型只有 2 個等級的粗細設定，要視各個字型的不同來使用。

程式碼：6-02.htm

```
...
<head>
    <title> 範例 </title>
    <style>
      p { font-family: " 微軟正黑體 "; margin: 1px;}
    </style>
</head>
<body>
 <p style="font-weight: normal;"> 文字粗細 font-weight</p>
 <p style="font-weight: bold"> 文字粗細 font-weight</p>
 <p style="font-weight: 100"> 文字粗細 font-weight</p>
 <p style="font-weight: 200"> 文字粗細 font-weight</p>
 <p style="font-weight: 300"> 文字粗細 font-weight</p>
 <p style="font-weight: 400"> 文字粗細 font-weight</p>
 <p style="font-weight: 500"> 文字粗細 font-weight</p>
 <p style="font-weight: 600"> 文字粗細 font-weight</p>
 <p style="font-weight: 700"> 文字粗細 font-weight</p>
 <p style="font-weight: 800"> 文字粗細 font-weight</p>
 <p style="font-weight: 900"> 文字粗細 font-weight</p>
</body>
...
```

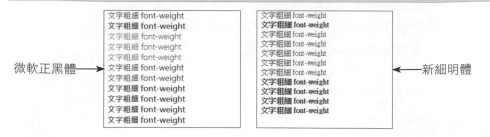

微軟正黑體 →   ← 新細明體

「微軟正黑體」有針對文字粗細製作對應的字型,在左上圖的頁面可以看到,不僅設定「normal」及「bold」時有粗細的變化,當設定為 100~900 也會有對應的變化。在右上圖將字型改為「新細明體」時,在「normal」及「bold」有粗細的變化,但設定 100~500 時為「normal」的粗細,600~900 則為「bold」的粗細。

6.2.3 文字斜體:font-style

在 CSS 中設定文字斜體是使用 font-style,其格式如下:

```
font-style: normal / italic / oblique
```

font-style 預設「normal」代表一般字體,而「italic」及「oblique」都為斜體。

程式碼:6-03.htm

```
...
<body>
 <p style="font-style: normal;">文字斜體 font-style</p>
 <p style="font-style: italic;">文字斜體 font-style</p>
 <p style="font-style: oblique;">文字斜體 font-style</p>
</body>
...
```

執行結果

文字斜體 font-style

文字斜體 font-style

文字斜體 font-style

在結果中,可以看到「italic」及「oblique」都為斜體,其差異也很小。

6.2.4 文字變體：font-variant

文字變體 font-variant 是指英文的小型大寫字，在 CSS 中格式如下：

```
font-variant: normal / small-caps
```

font-variant 預設「normal」為一般字體，而「small-caps」都為英文小型大寫字。

程式碼：6-04.htm

```
...
 Small caps, <span style="font-variant: small-caps;">Small caps</span>.
...
```

執行結果

```
Small caps, SMALL CAPS.
```

在結果中，加上了「font-variant: small-caps」後，小寫的英文字也會轉為大寫了。

6.2.5 文字及背景顏色：color、background-color

文字可以使用 color 設定顯示顏色，background-color 可以設定背景顏色，其格式為：

```
color: 設定顏色；
background-color: 設定顏色；
```

程式碼：6-05.htm

```
...
<head>
    <title> 範例 </title>
    <style>
    .color1 { color: black; background-color: white; }
    .color2 { color: rgb(255,255,255); background-color:
rgb(0,0,0); }
    </style>
</head>
<body>
```

```
<span class="color1">白底黑字 </span>，<span class="color2">黑底白
字 </span>。
</body>
...
```

執行結果

白底黑字，黑底白字。

6.2.6 文字大小寫轉換：text-transform

text-transform 可以將標示文字中的英文字母進行大小寫的轉換，其格式如下：

```
text-transform: uppercase / lowercase / capitalize
```

設定「uppercase」會讓英文字母都以大寫顯示，「lowercase」會讓英文字母都以小寫顯示，「capitalize」會讓每一個單字的第一個字母大寫。

程式碼：6-06.htm

```
...
<head>
    <title> 範例 </title>
    <style>
    h1{ text-transform: uppercase; }
    p { text-transform: capitalize; }
    </style>
</head>
<body>
  <h1>Lorem ipsum</h1>
  <p>Lorem ipsum dolor sit amet, consectetur adipisicing elit. Omnis
magnam quibusdam enim ipsum, necessitatibus,  rerum mollitia, ... </p>
</body>
...
```

執行結果

LOREM IPSUM

Lorem Ipsum Dolor Sit Amet, Consectetur Adipisicing Elit. Omnis Magnam Quibusdam Enim Ipsum, Necessitatibus, Consequuntur Rerum Mollitia, At Fugiat Nisi Autem Tempore Fugit Ex Asperiores! Corporis Tempora Error Facere Temporibus Illo Quas, Aliquid Eveniet Consequatur Labore! Eligendi Cum Voluptatibus Iusto Maiores Doloribus Qui Voluptatum Ullam Deserunt. Tenetur, Magnam, Soluta Reprehenderit Dignissimos Repudiandae In Facere Labore Corrupti Atque Iusto Consequuntur At, Tempora Temporibus Culpa Libero Eos

6.2.7　底線與刪除線：text-decoration

text-decoration 常用來為文字裝飾，例加上底線或是刪除線，其格式如下：

```
text-decoration: none / underline / overline / line-through
```

設定「none」會移除文字套用的裝飾，「underline」是加上底線，「overline」是在文字上方加上頂線，「line-through」是在文字加上刪除線。

程式碼：6-07.htm

```
...
  <p style="text-decoration: underline;"> 這是文字底線 </p>
  <p style="text-decoration: line-through;"> 這是文字刪除線 </p>
  <p style="text-decoration: overline;"> 這是文字頂線 </p>
...
```

執行結果

這是文字底線

這是文字刪除線

這是文字頂線

6.2.8　文字樣式快速設定：font

使用 font 可以一次設定文字斜體、小型大寫字、粗細、大小、行高及字型的屬性值，其格式如下：

```
font: font-style 值 font-variant 值 font-weight 值 font-size 值 /
line-height 值  fomt-family 值
font: 斜體 小型大寫字 粗細 大小 / 行高 字型
```

font-style、font-variant、font-weight 及 line-heigth 值不是必填，但 line-hight 值有設定時要搭配 font-size 的值，之間用「/」串連。如此一來就可以將個別設定的屬性值統合在一個設定之中。

程式碼：6-08.htm

```
...
  <p style="font: italic small-caps bold 1.5em/2em ' 標楷體 '">
  這是第一段文字這是第一段文字這是第一段文字 </p>
  <p style="font: 1.5em ' 微軟正黑體 '">
  這是第二行文字這是第二段文字這是第二段文字 </p>
...
```

執行結果

這是第一段文字這是第一段文字這是第一段文字

這是第二行文字這是第二段文字這是第二段文字

由以上範例結果可以看到第一段文字將 font 屬性值都設定了，而第二段文字省略了 font-style、font-variant、font-weight 及 line-heigth 值也能完成。

6.3 字型設定

網頁中使用的字型能左右網頁質感及使用者閱讀的經驗，對於開發網頁來說十分重要。

6.3.1 字型：font-family

網頁字型的使用，對於質感的提升來說十分重要。在 CSS 中可以使用 font-family 設定使用的字型，但必須選擇系統中已經安裝的字型。多個字型之間要使用「，」來分隔，使用順序是由左至右。其格式如下：

```
font-family: 字型 1, 字型 2, 字型 3 ...
```

首先要注意的是：當 font-family 設定多個字型時，瀏覽器會選擇最左方的字型進行顯示，沒有第 1 個字型時會選擇第 2 個，沒有第 2 個會選擇第 3 個，以此類推。如果設定的字型都沒有安裝時，瀏覽器即會使用預設字型進行顯示。

接著要注意的是：設定的字型名稱必須與系統中安裝的字型名稱完全一樣，如果字型名稱是中文或是名稱中有半形空格，要使用「"」或「'」將名稱包圍起來，例如：

```
font-family: Verdana, Geneva, sans-serif;
font-family: Georgia, "Times New Roman", Times, serif;
font-family: " 標楷體 ", " 微軟正黑體 ", Arial;
```

程式碼：6-09.htm

```
...
<head>
<title> 範例 </title>
  <style>
  h1 {font-family: " 微軟正黑體 ";}
  .poem {font-family: " 標楷體 ", " 微軟正黑體 ";}
  .epoem {font-family: Georgia, "Times New Roman", Times, serif;}
  </style>
</head>
```

```
<body>
  <h1>靜夜思　李白</h1>
  <p class="poem">
    床前明月光，疑是地上霜。<br>
    舉頭望明月，低頭思故鄉。
  </p>
  <p class="epoem">
    Bright moonlight before my bed,<br>
    I suppose it is frost on the ground.<br>
    I raise my head to view the bright moon,<br>
    Then lower it, thinking of my home village.
  </p>
</body>
...
```

執行結果

6.3.2 網路字型：Google fonts

因為系統可以使用的通用字型不多，不同平台的字型又不一致，因此在網頁的字型設計或搭配上難免就少了些創意。為了這個需求，許多服務供應商推出了雲端的網路字型服務，網頁在顯示時即可透過網路將指定的字型顯示在頁面上，不僅能確保所有人瀏覽網頁時能得到一致的結果，也能完整傳達設計者的創意與營造的美感。

目前服務供應商所提供雲端的網路字型服務，大部分都要依據字型數量與瀏覽量進行收費，畢竟要達到這個理想就必須付出相對的成本。在這裡將要介紹由 Google 所提供的網路字型服務：Google fonts，不僅字型選擇多，使用上也不綁網域與流量，最重要的是免費，真是讓人無法抗拒啊！

請由「http://fonts.google.com」進入 Google fonts 網站，其操作介面說明如下：

功能表

字型列表

搜尋欄

篩選設定

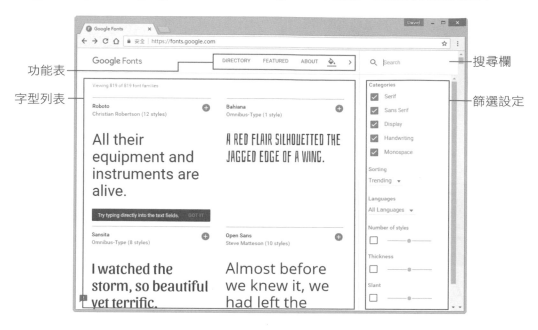

Google fonts 網路字型的使用

以下利用實際範例操作來說明使用方法：

1. 利用功能表及篩選設定來挑選想要使用的字型，接著按下該字型右上角的「+」進行選取的動作。

2. 該字型會被收納在下方折疊的對話方塊，選按後即可展開並將加入網頁的設定方式顯示在對話方塊中。

這裡進一步詳細說明：

1. 首先要設定字型的來源，標準的方式可以在網頁的 `<head>` 之間以 CSS 的方式將該字型的來源加入：

```
<link href="https://fonts.googleapis.com/css?family=Indie+Flower" rel="stylesheet">
```

　　另一個方式是在宣告 CSS 樣式的 `<style>` 之間利用「@import」加入字型來源：

```
@import url('https://fonts.googleapis.com/css?family=Indie+Flower');
```

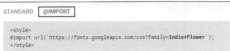

2. 接著要在 CSS 中使用 font-family 設定使用的字型：

```
font-family: 'Indie Flower', cursive;
```

以下的範例中將把這個字型應用在網頁中，方式如下：

程式碼：6-10.htm

```
...
<head>
    <title>範例</title>
    <link href="https://fonts.googleapis.com/css?family=Indie+Flower" rel="stylesheet">
    <style>
     p {font-family: 'Indie Flower', cursive;}
    </style>
</head>
<body>
 <p>Bright moonlight before my bed,
 I suppose it is frost on the ground
 I raise my head to view the bright
 Then lower it, thinking of my home
</body>
...
```

執行結果

```
Bright moonlight before my bed,
I suppose it is frost on the ground.
I raise my head to view the bright moon,
Then lower it, thinking of my home village.
```

如上圖，在設定後已經成功在網頁上利用 Google fonts 字型顯示內容，如此一來只要善用 Google fonts 的服務即可為網頁加入更多不同的字型，表現更美觀的內容。

Google fonts 的中文字型

目前 Google fonts 網站中其實並沒有提供中文字型，這對於使用中文的人來說是很嚴重的缺點！其實 Google fonts 是有提供中文字型的，只是目前還在預備中。

Google fonts 為了加速對於其語言文字的支援，對於還在測試、整理與製作的字型會放置在「https://fonts.google.com/earlyaccess」網站中，在處理完畢之後就會正式公佈到 Google fonts 網站上。

雖然還在預備階段，使用者還是可以先到這個網站上使用這些字型，除了美化自己的網頁內容，也能幫忙測試這些即將上場的新兵。

在 Google fonts 中提供了五種繁體中文的字型：楷體 (cwTeXKai)、圓體 (cwTeXYen)、仿宋體 (cwTeXFangSong)、思源黑體 (Noto Sans TC)、明體 (cwTeXMing)，對於網頁內容的呈現來說已經相當的足夠。使用的方法跟一般 Google fonts 是相同的，在該網頁也能查到各個字型的使用方式，這裡以楷體 (cwTeXKai) 進行說明：

1. 設定字型的來源，這裡是在 CSS 樣式的 <style> 之間利用 「@import」加入：

```
@import url(http://fonts.googleapis.com/earlyaccess/cwtexkai.css);
```

2. 接著要在 CSS 中使用 font-family 設定使用的字型：

```
ffont-family: 'cwTeXKai', serif;
```

cwTeXKai (Chinese Traditional)

cwTeXKai font (Chinese: 楷體) is derived from the cwTeX Traditional Chinese Type 1 fonts made by Tsong-Min Wu, Tsong-Huey Wu and Edward G.J. Lee.

Link

```
@import url(http://fonts.googleapis.com/earlyaccess/cwtexkai.css);
```

Example

```
font-family: 'cwTeXKai', serif;
```

以下的範例中將把所有的中文字型應用在網頁中，方式如下：

程式碼：6-11.htm

```
...
<head>
 <title> 範例 </title>
  <style>
  @import url(http://fonts.googleapis.com/earlyaccess/
notosanstc.css);
  @import url(http://fonts.googleapis.com/earlyaccess/
cwtexming.css);
  @import url(http://fonts.googleapis.com/earlyaccess/cwtexkai.css);
  @import url(http://fonts.googleapis.com/earlyaccess/cwtexyen.css);
  @import url(http://fonts.googleapis.com/earlyaccess/
cwtexfangsong.css);
  body {font-size: 1.2em;}
  h1 {font-family: 'Noto Sans TC', sans-serif;}
  .p1 {font-family: 'cwTeXMing', serif;}
  .p2 {font-family: 'cwTeXKai', serif;}
  .p3 {font-family: 'cwTeXYen', sans-serif;}
  .p4 {font-family: 'cwTeXFangSong', serif;}
  </style>
</head>
<body>
    <h1> 靜夜思　李白 </h1>
    <p>
    <span class="p1"> 床前明月光， </span>
    <span class="p2"> 疑是地上霜， </span><br>
    <span class="p3"> 舉頭望明月， </span>
    <span class="p4"> 低頭思故鄉。 </span>
    </p>
</body>
...
```

執行結果

> **靜夜思 李白**
>
> 床前明月光，疑是地上霜，
> 舉頭望明月，低頭思故鄉。

註　其他雲端字庫的選擇

除了 Google fonts 之外，還有其他的雲端字庫可以參考，其中有免費的試用及付費的服務，有興趣的朋友可以參考看看：

justfont　　　https://www.justfont.com/
文鼎雲字庫　　http://www.ifontcloud.com/index/index.jsp
華康威 Font　　https://dfo.dynacw.com.tw/

6.3.3 嵌入字型：@font-face

CSS3 後 HTML 允許使用 @font-face 指定嵌入在伺服器的字型檔案來顯示字型。目前支援的字型檔案格式有：Web Open Font Format (.woff)、True Type(.ttf)、Open Type(.otf)。@font-face 的基本格式如下：

```
@font-face {
    font-family: 自訂字型名稱 ;
    src: 字型檔案位置及檔名 ;
}
```

嵌入字型要用 font-family 來自訂字型的名稱，未來在設定 CSS 時即可使用這個名稱來代表嵌入的字型。因為字型檔案是要放置在本機或是網路的伺服器上，所以要使用「url()」來指引字型檔案的位置及檔名。

以下將利用實際範例來說明，這裡由 Google fonts 下載「Gloria Hallelujah」字型，與本機網頁檔案放在同一個位置：

程式碼：6-12.htm

```
...
<head>
 <title> 範例 </title>
```

```
<style>
 @font-face {
  font-family: MyFont;
  src: url('GloriaHallelujah.ttf');
 }
 p {font-family: MyFont;}
 </style>
</head>
<body>
 <p>Bright moonlight before my bed,<br>
 I suppose it is frost on the ground.<br>
 I raise my head to view the bright moon,<br>
 Then lower it, thinking of my home village.</p>
</body>
...
```

Bright moonlight before my bed,
I suppose it is frost on the ground.
I raise my head to view the bright moon,
Then lower it, thinking of my home village.

段落與表列設定

文字段落的樣式包括了行距、文字間距、對齊、縮排 ... 等，對於網頁資訊的呈現也相當重要。

表列資料的呈現分為項目符號及編號，對於資料的表現十分重要。CSS 的設定能更完美的呈現表列資料。

文字段落相關的樣式設定

文字段落的樣式包括了行距、文字間距、對齊、縮排 ... 等，對於網頁資訊的呈現也相當重要。

7.1.1 行高：line-height

所謂行距指的是文字行之間的垂直空間。在 CSS 中可以使用 font-size 設定文字的大小，line-height 是整行文字的高度，而 font-size 與 line-height 的距離就是行距，所以只要增加行高，那二行之間的文字距離就會增大。其語法格式如下：

```
light-height: 行高數值與單位
```

「normal」為預設高度，但一般會用數字加上單位，如 px、em、% 來設定行高。

程式碼：7-01.htm

```
...
  <p style="line-height: 1em;">
  這是第一段文字這是第一段文字這是第一段文字 <br> 這是第一段文字
  </p>
  <p style="line-height: 1.5em;">
  這是第二行文字這是第二段文字這是第二段文字 <br> 這是第二段文字
  </p>
...
```

執行結果

> 這是第一段文字這是第一段文字這是第一段文字
> 這是第一段文字
>
> 這是第二行文字這是第二段文字這是第二段文字
> 這是第二段文字

由以上範例結果可以看到二段文字因為行高的不同，文字段落的行距也就不同。

7.1.2 文字的間距：letter-spacing、word-spacing

文字的間距分成二種，第一種是英文字母或中文字之間的距離：letter-spacing，第二種是文字(文字之間會有空白)的距離：word-spacing。其語法格式如下：

```
letter-spacing: 數值與單位
word-spacing: 數值與單位
```

程式碼：7-02.htm

```
...
  <h1 style="letter-spacing: 0.5em">Lorem ipsum</h1>
  <p>Lorem ipsum dolor sit amet, consectetur adipisicing elit.
Nemo aperiam nulla, tenetur velit placeat earum laudantium
aliquid ducimus corrupti voluptas nisi, quae culpa, rerum
quasi necessitatibus, rem. Itaque, nam, porro.</p>
  <p style="word-spacing: 0.25em">Lorem ipsum dolor sit amet,
consectetur adipisicing elit. Culpa iure impedit, nisi laboriosam
ad soluta vero quae ratione consequatur dicta quos voluptatem
in, repellendus rerum sapiente sequi, error, quis porro!</p>
...
```

執行結果

由以上範例結果可以看到標題的文字字母間有了間距，而下方的第 1 段文字與第 2 段文字之間的間距因為設定也就不同。

7.1.3 文字對齊：text-align

文字段落可能長度不一，在閱讀時可使用 text-align 設定對齊方式，語法格式如下：

```
text-align: left / right / center / justify
```

「left」為靠左，「right」為靠右，「center」為置中，「justify」為左右齊行。

程式碼：7-03.htm

```
...
<h2 style="text-align: left">Left</h2>
 <p style="text-align: left">Lorem ipsum dolor sit amet,
consectetur adipisicing elit. A ipsum distinctio ducimus, officiis,
facere deleniti aspernatur voluptate deserunt amet quod.</p>
<h2 style="text-align: right">Right</h2>
 <p style="text-align: right">Lorem ipsum dolor sit amet,
consectetur adipisicing elit. A ipsum distinctio ducimus, officiis,
facere deleniti aspernatur voluptate deserunt amet quod.</p>
<h2 style="text-align: center">Center</h2>
 <p style="text-align: center">Lorem ipsum dolor sit amet,
consectetur adipisicing elit. A ipsum distinctio ducimus, officiis,
facere deleniti aspernatur voluptate deserunt amet quod.</p>
<h2 style="text-align: justify">Justify</h2>
 <p style="text-align: justify;">Lorem ipsum dolor sit amet,
consectetur adipisicing elit. A ipsum distinctio ducimus, officiis,
facere deleniti aspernatur voluptate deserunt amet quod.</p>
...
```

執行結果

Left
Lorem ipsum dolor sit amet, consectetur adipisicing elit. A ipsum distinctio ducimus, officiis, facere deleniti aspernatur voluptate deserunt amet quod.

Right
Lorem ipsum dolor sit amet, consectetur adipisicing elit. A ipsum distinctio ducimus, officiis, facere deleniti aspernatur voluptate deserunt amet quod.

Center
Lorem ipsum dolor sit amet, consectetur adipisicing elit. A ipsum distinctio ducimus, officiis, facere deleniti aspernatur voluptate deserunt amet quod.

Justify
Lorem ipsum dolor sit amet, consectetur adipisicing elit. A ipsum distinctio ducimus, officiis, facere deleniti aspernatur voluptate deserunt amet quod.

由以上範例結果可以看到標題的文字與段落都依設定對齊了。

7.1.4 垂直對齊：vertical-align

vertical-align 並不是用在設定區域容器中文字垂直的對齊方式，而是在同一個行內元素中垂直對齊的方法，其語法格式如下：

```
vertical-align: 對齊方式
```

verical-align 常見的對齊方式如下：

設定	説明
baseline	預設值，會與上一層元素同一個基準線對齊。
top	會與上一層元素的上方對齊
text-top	會與前一個文字元素的上方對齊
bottom	會與上一層元素的下方對齊
text-bottom	會與前一個文字元素的下方對齊
middle	會與前一個文字元素的中間對齊
super	上標字
sub	下標字

一般垂直對齊：top、text-top、bottom、text-bottom、middle

在同一個文字段落中若有大小不同文字或是有圖片，會造成行內的文字、圖片顯示時看起來高高低低的，此時就有設定垂直對齊的需要。

程式碼：7-04.htm

```
...
<head>
    <title> 範例 </title>
    <style>
    p { font-size: 36px; margin: 2px;}
    .style1 { font-size: 0.5em; vertical-align: top;}
    .style2 { font-size: 0.5em; vertical-align: text-top;}
    .style3 { font-size: 0.5em; vertical-align: bottom;}
    .style4 { font-size: 0.5em; vertical-align: text-bottom;}
```

```
    .style5 { font-size: 0.5em; vertical-align: middle;}
  </style>
</head>
<body>
 <p>This is <span class="style1">CSS3</span><img src="css3.png"></p>
 <p>This is <span class="style2">CSS3</span><img src="css3.png"></p>
 <p>This is <span class="style3">CSS3</span><img src="css3.png"></p>
 <p>This is <span class="style4">CSS3</span><img src="css3.png"></p>
 <p>This is <span class="style5">CSS3</span><img src="css3.png"></p>
</body>
...
```

執行結果

vertical-align: top

vertical-align: text-top

top 是以整個區域容器的上方為對齊的基準，text-top 是以前一個文字的上方為對齊基準。

vertical-align: bottom

vertical-align: text-bottom

bottom 是以整個區域容器的下方為對齊的基準，text-bottom 是以前一個文字的下方為對齊基準。

vertical-align: middle

middle 是以前一個文字的中間為對齊基準。

上下標文字：super、sub

vertical-align 還能使用「super」及「sub」來設定文字的上下標，常用在數學算式或科學記號之中。

程式碼：7-05.htm

```
...
 <p>H<span style="vertical-align: sub;">2</span>0</p>
 <p>X<span style="vertical-align: super;">2</span> +
```

```
Y<span style="vertical-align: super;">2</span> =

Z<span style="vertical-align: super;">2</span> </p>
```

...

執行結果

$$H_2O$$
$$X^2 + Y^2 = Z^2$$

7.1.5 首行縮排：text-indent

為了凸顯段的開始，使用 text-indent 設定首行縮排方式，語法格式如下：

text-indent: 數值與單位

若將 text-ident 數值設為負數，則效果會轉為凸排。

程式碼：7-06.htm

...

```
<p>Lorem ipsum dolor sit amet, consectetur adipisicing
elit. A ipsum distinctio ducimus, officiis, facere
deleniti aspernatur voluptate deserunt amet quod.</p>

  <p style="text-indent: 1em;">Lorem ipsum dolor sit amet,
consectetur adipisicing elit. A ipsum distinctio ducimus, officiis,
facere deleniti aspernatur voluptate deserunt amet quod.</p>

  <p style="text-indent: -1em">Lorem ipsum dolor sit amet,
consectetur adipisicing elit. A ipsum distinctio ducimus, officiis,
facere deleniti aspernatur voluptate deserunt amet quod.</p>
```

...

執行結果

Lorem ipsum dolor sit amet, consectetur adipisicing elit. A ipsum distinctio ducimus, officiis, facere deleniti aspernatur voluptate deserunt amet quod.
   Lorem ipsum dolor sit amet, consectetur adipisicing elit. A ipsum distinctio ducimus, officiis, facere deleniti aspernatur voluptate deserunt amet quod.
orem ipsum dolor sit amet, consectetur adipisicing elit. A ipsum distinctio ducimus, officiis, facere deleniti aspernatur voluptate deserunt amet quod.

由以上範例結果可以看到第 2 段文字是縮排，第 3 排文字是凸排。

項目符號及編號的設定

表列資料的呈現分為項目符號及編號，對於資料的表現十分重要。
CSS 的設定能更完美的呈現表列資料。

7.2.1 項目符號及編號的樣式：list-style-type

list-style-type 可以設定項目符號及編號的表列資料呈現的方式，它能套用在 <ol>、
<ul>、<li> 上。其語法格式如下：

> list-style-type: 項目符號或編號

經常使用的設定值如下：

類別	設定值	預覽
項目符號	disc	●
	circle	○
	square	■
編號	decimal	1 2 3
	decimal-leading-zero	01 02 03
	lower-alpha	a b c
	upper-alpha	A B C
	lower-roman	i. ii. iii
	upper-roman	I II III

程式碼：7-07.htm

```
...
  <head>
    <title> 範例 </title>
    <style>
```

```
    ul{ list-style-type: circle;}
    </style>
</head>


<body>
  <h1> 本月新書 </h1>
  <ul>
  <li>Python 初學特訓班 </li>
  <li>Android 初學特訓班 </li>
  <li>Swift 初學特訓班 </li>
  <li>PHP/MySQL 專題特訓班 </li>
  <li>Scratch 初學特訓班 </li>
  </ul>
</body>

...
```

執行結果

本月新書
  ○ Python初學特訓班
  ○ Android初學特訓班
  ○ Swift初學特訓班
  ○ PHP/MySQL專題特訓班
  ○ Scratch初學特訓班

本月新書
  1. Python初學特訓班
  2. Android初學特訓班
  3. Swift初學特訓班
  4. PHP/MySQL專題特訓班
  5. Scratch初學特訓班

測試時可以更換 list-style-type 的樣式。一般來說 <ul> 會以項目符號呈現，而 <ol> 會以編號來呈現，如果使用了 list-style-type 後則由屬性值來決定呈現的樣式。

7.2.2 使用圖片作為項目符號：list-style-image

list-style-image 可以使用指定的圖片做為表列資料的項目，其語法格式如下：

```
list-style-image: 圖片檔案路徑
```

程式碼：7-08.htm

```
...
  <head>
    <title> 範例 </title>
    <style>
    ul{ list-style-image: url(like.png);}
    </style>
  </head>

  <body>
  <h1> 本月新書 </h1>
  <ul>
    <li>Python 初學特訓班 </li>
    <li>Android 初學特訓班 </li>
    <li>Swift 初學特訓班 </li>
    <li>PHP/MySQL 專題特訓班 </li>
    <li>Scratch 初學特訓班 </li>
  </ul>
  </body>
...
```

執行結果

由以上範例結果可以看到表列的項目符號已經被圖片所取代。

7.2.3 項目符號及編號的位置：list-style-position

在預設的狀況下，無論是項目符號或是編號，都會以縮排來呈現表列資料。使用 list-style-position 可以設定項目符號及編號是否以縮排來呈現。其語法格式如下：

```
list-style-position: outside / inside
```

「outside」會讓項目符號或編號在文字區塊外，「inside」會讓項目符號或編號在文字區塊內。

程式碼：7-09.htm

```
...
<head>
    <title> 範例 </title>
    <style>
    ul{ list-style-position: outside;}
    </style>
</head>
<body>
  <h1>HTML5 的特色 </h1>
  <ul>
    <li> 簡化 HTML 語法的結構，提供了許多功能標籤能夠直接控制音效、影片等多媒體檔
案的播放。</li>
    <li>加入控管地理位置的 Geolocation API、繪圖的 Canvas API、本地端的資料庫、
離線的儲存機制。</li>
  </ul>
</body>
...
```

執行結果

HTML5 的特色

- 簡化 HTML 語法的結構，提供了許多功能標籤
  檔案的播放。
- 加入控管地理位置的 Geolocation API、繪圖的
  線的儲存機制。

HTML5 的特色

- 簡化 HTML 語法的結構，提供了許多功能
  媒體檔案的播放。
- 加入控管地理位置的 Geolocation API、繪
  離線的儲存機制。

測試時可以更換 list-style-position 的值以檢視不同的呈現方式。

7.2.4 項目符號及編號快速設定：list-style

使用 list-style 可以一次設定項目符號及編號的樣式，其格式如下：

```
list-style: list-style-type list-style-position list-style-image
```

list-style 的樣式可以同時設定項目符號及編號的型態以及位置與使用圖片，沒有順序的限制，但至少要有 1 個值。

程式碼：7-10.htm

```
...
<head>
    <title>範例</title>
    <style>
    ul{ list-style: square inside;}
    </style>
</head>

<body>
 <h1>HTML5 的特色</h1>
 <ul>
    <li>簡化 HTML 語法的結構，提供了許多功能標籤能夠直接控制音效、影片等多媒體檔案的播放。</li>
    <li>加入控管地理位置的 Geolocation API、繪圖的 Canvas API、本地端的資料庫、離線的儲存機制。</li>
 </ul>
</body>
...
```

執行結果

HTML5 的特色

- 簡化 HTML 語法的結構，提供了許多功能標籤能夠直接控制音效、影片等多媒體檔案的播放。
- 加入控管地理位置的 Geolocation API、繪圖的 Canvas API、本地端的資料庫、離線的儲存機制。

測試時可以更換 list-style 的值以檢視不同的呈現方式。

7.3 超連結的樣式設定

網頁中的超連結樣式設定相當重要，經由樣式設定的設計後，可以讓使用者找到頁面中有超連結之處。

在瀏覽器中預設是將超連結的文字顏色設定為藍色並且加上底線，在選按後會變更文字及底線的顏色。這個表現的方式除了讓使用者可以快速找到文字中有超連結的地方，也能判斷哪些超連結已經點選過了。

在 CSS 中可以利用幾個虛擬類別選擇器來設定設定超連結的樣式：

設定	說明
:link	超連結文字的預設樣式
:visited	超連結文字被點選過的樣式
:hover	當滑鼠滑過超連結文字時的樣式
:active	當選按超連結文字還未放開時的樣式
:focus	當元素被聚焦時會顯示的樣式

程式碼：7-11.htm

```
...
    <style>
    a:link{
     color: red;
     text-decoration: none; }
    a:visited{
     color: black;}
    a:hover{
     color: white;
     background-color: red;}
    a:active{
     color: yellow;}
```

```
      </style>
...
<body>
  <p> 開啟 <a href="#"> 官方網站 </a></p>
</body>
...
```

執行結果

註 **複習虛擬類別選擇器**

虛擬類別 (Pseudo-classes) 選擇器是針對特定的狀態進行樣式指定，例如超連結的狀態、滑鼠移動的狀態 … 等，要注意的是各種瀏覽器的支援程度不一。

:link 及 :visited 只適合放置超連結元素，:hover、:active、:focus 就不一定只能設定在超連結，而是可以加在其他元素上。

詳細說明可以參考 5.7。

7.4　CSS3：文字陰影

在 CSS3 中為文字加上了陰影特效，透過設定能使該文字產生陰影，不用再依賴其他的繪圖軟體。

7.4.1　文字陰影的設定

使用 text-shadow 可以為套用的文字加上陰影，其格式如下：

text-shadow: 水平位移距離　垂直位移距離　模糊長度　顏色

水平位移距離與垂直位移距離為必填的欄位，而且允許填入負值。模糊長度是選填項目，主要設定模糊的程度。顏色是用來設定陰影的顏色。

程式碼：7-12.htm

```
...
<head>
    <title> 範例 </title>
    <style>
      h1 {
        color: #FF0000;
        text-shadow: 1px 1px 3px #000000;
      }
      p {
        color: #ffffff;
        background-color: #aaaaaa;
        text-shadow: -1px -1px 0px #000000;
      }
    </style>
</head>

<body>
    <h1>靜夜思　李白</h1>
```

```
        <p>
        床前明月光，疑是地上霜。<br>
        舉頭望明月，低頭思故鄉。
        </p>
    </body>
...
```

執行結果

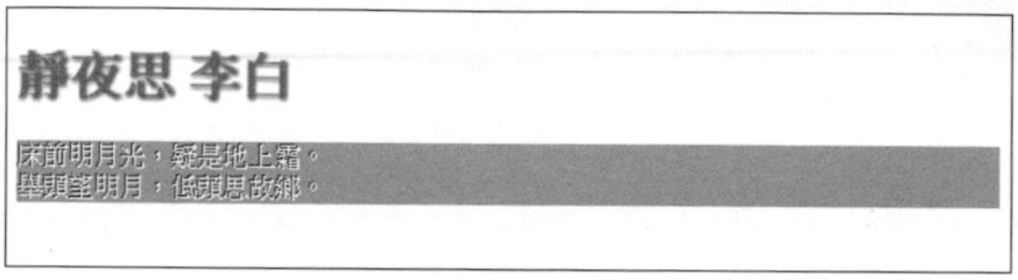

由以上範例結果可以看到 **<h1>** 標題字被加上了陰影，而段落中的文字將水平及垂直的位移距離設為負值，文字就以內陰影的效果呈現。

7.4.2 多重文字陰影的設定

當有多個文字陰影的設定要套用到同一個樣式之中，可利用「，」將每個文字陰影設定隔開，格式如下：

```
text-shadow: 水平位移距離1 垂直位移距離1 模糊半徑1 顏色1
            , 水平位移距離2 垂直位移距離2 模糊半徑2 顏色2
            ...;
```

運用這個技巧可以製作出相當多特別的文字效果。

程式碼：7-13.htm

```
...
<style>
    h1{
        line-height: 200%; text-align: center;
    }
    .textshadow1 {
        color:#ffffff;
```

```
        background:#333333;
        text-shadow:0 0 20px #ff6600;
    }
    .textshadow2 {
        color: #717171;
        background:#d3d3d3;
        text-shadow: 0 1px 1px #ffffff;
    }
    .textshadow3 {
        color: #cccccc;
        background:#d3d3d3;
        text-shadow:
            -1px -1px #ffffff,
            1px 1px #333333;
    }
    .textshadow4{
        color:#fff;
        background:#3699f6;
        text-shadow:
            0 1px 0 #cccccc,
            0 2px 0 #c9c9c9,
            0 3px 0 #bbbbbb,
            0 4px 0 #b9b9b9,
            0 5px 0 #aaaaaa;
    }
</style>
...
<body>
<h1 class="textshadow1">HTML5 & CSS3 - 光暈字 </h1>
<h1 class="textshadow2">HTML5 & CSS3 - 內嵌字 </h1>
<h1 class="textshadow3">HTML5 & CSS3 - 浮凸字 </h1>
<h1 class="textshadow4">HTML5 & CSS3 - 立體字 </h1>
...
```

HTML5 & CSS3 - 光暈字

HTML5 & CSS3 - 內嵌字

HTML5 & CSS3 - 浮凸字

HTML5 & CSS3 - 立體字

由以上範例結果可以看到許多文字陰影所製作出來的文字特效。光暈字是將模糊半徑放大，即可讓文字呈現模糊的外框。內嵌字是將文字下移一點，並將文字設為深色，陰影設為淺色，即可讓文字呈現內嵌效果。浮凸字是設定二個文字陰影效果，往左上移動的陰影為淺色，往右下的陰影為深色，而文字本身接近淺色，即有浮凸字的效果。立體字較為複雜，它由淺到深設定了 6 個陰影顏色，每個之間相距 1px而造成立體的效果。

Chapter 08

背景與框線設計

在網頁中可以為元素設定背景，可以凸顯前景的內容。設定的方式十分多元，可以使用顏色、圖片，並能設定背景圖片的位置，背景圖片重複的方式，以及透明度，甚至使用漸層顏色。

框線與背景設定的條件十分相似，只要是區塊的標籤元素都能設定框線。除了顏色、粗細，還能設定顯示的樣式，設定圓角，加上陰影。

8.1 設定背景顏色及圖片

在網頁中為了凸顯前景的文字及圖片，除了可以在背景加上顏色外，也能使用圖片，只要使用得宜就能馬上為網頁加分。

8.1.1 背景顏色：background-color

在網頁中可以為許多元素加上背景，如網頁、文字段落、表格 ... 等都能使用。background-color 能為元素設定背景顏色。其語法格式如下：

```
background-color: 顏色值
```

只要是區塊的標籤元素，都能設定背景，如 <body>、<p>、<h1> ~ <h6>、<div>、<form> ... 等，指定顏色值的方式可以使用色彩名稱、16 進位碼或 RGB。

程式碼：8-01.htm

```
...
<head>
    <title> 範例 </title>
    <style>
    h1 {
     color: white;
            background-color: red;
    }
    #maindiv {
     background-color: #EEEEEE;
    }
    .poem {
     color: rgb(255, 255, 255);
     background-color: rgb(0, 0, 255);
    }
    </style>
</head>
```

```
<body>
    <h1>靜夜思　李白</h1>
    <div id="maindiv">
     <p class="poem">
        床前明月光，疑是地上霜。<br>舉頭望明月，低頭思故鄉。
     </p>
     <p>
        月光舖在床前的地上，<br>像是一層瑩白的濃霜。<br>
        抬頭眺望窗外的明月，<br>低頭思念久別的故鄉。
     </p>
    </div>
</body>
...
```

執行結果

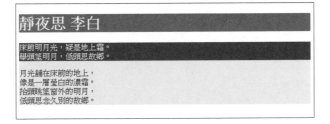

8.1.2 背景圖片：background-image

使用單一顏色在表現上有時會較為單調，如果加上的是圖片，呈現的效果會更加不同。background-image 能為元素設定背景圖片。其語法格式如下：

background-image: 圖片檔名及路徑

圖片的檔名及路徑在設定要使用 url() 來指定一個絕對或相對的圖片檔名及路徑，如此才能正確顯示。

程式碼：8-02.htm

```
...
<head>
    <title>範例</title>
```

```
<style>
body {
  background-image: url(bg-1.png) }
h1 {
  color: white;
  background-color: red;}
#maindiv {
  background-color: #EEEEEE;}
.poem {
  color: rgb(255, 255, 255);
  background-color: rgb(0, 0, 255);}
</style>
</head>
<body>
  <h1>靜夜思　李白</h1>
  <div id="maindiv">
  <p class="poem">
  床前明月光，疑是地上霜。<br>舉頭望明月，低頭思故鄉。</p>
  <p>
  月光舖在床前的地上，<br>像是一層瑩白的濃霜。<br>
  抬頭眺望窗外的明月，<br> 低頭思念久別的故鄉。</p>
  </div>
</body>
...
```

執行結果

背景圖片在設定之後，如果指定的區域大於圖片的尺寸，圖片會不斷重複顯示，占滿整個設定區域。

8.1.3 背景圖片重複顯示：background-repeat

background-repeat 能為元素設定背景圖片重複方式。其語法格式如下：

```
background-repeat: no-repeat / repeat-x / repeat-y / repeat
```

「no-repeat」表示圖片不重複顯示，「repeat-x」表示圖片沿著 X 軸水平重複，「repeat-y」表示圖片沿著 Y 軸垂直重複，「repeat」是預設值，表示圖片同時沿著 X 軸 Y 軸重複。

no-repeat

背景圖片預設會放置在設定區域的左上角，並不會重複顯示。

程式碼：8-03.htm

```
...
<body style="background-image: url(bg-1.png);
        background-repeat: no-repeat;">
    <h1>靜夜思　李白</h1>
    <p>
    床前明月光，疑是地上霜。<br>
    舉頭望明月，低頭思故鄉。
    </p>
</body>
...
```

執行結果

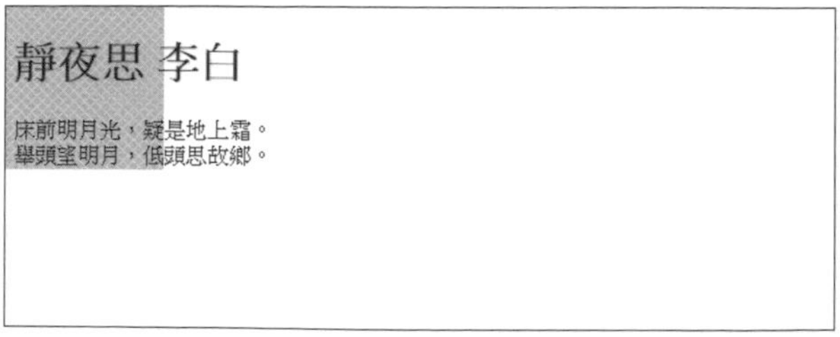

repeat-x

背景圖片預設會放置沿著 X 軸水平重複顯示。

程式碼：8-04.htm

```
...
<body style="background-image: url(bg-1.png);
      background-repeat: repeat-x;">
    <h1>靜夜思　李白</h1>
    <p>
床前明月光，疑是地上霜。<br>
舉頭望明月，低頭思故鄉。
    </p>
</body>
...
```

執行結果

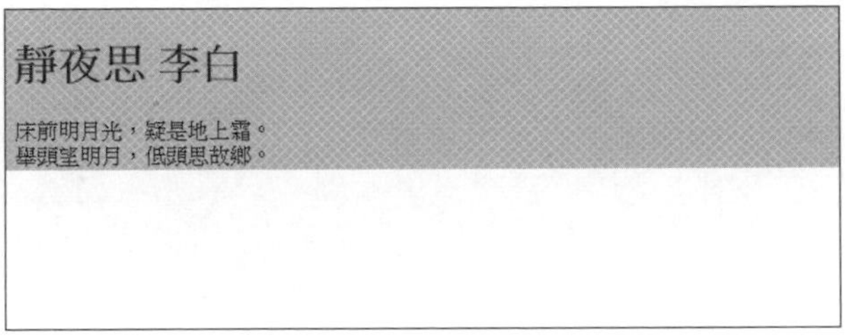

repeat-y

背景圖片預設會放置沿著 Y 軸垂直重複顯示。

程式碼：8-05.htm

```
...
<body style="background-image: url(bg-1.png);
      background-repeat: repeat-y;">
    <h1>靜夜思　李白</h1>
    <p>
床前明月光，疑是地上霜。<br>
舉頭望明月，低頭思故鄉。
    </p>
</body>
...
```

靜夜思 李白

床前明月光，疑是地上霜。
舉頭望明月，低頭思故鄉。

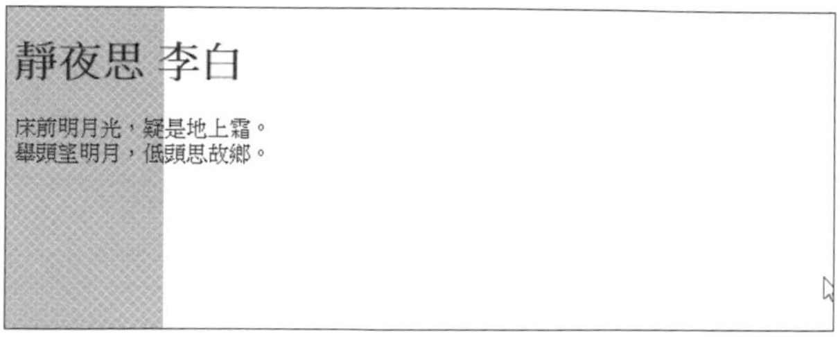

repeat

背景圖片預設會放置同時沿著 X 軸及 Y 軸重複顯示。

```
...
<body style="background-image: url(bg-1.png);
    background-repeat: repeat;">
    <h1> 靜夜思　李白 </h1>
    <p>
    床前明月光，疑是地上霜。<br>
    舉頭望明月，低頭思故鄉。
    </p>
</body>
...
```

靜夜思 李白

床前明月光，疑是地上霜。
舉頭望明月，低頭思故鄉。

8.1.4 背景圖片位置：background-postition

background-position 能為元素設定背景圖片顯示的位置。其語法格式如下：

background-position: 水平顯示位置 垂直顯示位置

當將背景圖片設為不重複顯示之後，即能用 background-position 設定圖片的位置。其中水平及垂直顯示位置可以用方向關鍵字來表示，也可以用數值及百分比來表示。

方向關鍵字

利用「left」、「center」、「right」方向關鍵字分別表示顯示位置，分佈方式如下圖：

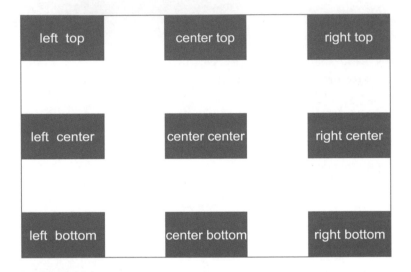

程式碼：8-07.htm

```
...
<body style="background-image: url(bg-1.png);background-repeat:
    no-repeat; background-position: top center;">
    <h1> 靜夜思　李白 </h1>
    <p>
    床前明月光，疑是地上霜。<br>
    舉頭望明月，低頭思故鄉。
    </p>
</body>
...
```

執行結果

靜夜思 李白

床前明月光，疑是地上霜。
舉頭望明月，低頭思故鄉。

 註 **少了方向關鍵字的預設值**

在設定 background-position 時若只填了一個方向關鍵字，此關鍵
字會代表水平顯示位置，垂直顯示位置會以「center」為預設值。

數值

利用數值表示顯示位置，是以左上角為起始點。

程式碼：8-08.htm

```
...
<body style="background-image: url(bg-1.png);background-repeat:
    no-repeat; background-position: 100px 10px;">
    <h1>靜夜思　李白</h1>
    <p>
    床前明月光，疑是地上霜。<br>
    舉頭望明月，低頭思故鄉。
    </p>
</body>
...
```

執行結果

靜夜思 李白

床前明月光，疑是地上霜。
舉頭望明月，低頭思故鄉。

百分比

利用百分比表示顯示位置，是以左上角為起始點。

```
...
<body style="background-image: url(bg-1.png);background-repeat:
    no-repeat; background-position: 50% 0%;">
    <h1>靜夜思　李白 </h1>
    <p>
    床前明月光，疑是地上霜。<br>
    舉頭望明月，低頭思故鄉。
    </p>
</body>
...
```

執行結果

8.1.5 固定背景圖片：background-attachment

background-attachment 能固定背景圖片顯示的位置，不隨頁面捲動而移動。其語法格式如下：

```
background-attachment: fixed / scroll
```

程式碼：8-10.htm

```
...
<body style="background-image: url(bg-1.png); background-repeat:
    no-repeat; background-position: right top;
    background-attachment: fixed;">
```

```
    <h1>靜夜思　李白 </h1>
    <p>
床前明月光，疑是地上霜。<br>
舉頭望明月，低頭思故鄉。
    </p>
    <p> </p><p> </p><p> </p><p> </p>
    <p> </p><p> </p><p> </p><p> </p>
    <p> </p><p> </p><p> </p><p> </p>
</body>
...
```

執行結果

8.1.6　背景樣式快速設定：background

使用 background 可以一次設定背景的相關樣式的屬性值，其格式如下：

background： 背景顏色　背景圖片　背景重複方式　背景位置　背景是否固定

這些屬性的設定值不一定要按照順序，除了背景顏色及圖片要擇一填入之外，其他屬性若不填會使用預設值。

註　同時設定背景顏色與背景圖片時如何顯示

如果在 CSS 中同時設定了背景的顏色與背景的圖片，此時會顯示背景圖片，如果該圖片有透明度 (如 png)，或是不重複顯示時，即可看到以下的背景顏色。

8.2 設定透明度

在元素的背景不僅能設定顏色，或是使用圖片，還能夠設定透明度，讓網頁呈現不同的效果。

opacity 能為元素所形成的區塊設定背景透明度。其語法格式如下：

```
opacity: 透明度
```

透明度 的數值是介於 0.0(透明) ～ 1.0(不透明) 之間。

程式碼：8-11.htm

```
...
<style>
    .opacity1 { opacity: 0.25}
    .opacity2 { opacity: 0.5}
    .opacity3 { opacity: 0.75}
    .opacity4 { opacity: 1.0}
</style>
...
<div class="opacity1"> 透明度 25%</div>
<div class="opacity2"> 透明度 50%</div>
<div class="opacity3"> 透明度 75%</div>
<div class="opacity4"> 透明度 100%</div>
...
```

執行結果

8.3 設定漸層

在元素的背景除了顏色及圖片，CSS3 中加入了漸層顏色的設定，讓顯示的方式更加豐富。

8.3.1 設定線性漸層：linear-gradient

linear-gradient 能為元素區塊背景設定漸層顏色，其語法格式如下：

```
background: linear-gradient( 方向 , 漸層顏色 1, 漸層顏色 2, ...)
```

線性漸層的方向設定

方向 的設定有二種方式：

1. 利用關鍵字「to right / top / left / bottom」來設定漸層顏色變化的方向。

2. 利用角度來設定漸層顏色變化的方向，單位為 deg。預設上方為 0 deg，右方為 90 deg，下方為 180 deg，左方為 270 deg。

3. 若是方向是對角線，除了可以使用角度之外，也可以利用關鍵字將二個方向組合，例如漸層到右下角為「to right bottom」。

線性漸層的顏色設定

漸層顏色 可以設定多組，以「,」區隔，代表了漸層中分段要使用的顏色。而每組漸層顏色包含了顏色的設定之外，還可以加上寬度。寬度可以用數值 (單位 px)，也能用百分比 (%)。若沒有設寬度則由每個顏色均分。例如設定由黃色到紅色的向右漸層中，黃色寬度為 10%，紅色寬度為 40%，設定值為：

```
background: linear-gradient(to right, yellow 10%, red 40%);
```

程式碼：8-12.htm

```
...
<style>
    div {
        font-size: 15pt;
```

```
        text-align: center; color: white;
        padding: 20px; margin-bottom: 10px;
    }
    .linear1 { background: linear-gradient(to bottom, yellow, green);}
    .linear2 { background: linear-gradient(0deg, yellow, green);}
    .linear3 { background: linear-gradient(to right bottom,
            yellow, green);}
    .linear4 { background: linear-gradient(to left,
            yellow 30%, green 70%);}
    .linear5 { background:  linear-gradient(to right,
            red, orange, yellow, green, blue, indigo, violet);}
</style>
...
<div class="linear1">向下漸層 </div>
<div class="linear2">指定角度漸層 </div>
<div class="linear3">對角線漸層 </div>
<div class="linear4">指定範圍漸層 </div>
<div class="linear5">多層漸層 </div>
...
```

執行結果

8.3.2 重複線性漸層：repeating-linear-grandient

repeating-linear-gradient 能為元素區塊背景設定重複漸層顏色，其語法格式如下：

> background: repeating-linear-gradient(方向 , 漸層顏色 1, 漸層顏色 2, ...)

重複線性漸層設定方式與一般線性漸層相同，只是會把漸層重複顯示。使用時要在設定漸層顏色後加上寬度的設定，如此才會看到重複的效果。

程式碼：8-13.htm

```
...
<style>
    body {
        background: repeating-linear-gradient(to right, yellow 30px,
                green 70px);
    }
</style>
...
```

執行結果

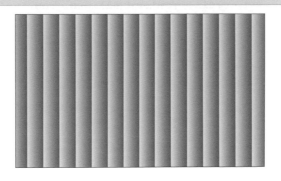

8.3.3 設定放射性漸層：radial-gradient

放射性漸層基本設定

radial-gradient 能為元素區塊背景設定放射性漸層，其語法格式如下：

> background: radial-gradient(形狀 , 漸層顏色 1, 漸層顏色 2, ...)

形狀 設定值有：

1. **circle**：圓形。

2. **ellipse**：橢圓形，也是預設值。

漸層顏色 可以設定多組，以「，」區隔，代表了漸層中分段要使用的顏色。而每組漸層顏色包含了顏色的設定之外，還可以加上寬度。

程式碼：8-14.htm

```
...
<style>
    div {
        width: 500px; height: 150px;
        font-size: 15pt; color: white;
        text-align: center; line-height: 150px; margin: 10px auto;
    }
    .radial1{
        background: radial-gradient(circle, red, yellow, green);
    }
    .radial2{
        background: radial-gradient(ellipse, red, yellow, green);
    }
</style>
...
<div class="radial1">Circle</div>
<div class="radial2">Ellipse</div>
...
```

執行結果

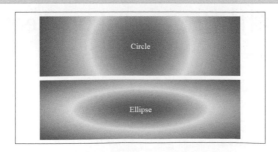

設定放射性漸層中心點及半徑

radial-gradient 放射性漸層設定時還能指定中心點及半徑，其語法格式如下：

```
background: radial-gradient( 半徑 at 中心點 , 漸層顏色 1, 漸層顏色 2, ...)
```

半徑 可以使用以下關鍵字進行設定：

1. **closest-side**：由中心點到最短邊的長度為半徑。
2. **farthest-side**：由中心點到最長邊的長度為半徑。
3. **closest-corner**：由中心點到最近的角為半徑。
4. **farthest-corner**：由中心點到到最遠的角為半徑。

中心點 包含了水平位置與垂直位置，是以區域左上角為基點可以用數值 (px) 或是百分比 (%) 進行設定，二個值之間以半形空白間隔。

程式碼：8-15.htm

```
...
<style>
    div {
        width: 500px; height: 90px;
        font-size: 15pt; color: white;
        text-align: center; line-height: 100px; margin: 5px auto;
    }
    .radial1{
        background: radial-gradient(closest-side at 60% 50%,
    red, yellow, green);
    }
    .radial2{
        background: radial-gradient(farthest-side at 60% 50%,
    red, yellow, green);
    }
    .radial3{
        background: radial-gradient(closest-corner at 60% 50%,
    red, yellow, green);
    }
```

```
    .radial4{
        background: radial-gradient(farthest-corner at 60% 50%,
    red, yellow, green);
    }
</style>
...
<div class="radial1">Closest-side</div>
<div class="radial2">Farthest-side</div>
<div class="radial3">Closest-corner</div>
<div class="radial4">Farthest-corner</div>
...
```

執行結果

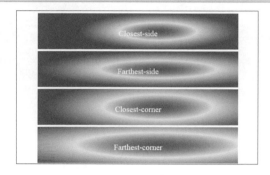

8.3.4 重複放射性漸層：repeating-radial-grandient

repeating-radial-gradient 能為元素區塊背景設定重複放射性漸層，語法格式如下：

```
background: repeating-radial-gradient( 方向 , 漸層顏色 1, 漸層顏色 2,
...)
```

重複放射性漸層設定方式與放射性漸層相同，只是會把漸層重複顯示。

程式碼：8-16.htm

```
...
<style>
    div {
        width: 500px; height: 300px;
```

```
        font-size: 15pt; color: white;

        text-align: center; line-height: 300px; margin: 5px auto;

    }

    .radial{

        background: repeating-radial-gradient(closest-side at 60% 50%,
 red 10%, yellow 20%, green 30%);

    }

</style>

...
```

執行結果

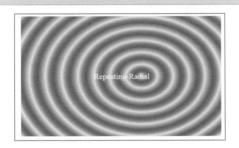

註 **瀏覽器對於漸層功能的支援度**

除了 Chrome 之外其餘 Webkit 的瀏覽器大多不支援漸層的功能。為了加強支援度，建議設定時都要加上瀏覽器的前綴詞。以線性漸層的設定來說如下：

```
background: -moz-linear-gradient();

background: -webkit-linear-gradient();

background: -o-linear-gradient();

background: -ms-linear-gradient();

background: linear-gradient();
```

但要特別注意，除了前綴詞之外，語法上也有些不同。例如對於角度的設定：一般是以上方為 0 度為起點順時針進行計算，但 Webkit 的瀏覽器是右方為 0 度起始點，以順時針進行計算。其他如對於方向關鍵字的使用，一般要加上「to」，例如向右漸層是「to right」，而 Webkit 瀏覽器只要設定「right」即可。

8.4 框線的設定

在 HTML 中能成區塊的標籤，都能設定框線。在這裡要說明如何設定框線的顏色、粗細、樣式等內容。

8.4.1 設定框線：border

框線與背景設定的條件十分相似，只要是區塊的標籤元素都能設定框線，如 \<p\>、\<h1\> ~ \<h6\>、\<div\>、\<form\> ... 等。設定框線基本上要有多個不同的設定值，包含了框線樣式：border-style，框線寬度：border-width 及框線顏色：border-color。

框線樣式的設定：border-style

首先要說明的是框線的樣式，其語法格式如下：

```
border-style: 樣式
```

border-style 的樣式常見的有以下的屬性值可以設定：

設定	說明
none	不顯示框線
hidden	不顯示框線
dotted	虛線
dashed	破折號線
solid	實線
double	雙線

框線寬度的設定：border-width

接著要說明的是框線的寬度，其語法格式如下：

```
border-style: 數值 / 百分比 / thin / medium /thick
```

基本上設框線寬度時較常使用的是指定數值與單位，較容易控制。

框線顏色的設定：border-color

接著要說明的是框線的顏色，其語法格式如下：

```
border-color: 顏色值
```

指定顏色值的方式可以使用色彩名稱、16 進位碼或 RGB。

框線的快速設定：border

除了分開個別設定之外，也能將所有屬性合併在一起設定。其語法格式如下：

```
border: 樣式 寬度 顏色
```

程式碼：8-17.htm

```
...
<div style="border: dotted 5px #FF0000;">
    <h1>靜夜思　李白</h1>
    <p>
  床前明月光，疑是地上霜。<br>
  舉頭望明月，低頭思故鄉。
    </p>
</div>
...
```

執行結果

靜夜思 李白

床前明月光，疑是地上霜。
舉頭望明月，低頭思故鄉。

 border 設定值不能缺少樣式屬性

在 border 設定時要填入樣式、寬度及顏色 3 個屬性值，其中樣式是必填的欄位，沒有填寫即不會顯示框線。其他 2 個屬性不填時瀏覽器會顯示預設的寬度及顏色。

8.4.2 分別設定各邊的框線

完整的框線共有 4 個邊，如果要個別單獨設定各邊框線的樣式，可以在 border-style、border-width 及 border-color 框線設定 4 個值，其影響的框線位置分別是上、右、下、左。例如要為 4 個邊設定不同的 border-style 樣式屬性，其設定值為：

```
border-style: dotted solid dashed double
```

如此一來框線上方為虛線、右方為實線、下方為破折號線、左方為雙線。

如果只有設定 3 個值，如：

```
border-style: dotted solid dashed
```

如此一來框線上方為虛線、下方為破折號線、左右方都為實線。

如果只有設定 2 個值，如：

```
border-style: dotted solid
```

如此一來框線上下方為虛線、左右方為實線。

其他二個設定值 border-width、border-color 的設定方式也相同。

程式碼：8-18.htm

```
...
<div style="border-style: dotted solid dashed double; border-
width: 1px 2px 3px 4px; border-color: black yellow red green;">
    <h1>靜夜思　李白</h1>
    <p>
    床前明月光，疑是地上霜。<br>
    舉頭望明月，低頭思故鄉。
    </p>
</div>
...
```

執行結果

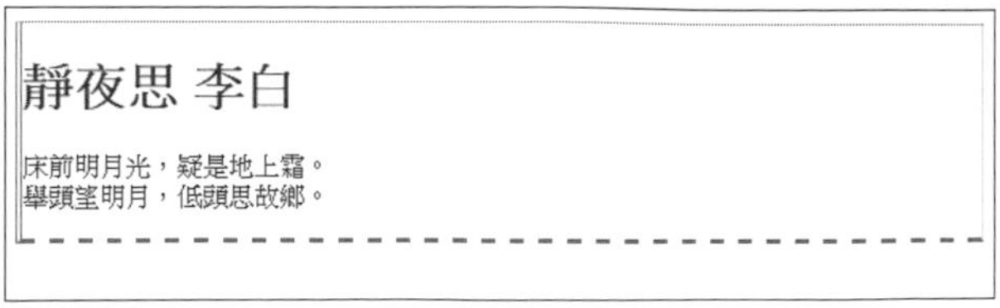

靜夜思 李白

床前明月光，疑是地上霜。
舉頭望明月，低頭思故鄉。

8.4.3 單邊框線的設定

如果只想要針對某一個邊進行框線的設定，可以使用下列語法格式：

```
border-(top/right/bottom/left)-style: 屬性值

border-(top/right/bottom/left)-width: 屬性值

border-(top/right/bottom/left)-color: 屬性值
```

程式碼：8-19.htm

```
...
<div>
 <h1 style="border-bottom-style: double; border-bottom-width: 4px;
border-color: red;">靜夜思　李白</h1>
 <p>
   床前明月光，疑是地上霜。<br>舉頭望明月，低頭思故鄉。
 </p>
</div>
...
```

執行結果

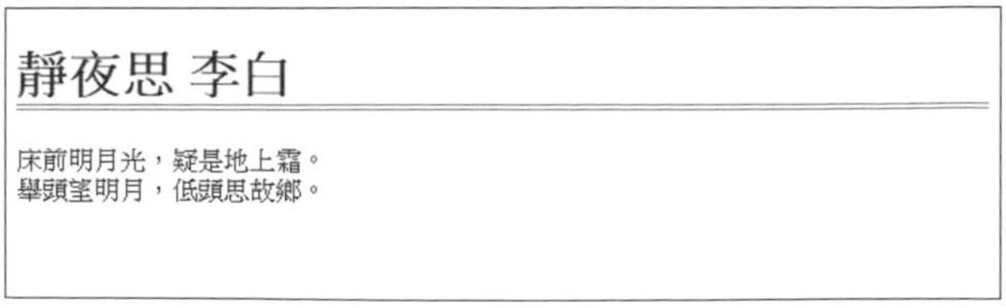

靜夜思 李白

床前明月光，疑是地上霜。
舉頭望明月，低頭思故鄉。

8.5 表格框線

表格的結構中很重要的一個重點也是框線，如何繪製出表格裡實用又美觀的框線是相當重要的技巧。

8.5.1 認識表格框線

在表格中可以加上框線的地方，一是加在 **<table>** 元素上，另一個是設定在 **<th>**、**<td>** 的儲存格上。例如以下新增一個表格，分別在 **<table>** 及 **<tr>**、**<td>** 上用 CSS加上 **border** 的粗細不同的框線設定：

程式碼：8-20.htm

```
...
<head>
    <title> 範例 </title>
    <style>
        table {
            border: 2px solid #000;
        }
        th, td {
            border: 1px solid #000;
            padding: 5px;
        }
    </style>
</head>

<body>
<table>
    <tr>
        <th> 分類 </th>
        <th> 書名 </th>
        <th> 訂價 </th>
```

```
        <th> 出版日期 </th>
    </tr>
    <tr>
        <td> 程式開發 </td>
        <td>Android 初學特訓班 </td>
        <td>480</td>
        <td>2017/01/27</td>
    </tr>
    <tr>
        <td> 辦公應用 </td>
        <td>Excel 2016 高效實用範例必修 16 課 </td>
        <td>450</td>
        <td>2016/12/01</td>
    </tr>
    <tr>
        <td> 行動裝置 </td>
        <td>iOS 10+iPhone7/7Plus/iPad 完全活用術 </td>
        <td>199</td>
        <td>2016/10/11</td>
    </tr>
</table>
</body>
...
```

執行結果

分類	書名	訂價	出版日期
程式開發	Android初學特訓班	480	2017/01/27
辦公應用	Excel 2016高效實用範例必修16課	450	2016/12/01
行動裝置	iOS 10+iPhone7/7Plus/iPad 完全活用術	199	2016/10/11

由結果看來，設定在 **<table>** 是較粗的框線，它顯示在整個表格的外圍，稱為外框線。
而設定在 **<th>**、**<td>** 是較細的框線，它顯示在表格的儲存格的外圍，稱為儲存格框
線。預設的狀態下外框線與儲存格框線之間是有間距的。

8.5.2 表格的框線重疊顯示：border-collapse

由剛才的範例結果中，可以看到表格外框線與儲存格的框線是沒有重疊在一起的，如果要讓它能重疊顯示，必須使用 border-collapse 進行設定，格式如下：

```
border-collapse: separate / collapse
```

border-collapse 的預設值是「separate」，也就是外框線與儲存格框線是分開顯示的，造成二個框線之間有間距。如果想要去除這個間距，讓框線可以重疊顯示，可以設定 border-collapse：collapse 即可。例如在剛才的範例中，在 <table> 的 CSS 加上這個設定，即可看到重疊顯示的結果。

程式碼：8-21.htm

```
...
    <style>
        table {
            border: 2px solid #000;
            border-collapse: collapse;
        }
        th, td {
            border: 1px solid #000;
            padding: 5px;
        }
    </style>
...
```

執行結果

分類	書名	訂價	出版日期
程式開發	Android初學特訓班	480	2017/01/27
辦公應用	Excel 2016高效實用範例必修16課	450	2016/12/01
行動裝置	iOS 10+iPhone7/7Plus/iPad 完全活用術	199	2016/10/11

註　設定表格及儲存格四邊框線不同樣式

因為表格或是儲存格都擁有 4 個邊，所以仍可以使用 border-(top/right/bottom/left)-style、border-(top/right/bottom/left)-width、border-(top/right/bottom/left)-color 個別設定四邊框線樣式。

8.6 CSS3：圓角框線

在 CSS3 中為方框加上了圓角框線，不用再依賴其他的繪圖軟體，即可繪出有圓角的方框。

8.6.1 圓角設定：border-radius

使用 border-radius 可以為方框加上圓角，其格式如下：

```
border-radius: 圓角半徑
```

程式碼：8-22.htm

```
...
<div style="border: solid 3px orange; border-radius: 20px;">
    <h1>靜夜思　李白</h1>
    <p>
    床前明月光，疑是地上霜。<br>
    舉頭望明月，低頭思故鄉。
    </p>
</div>
...
```

執行結果

靜夜思 李白

床前明月光，疑是地上霜。
舉頭望明月，低頭思故鄉。

8.6.2 分別設定各邊的圓角

完整的方框共有 4 個角，如果要個別單獨設定各圓角的角度，可以在 border-radius 設定 4 個值，其影響的圓角位置分別是左上、右上、右下、左下。例如：

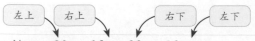

border-radius: 20px 10px 20px 10px

左上圓角為 20px，右上圓角為 10px，右下圓角為 20px，左下圓角為 10px。

如果只有設定 3 個值，如：

border-radius: 20px 10px 20px

左上圓角為 20px，右上跟左下圓角為 10px，右下圓角為 20px。

如果只有設定 2 個值，如：

border-radius: 20px 10px

左上右下圓角為 20px，右上跟左下圓角為 10px。

程式碼：8-23.htm

```
...
<div style="border: solid 3px orange; border-radius: 60px 0px;">
    <h1> 靜夜思　李白 </h1>
    <p>
    床前明月光，疑是地上霜。<br>
    舉頭望明月，低頭思故鄉。
    </p>
</div>
...
```

執行結果

靜夜思 李白

床前明月光，疑是地上霜。
舉頭望明月，低頭思故鄉。

8.7 CSS3：區塊陰影

在 CSS3 中不用再依賴其他的繪圖軟體，即可以為元素區塊加上陰影效果。

8.7.1 區塊陰影設定：box-shadow

在 CSS 中 box-shadow 屬性能將元素區塊加上陰影效果，其語法格式如下：

> **box-shadow：** 水平位移距離 垂直位移距離 模糊長度 延伸長度 顏色

水平位移距離與垂直位移距離為必填的欄位，模糊長度是設定模糊的程度，延伸長度是設定陰影擴大的程度，顏色是用來設定陰影的顏色。

程式碼：8-24.htm

```
...
<style>
...
.box1 {
    box-shadow: 10px 10px 5px 5px gray;
}
.box2 {
    box-shadow: 20px 20px 10px 10px gray;
}
</style>
...
<div class="box1">Box Shadow</div>
<div class="box2">Box Shadow</div>
...
```

執行結果

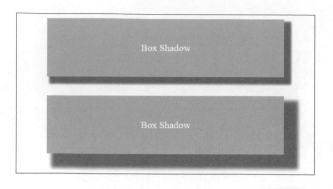

8.7.2 區塊內部陰影設定：inset

在 box-shadow 屬性設定時，最後加上「inset」關鍵字，即能將元素區塊加上內部陰影效果。

程式碼：8-25.htm

```
...
<style>
...
.box1 {
    box-shadow: 10px 10px 5px 5px gray;
}
.box2 {
    box-shadow: 20px 20px 10px 10px gray;
}
</style>
...
```

執行結果

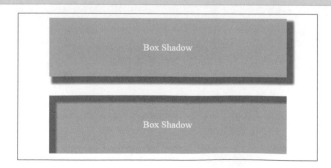

Chapter

盒子模型與版面定位

在網頁的版面上可以說是一個個盒子所組成的，只要能熟悉盒子模型的結構，即可準確的規劃版面中每個區塊的尺寸以及與其他區塊之間的排列狀態。float 屬性能將元素設置到所在容器的最左方或最右方成為浮動元素，跟在該元素後方的內容就接著流動到剩下來的位置中。position 屬性能精確的定位區塊元素的位置，並依不同特性安排區塊元素的展示方法。

CSS3 的媒體查詢能根據不同媒體、不同的特性給予不同的 CSS 樣式設定。

9.1 使用元素結構的重要觀念

使用 CSS 設計版面前，先要了解不同元素在結構上的區別，那在進一步使用時才能快速掌握。

9.1.1 元素的區別

CSS 把每個 HTML 標籤所建立的元素都視為一個獨立的個體，因應顯示時預設的特性不同又分為 **區塊元素** 與 **內行元素**。以下就分別來說明這二種元素的不同：

區塊元素

所謂區塊元素，就是在 HTML 文件中加入後會自動換行的元素。例如：<h1> 標題元素、<p> 段落元素、<ul><li> 項目符號元素、<ol><li> 編號元素 ... 等。這些元素加到頁面內容後，預設都會自動換行自成一區，與其他元素分隔開來，所以一般稱為區塊元素。

行內元素

行內元素就是在 HTML 文件中加入後仍然與前後內容放置在同一個文字段落中。例如：<a> 超連結元素、<img> 圖片元素、<strong> 粗體元素、<em> 強調元素 ... 等。這些元素加到頁面內容後，仍會與前後內容連在一起，並不會自動分行區隔開來，所以一般稱為行內元素。

9.1.2 容器的觀念

區塊元素可以說是利用 CSS 進行網頁排版時很重要的一個結構，它可以被視為網頁版面上的一個容器，設計者可以使用 CSS 來設定這個容器的大小、外觀以及與其他容器的距離和位置。

在區塊元素內除了可以包含行內元素之外，當然也能再包含其他的區塊元素。如此一來，外層的區塊元素就是包含在其中元素的「父」層元素。

在 HTML 中許多人習慣使用 <div> 元素當作容器，在排版時利用 <div> 或是其他的區塊元素將其他元素群組起來，成為網頁版型中的一個區域。所以使用 CSS 進行網頁排版時，很多時候像是在網頁的版面上堆疊、排列多個容器群組。

9.2 認識盒子模型

在使用 CSS 設定網頁版面時，一定要先認識盒子模型的觀念，如此即能掌握使用的 HTML 元素在版面的大小。

9.2.1 關於盒子模型

區塊元素在加上寬、高、內距、框線、邊界的屬性設定後，整個外型就如一個盒子般，故稱為盒子模型 (Box Model)。在網頁的版面上可以說是一個個盒子所組成的，只要能熟悉盒子模型的結構，即可準確的規劃版面中每個區塊的尺寸以及與其他區塊之間的排列狀態。

盒子模型的結構

以下是一個盒子模型的示意圖，HTML 標籤包含的區塊元素即是下圖中的灰色方塊，也就是瀏覽者會實際看到的區域。區塊元素的最外圍可以設定外框 (border)，與內容顯示區域有內側距離 (padding)，與其他的區塊元素之間有外部邊界 (margin)。如果要精確的規劃版面上每個區塊元素的排列方式，最重要的就是要確定這個區塊元素的寬度與高度以及邊界的距離。

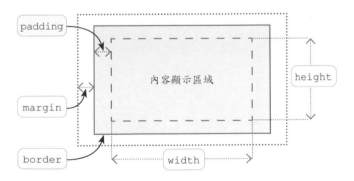

可視寬高與真實寬高的差別

許多人會認為眼睛能看到的區域所呈現的寬度與高度，即是區塊元素的屬性：width 與 height，但事實上這是不對的。真實的 width 寬度是眼睛能看到的區域寬度減掉 border 外框的寬度與 padding 內距；height 高度也是眼睛能看到的區域高度減掉 border 外框的寬度與 padding 內距。

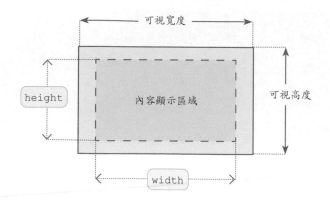

9.2.2 內容顯示區域尺寸：width、height

在盒子模型下可以使用 width、height 二個屬性來設定內容顯示區域的尺寸。

一般尺寸的設定

其語法格式如下：

```
width: 數值
height: 數值
```

用來指定尺寸的方法常是使用 **px**、**em** 或是百分比。若使用的是 **px** 像素，可以很精確的控制內容顯示區域的大小。若使用的是百分比，則寬或高就要視該區塊元素所在的父層容器大小，依比例顯示。

程式碼：9-01.htm

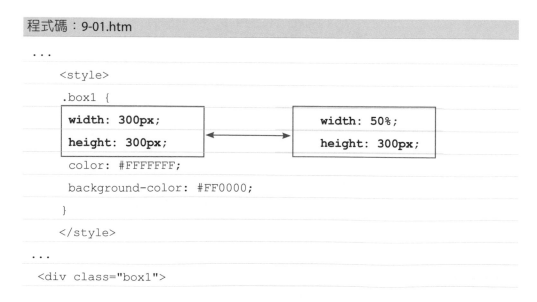

```
...
    <style>
    .box1 {
        width: 300px;          width: 50%;
        height: 300px;         height: 300px;
        color: #FFFFFF;
        background-color: #FF0000;
    }
    </style>
...
    <div class="box1">
```

文字測試文字測試文字測試文字測試文字測試文字測試文字測試文字測試文字測試文字測試文字測試文字測試

```
</div>
```

...

執行結果

width: 300px

width: 50%

由結果可以看到，寬度使用 px 來設定時，區域的寬度會固定，不會隨瀏覽器視窗大小變化。寬度使用百分比來設定時，即會隨瀏覽器大小而變化。

限制寬度及高度

其語法格式如下：

```
max-width: 數值 ; min-width: 數值 ;
max-height: 數值 ; min-height: 數值 ;
```

在預設的狀況下，內容顯示區域會隨著瀏覽器大小來改變顯示的範圍。max-width 是用來設定最大可以顯示到哪個寬度，再大就是以設定值來顯示；min-width 是用來設定最小可以顯示到哪個寬度，再小就是以設定值來顯示。而高度也是一樣：max-height 是用來設定最大可以顯示到哪個高度，再大就是以設定值來顯示；min-height 是用來設定最小可以顯示到哪個高度，再小就是以設定值來顯示。但要注意，這個區域的大小並無法限制內容的顯示，內容太多時會超過區域來顯示。

程式碼：9-02.htm

```
...
    <style>
    .box1 {
        max-width: 500px;
        min-width: 300px;
        max-height: 200px;
        min-height: 100px;
        background-color: #FF0000;
    }
    </style>
...
```

執行結果

由結果可以看到，當瀏覽器的寬高大於設定的最大寬高就會以設定值來顯示區域，當區域小於設定最小高度時，區域雖然沒有再增高，但內容的文字會超出區域的範圍；當區域小於設定的最小寬度時，因為要維持寬度所以瀏覽器會出現捲軸。

溢出範圍處理：overflow

其語法格式如下：

```
overflow: hidden / scroll
```

當內容超過內容顯示區域的大小時就會有溢出範圍，此時可以使用 overflow 的屬性來設定顯示的方式：「hidden」是隱藏，「scroll」是在內容顯示區域顯示捲軸。

程式碼：9-03.htm

```
...
    <style>
    .box1 {                          ←——————→      overflow: scroll;
      width: 200px;
      height: 200px;
      overflow: hidden;
      background-color: #FF0000;
    }
    </style>
...
```

執行結果

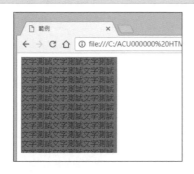 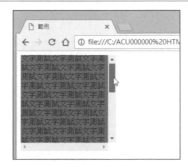

由結果可以看到，當 overflow 設定為「hidden」時溢出範圍會隱藏起來，當設定「scroll」時溢出範圍會出現捲軸起來。

9.2.3 內距的設定：padding

內距的屬性是用來指定內容顯示區與外框之間的距離，設定的值可以為 1 個值、2 個值、3 個值或 4 個值，其語法格式與意義如下：

padding：4 方的距離值

padding：上下的距離值 左右的距離值

padding：上方的距離值 左右的距離值 下方的距離值

padding：上方的距離值 右方的距離值 下方的距離值 左方的距離值

距離的值通常是以 px 像素為單位。如果設定了內距，在計算盒子模型的寬度或高度時就必須把內距加上 width 或 height 屬性值才是區塊元素的實際寬度。

除此之外也可針對單邊來設定內距，其語法格式與意義如下：

```
padding-(top/right/bottom/left)：屬性值
```

程式碼：9-04.htm

```
...
<style>
.box1 {
  width: 200px;          <────>     padding: 10px;
  height: 200px;
  padding: 0px;
  color: #FFFFFF;
  background-color: #FF0000;
}
</style>
...
```

執行結果

由結果可以看到，當 padding 設定為「0」時內容顯示區域與外框之間就沒有距離，當 padding 設定為「10」時內容顯示區域與外框之間會有 10px 的距離，也可以很明顯的看到整個區塊元素的區域也變大了。

一般在排版時建議可以適當為內容顯示區加上內距的設定，如此一來在閱讀瀏覽上會較為舒服，感覺也較專業。

9.2.4 邊界的設定：margin

邊界的屬性是用來指定外框與其他區塊元素之間的距離，設定的值可以為 1 個值、2 個值、3 個值或 4 個值，其語法格式與意義如下：

```
margin：4 方的距離值
margin：上下的距離值 左右的距離值
margin：上方的距離值 左右的距離值 下方的距離值
margin：上方的距離值 右方的距離值 下方的距離值 左方的距離值
```

邊界距離的值通常是以 **px** 像素為單位，也可針對單邊來設定內距，其語法格式與意義如下：

```
margin-(top/right/bottom/left)：屬性值
```

程式碼：9-05.htm

```
...
    <style>
    .box1 {
     padding: 5px;
     margin: 5px;
     color: #FFFFFF;
     background-color: #FF0000;
    }
    .box2 {
     padding: 5px;
     margin: 5px;
     color: #000000;
     background-color: #FFFF00;
    }
    </style>
...
<div class="box1">
    文字測試文字測試文字測試文字測試文字測試文字測試文字測試文字 ...
```

```
  </div>

  <div class="box2">

    文字測試文字測試文字測試文字測試文字測試文字測試文字測試文字測試文字 ...

  </div>

  ...
```

執行結果

> 文字測試文字測試文字測試文字測試文字測試文字測試文字測試文字測試文字測試
> 文字測試文字測試文字測試文字測試文字測試文字測試文字測試文字測試文字測試
> 文字測試文字測試文字測試文字測試文字測試文字測試文字測試文字測試
>
> 文字測試文字測試文字測試文字測試文字測試文字測試文字測試文字測試文字測試
> 文字測試文字測試文字測試文字測試文字測試文字測試文字測試文字測試文字測試
> 文字測試文字測試文字測試文字測試文字測試文字測試文字測試文字測試

由結果可以看到，二個區塊元素之間因為設定了 margin 邊界而有了距離。

註　當 margin 邊界交疊時的處理

當一個區塊元素與另一個區塊元素相連，元素又各自設定 margin 邊界值，那區塊元素之間的距離並不是二個 margin 邊界值相加，而是由較大的邊界值覆蓋較小的邊界值，彼此之間是交疊的。

例如：A 元素的 margin 是 10px，B 元素的 margin 是 5px，那 A、B 元素之間的邊界會是 10px。

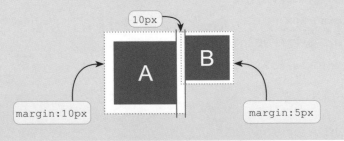

9.2.5 設定區塊元素在版面水平置中

在網頁的排版時，常會需要將一個區塊元素水平置中的放在版面中，或是水平置中放在父層的區塊元素中，此時就要對這個區域所構成的元素做以下的設定：

1. **為區塊元素設定 width 寬度**：若沒有設定 width，該區塊元素會隨版面或是所在的父層區塊元素放大縮小，就沒有設定置中的必要。

2. **將區塊元素的 margin-left、margin-right 左右邊界設為 auto**：如此一來該區塊元素即會將所在版面或是父層區塊元素寬度扣除元素寬度的值，平均分配給左右邊界，那整個區塊元素即會水平置中顯示。

程式碼：9-06.htm

```
...
    .box1 {
    width: 300px;
    padding: 5px;
    margin: 10px auto;
    color: #FFFFFF;
    background-color: #FF0000;
    }
...
<div class="box1">
    <p> 文字測試文字測試文字測試文字測試文字測試文字測試文字測試文字測試文字文字測試文字測試文字測試文字測試文字測試文字測試文字測試文字 ...</p>
    </div>
...
```

執行結果

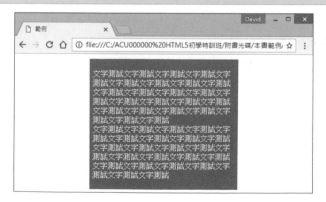

由結果可以看到，因為設定了 width 寬度，也將 margin 的左右邊界設定為 auto，所以整個區塊元素就水平置中顯示在整個網頁的中央。

9.2.6 設定區塊元素與行內元素的狀態：display

區塊元素加入時會自動換行讓整個元素自成一個區域，行內元素則會隨著文字段落流動。但是只要設定 display 屬性，即可讓區塊元素化為行內元素，也能讓行內元素顯示為區塊元素，甚至能將整個元素隱藏起來。其語法格式與意義如下：

> **display**：顯示狀態

display 常用的顯示狀態如下：

設定	說明
inline	將元素設定為行內元素，元素隨文字段落流動顯示。
block	將元素設定為區塊元素，元素前會自動分行成為獨立區域。
inline-block	將區塊元素可以與行內元素一樣隨文字段落流動顯示，但其他屬性仍保有區塊元素的特性。
none	將元素隱藏起來，會完全不在頁面上顯示，但如果觀看網頁原始碼仍可看到該元素 HTML 的標籤內容。

程式碼：9-07.htm

```
...
    <style>
    li {
     display: inline;
     margin-right: 5px;
    }
    .later {
     display: none;
    }
    </style>
...
<ul>
 <li><a href="#home"> 回到首頁 </a></li>
 <li><a href="#about"> 關於公司 </a></li>
 <li class="later"><a href="#product"> 產品介紹 </a></li>
```

```
      <li><a href="#contact"> 聯絡我們 </a></li>

    </ul>

    ...
```

```
┌──────────────────────────────────────────┐
│         回到首頁 關於公司 聯絡我們         │
└──────────────────────────────────────────┘
```

由結果可以看到，將 <li> 元素設定 display 為「inline」後即可轉為行內元素，隨文字段落流動排列顯示。其中一個項目加了類別「.later」設定 display 為「none」，結果並沒有顯示，後方的選項也向左移動。

9.2.7 顯示或隱藏元素：visibility

使用 display: none 雖然能該元素隱藏，但它顯示的方式是消失，接下來的元素在顯示時會取代它的位置。若要隱藏元素且保留它的位置可以使用 visibility，其語法格式與意義如下：

```
visibility：visible / hidden
```

預設值為「visible」顯示，「hidden」為隱藏。

程式碼：9-08.htm

```
...
    .later {
      visibility: hidden;
    }
...
```

執行結果

```
┌──────────────────────────────────────────┐
│      回到首頁 關於公司          聯絡我們   │
└──────────────────────────────────────────┘
```

由結果可以看到，修改原來範例中的類別「.later」，設定 visibility 為「hidden」，結果該選項隱藏了起來並沒有顯示，但其位置保留了下來，後方的選項並沒有左移取代其位置。

9.3 float 的使用

float 可以説是 CSS 排版很重要的基本技巧，沒有好好了解它的功能就很難精確掌握版面配置與設定。

9.3.1 float 設定浮動元素

在 CSS 中 float 屬性能將元素設置到所在容器的最左方或最右方成為浮動元素，跟在該元素的後方的內容就接著流動到剩下來的位置中，其語法格式與意義如下：

```
float：left / right / none
```

「left」表示元素浮動到左方，「right」表示元素浮動到右方，而「none」表示元素取消浮動。

float 設定後的顯示方法

在預設的狀態下區塊元素與文字段落都會自動換行自成一個區域，當設定區塊元素的 float 屬性後，如「left」，元素會整個浮動到容器元素的左方，而之後的文字段落會接著流動顯示在剩下來的空間之中。有許多人稱這個顯示方式為：「文繞圖」。

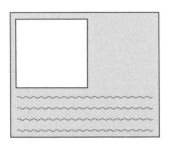
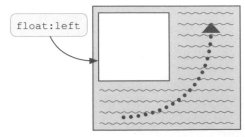

float 設定後多個區塊元素的顯示方法

當頁面中有多個區塊元素沒有設定 float 的屬性，顯示時就是由上到下依序排列。設定 float 屬性時必須要設定 width 屬性，否則區塊元素的寬度可能就與容器相同，也就不會有浮動的效果。

當每個區塊元素設定了 float:left 屬性且整體寬度小於容器元素時，所有的元素會依序由左到右橫向排列。當每個區塊元素設定了 float:right 屬性且整體寬度小於容器元素時，所有的元素會依序由右到左橫向排列。

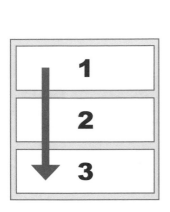
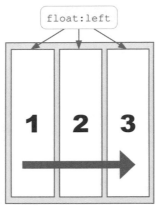
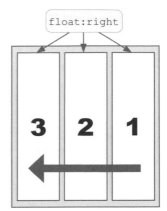

當區塊元素的寬度超過容器元素

當每個區塊元素設定了 float 屬性，無論是靠左或靠右，當整體寬度大於容器元素時，所有的元素會依序橫向排列，但超過的區域元素會被擠到下方繼續顯示。

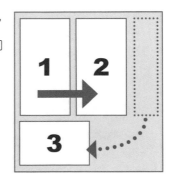

程式碼：9-09.htm

```
...
    <style>
    .box1{
      width: 25%; float: left;
      height: 100px;
      background-color: #FC0;
    }
    .box2{
      width: 25%; float: left;
```

```
        height: 100px;
        background-color: #FF0;
    }
    .box3{
        width: 25%; float: left;
        height: 100px;
        background-color: #F00;
    }
    .box4{
        width: 25%; float: left;          width: 40%; float: left;
        height: 100px;
        background-color: #CDD;
    }
    </style>
...
  <div class="box1">box1</div> <div class="box2">box2</div>
  <div class="box3">box3</div> <div class="box4">box4</div>
...
```

執行結果

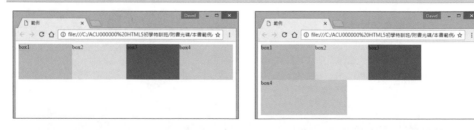

由結果可以看到，因為每個區塊元素都設定 float: left，所以就一個個靠左浮動顯示，而且因為每個區塊元素的 width 寬度為「25%」，4 個寬度剛好為「100%」，所以在顯示時剛好占滿整個版面。

接著請將第 4 個區塊元素的 width 寬度改為「40%」，如此一來第 4 個區塊元素寬度加上來之後就超過版面的寬度，此時整個區塊會被擠到下一行來顯示。

9.3.2 clear 去除浮動元素

在版面中若所有的區塊元素沒有全部都設定 float 屬性時，有設定的區塊元素就會浮動到版面上，下方沒有設定的區塊元素就會穿過它們的位置交疊顯示，造成版面錯置的狀況。

如果要解決這個問題，只要在沒有設定 float 屬性的區塊元素加上 clear 屬性的設定，即可解除 float 的影響，正常的進行版面的排列。

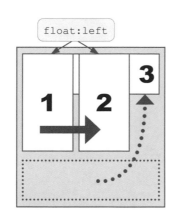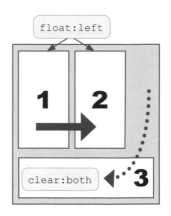

clear 屬性可以排除在元素的左、右或同時兩側的其他元素顯示，其語法格式與意義如下：

```
clear：left / right / both / none
```

「left」表示排除左側元素顯示，「right」表示排除右側元素顯示，「both」表示排除二側元素顯示，而「none」表示取消排除的動作。

程式碼：9-10.htm

```
...
    <style>
    .box1{
    width: 25%; float: left;
    height: 100px;
    background-color: #FC0;
    }
    .box2{
```

```
    width: 25%; float: left;
    height: 100px;
    background-color: #FF0;
    }
    .box3{
    width: 25%; float: left;
    height: 100px;
    background-color: #F00;
    }
```

```
.box4{
    background-color: #CDD;
}
```
⟷
```
.box4{
    clear:both;
    background-color: #CDD;
}
```

```
    </style>
...
 <div class="box1">box1</div> <div class="box2">box2</div>
 <div class="box3">box3</div> <div class="box4">box4</div>
...
```

執行結果

由結果可以看到，因為前 3 個區塊元素都設定 float: left，最後一個區塊只有設定被
背景顏色，所以它就沈到前 3 個已經變成浮動元素的下方。

當在第 4 個區塊元素的加上 clear:both，也就是對元素加上對左右排除元素顯示的動
作之後，整個區塊會跳脫浮動元素的範圍到下一行來顯示。

9.4 position的使用

position 是 CSS 排版另一個很重要的技巧，因為它能精確的定位區塊元素的位置，並依不同特性安排區塊元素的展示方法。

9.4.1 position 設定元素位置

在 CSS 中 position 屬性能將元素由指定的方式精確設定到由基準點開始的位置，其語法格式如下：

```
position：指定位置方式
```

position 常用設定的位置方式如下：

設定	說明
static	預設方式，不指定顯示位置。
relative	以元素現在位置為基準點來指定位置。
absolute	以元素的父層元素有設定 position 基準為基準起始點來指定位置。
fixed	以瀏覽器畫面的左上角為基準點來指定位置。

position 指定位置的屬性可以使用：top、right、bottom、left，指定的值可以是數值，百分比或是「auto」。

特別說明的是一般元素在沒有設定 position 屬性時，其預設的定位方式是「static」，也就是不設定顯示的位置，以目前的顯示狀態為準。

9.4.2 position:relative 定位

在 CSS 中設定 position 屬性的定位方式是「relative」時，即是指以目前元素所在的位置為基準點，再以 top、right、bottom、left 來指定與基準點所在位置的距離。若是以 top、left 來設定距離，基準點是指元素在頁面位置的左上角；若是以 bottom、right 來設定距離，基準點是指元素在頁面位置的右下角。

程式碼：9-11.htm

```
...
    <style>
    div{
      width: 400px;
      border: solid orange 1px;
      padding: 5px;
      margin: 10px auto;
    }
    h2{
      color: white;
      background-color: tomato;
      padding: 5px;
      margin: 0px;
      position: relative;
      top: 10px;
      left: 10px;
    }
    </style>
...
  <div>
    <h2> 關於我們 </h2>
```

<p> 我們跟每個對電腦資訊充滿學習興趣，對未知領域充滿探索熱情的你一樣，努力的提供每個讀者及時的資訊與學習方法，讓學習不只是提昇個人視野的途徑，更是開拓個人生涯的武器。</p>

```
  </div>
...
```

執行結果

在範例中使用了一個 <div> 來包含 <h2> 標題及文字段落內容。其中的 <h2> 標題若是沒有設定 position 屬性，就是直接跟著文字段落流動顯示。當 <h2> 標題設定 position 屬性為「relative」，並使用 top 與 left 屬性設定位置，即會以原來 <h2> 元素範圍的左上角為基準點，top 與 left 屬性都指定為「10px」，就可以讓 <h2> 標題移動顯示在距離左上角基準點上方 10px，左方 10px 的地方。

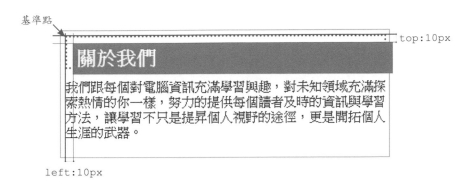

當 <h2> 標題設定 position 屬性為「relative」，並使用 bottom 與 right 屬性設定位置，即會以原來 <h2> 元素範圍的右上角為基準點，例如在這個範例中，去除 top 與 left 的屬性，加入 bottom 與 right 屬性並都指定為「10px」，就可以讓 <h2> 標題移動顯示在距離右下角基準點下方 10px，右方 10px 的地方。

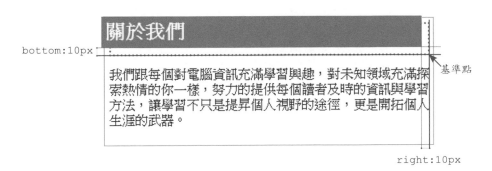

這裡要特別注意：使用 position 屬性時，當同時設定 top 與 bottom 屬性時，會自動忽略 bottom 屬性而以 top 為指定值；當同時設定 left 與 right 屬性時，會自動忽略 right 而以 left 為指定值。

9.4.3 position:absolute 定位

當設定 position 屬性的定位方式是「absolute」時,即是指以目前元素所在的父層元素為基準點,再以 top、right、bottom、left 來指定與基準點所在位置的距離。

這裡要特別說明的:可以成為基準點的父層元素,是指有設定 position 屬性且值不為「static」的元素。當父層元素都沒有設定 position 屬性時,該元素會以整個網頁的根元素 <body> 為父層元素。

程式碼:9-12.htm

```
...
    <style>
    div{
      width: 400px;
      border: solid orange 1px;
      padding: 5px;
      margin: 10px auto;
      position: relative;
    }
    h2{
      color: white;
      background-color: tomato;
      padding: 5px;
      margin: 0px;
      position: absolute;
      top: 0px;
      left: 0px;
    }
    </style>
...
```

執行結果

這裡為 `<h2>` 標題設定 position 屬性為「absolute」後必須往父層元素找尋基準點。當在父層的 `<div>` 元素設定 position 屬性為「relative」後即成為 `<h2>` 元素定位的基準點。

由結果可以看到，當 top 與 left 屬性都指定為「0px」，`<h2>` 元素就移動顯示在距離基準點 `<div>` 元素左上方 0px 的地方。`<h2>` 元素在 position 屬性為「absolute」後就浮動在區域之上，直接根據基準點來進行定位動作，整個元素範圍的大小也會以內容來調整。

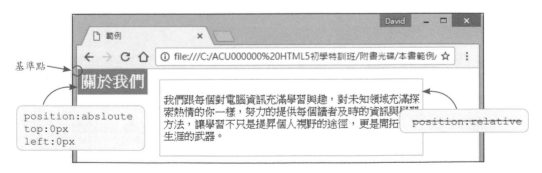

接著請刪除原來父層的 `<div>` 元素中 position 屬性的設定後，當 `<h2>` 元素往父層元素找尋基準點時，因為都沒有父層元素設定 position 屬性，所以該元素會以整個網頁的根元素 `<body>` 為父層元素。

9.4.4 position:fixed 定位

當設定 position 屬性的定位方式是「fixed」時，即是指以整個網頁的根元素 <body>為基準點，再以 top、right、bottom、left 來指定與基準點所在位置的距離。被設定的元素會浮動在頁面之上，直接根據基準點來進行定位動作不隨頁面捲動而移動，整個元素範圍的大小也會以內容來調整。

程式碼：9-13.htm

```
...
    <style>
...
    h2{
      color: white;
      background-color: tomato;
      padding: 5px;
      margin: 0px;
      position: fixed;
      bottom: 0px;
      right: 0px;
    }
    </style>
    ...
```

執行結果

由結果可以看到，在把 <h2> 元素設定 position 屬性為「fixed」後，接著把 bottm 與 right 屬性都指定為「0px」，<h2> 元素會以整個頁面右下角為基準點浮動到頁面之上，整個元素靠著右下角，不會隨著網頁內容捲動而移動。

9.5 媒體查詢

Media Queries 媒體查詢是 CSS3 的新增功能，它能根據不同媒體、不同的特性給予不同的 CSS 樣式設定。

9.5.1 認識媒體查詢

所謂 **媒體查詢** (Media Queries) 是指 HTML 能視輸出的裝置以及螢幕寬度及顏色等特性，指定套用不同的 CSS 樣式。如此一來，網站設計者即可將相同的網站內容，根據不同的裝置或是螢幕大小，設計適合的 CSS 樣式予以套用，讓網站不管在任何情況下都能完美呈現！

加入媒體查詢的方式

在 HTML 中可以使用以下三種方式加入媒體查詢的功能，其語法如下：

1. 直接在 CSS 中定義：

```
@media 媒體類型 and (特性) {
    樣式設定 ...
}
```

2. 由 CSS 中匯入外部樣式檔：

```
@import url(" 外部樣式檔 ") 媒體類型 and (特性);
```

3. 由 HTML 中匯入外部樣式檔：

```
<link rel="stylesheet" href=" 外部樣式檔案 " media=" 媒體類型 and (特性)">
```

指定媒體類型

CSS3 可以指定的媒體類型相當多，例如「all」(全部)、「screen」(螢幕)、「print」(印表機)、「tv」(電視) ... 等。其中最常用來瀏覽網頁的智慧型手機、平板電腦以及筆記型、桌上型電腦都被定義為「screen」，也是最主要的設定值。在媒體類型前加上「only」可以在使用不支援媒體查詢的舊版瀏覽器時禁止 CSS 樣式的套用。

若是支援多個媒體，可以使用「,」區隔，若沒有特定支援媒體時，可以設定「all」允許所有媒體都能套用。在這裡將使用「screen」進行媒體查詢的設定，格式如下：

```
@media screen and (特性) {樣式設定 ...}
```

指定特性

媒體查詢指定的特性，其格式為「屬性：值」。在這裡較為重要的是網頁畫面的寬度「width」及高度「height」，還可以加上「max-」及「min-」來設定最大值及最小值。例如，想要設定螢幕寬度在 900px 以下才套用 CSS 樣式表：

```
@media screen and (max-width:900px) {樣式設定 ...}
```

如果同時要指定多個特性，在條件之間要加上「and」。例如，想要設定螢幕寬度大於 300px 並且小於 900px 才套用 CSS 樣式表：

```
@media screen and (min-width:300px) and (max-width:900px){樣式設定 ...}
```

媒體查詢時常用特性如下：

設定	說明
width	顯示區域的寬度，值為數值。
height	顯示區域的高度，值為數值。
max-width	顯示區域的最大寬度，值為數值。
min-width	顯示區域的最小寬度，值為數值。
max-height	顯示區域的最大高度，值為數值。
min-height	顯示區域的最小高度，值為數值。
orientation	裝置的方向。 portrait 為垂直方向，landscape 為水平方向。

程式碼：9-14.htm

```
...
<style>
@media screen and (min-width: 300px) and (max-width: 600px){
    body {
        background-color: black;
    }
}
</style>
...
```

執行結果

由結果可以看到，當畫面寬度大於 600px 時背景為空白，當介於 300px~600px 之間時背景就變成黑色了。

9.5.2 用媒體查詢設計RWD版面

媒體查詢可以隨著不同的裝置或是螢幕大小來配置適合的 CSS 樣式，因此就常被應用到 RWD (Responsive Web Design) 響應式網頁的設計上。

以下就來應用媒體查詢的功能設計一個簡單的 RWD 版面：在範例中，將以螢幕寬度 320px 為基準點，當螢幕小於 320px 時以適合智慧型手機的版型來顯示，螢幕大於 320px 時以適合桌上型電腦的版型來顯示。

程式碼：9-15.htm

```
...
    <style>
    @media screen and (min-width: 320px){
        #container{
            width: 800px;
```

```
        height: 300px;

        padding: 0px; margin: 10px auto;

    }

    #header{

        height: 50px;

        color: white; background-color: darkgray;

        font-size: 24px; text-align: center; line-height: 50px;

    }

    #main {

        width:60%;

        height: 100%;

        color: white; background-color: lightgray;

        font-size: 24px; text-align: center; line-height: 300px;

        float: left;

    }

    #sidebar{

        width:40%;

        height: 100%;

        color: gray; background-color: whitesmoke;

        font-size: 24px; text-align: center; line-height: 300px;

        float: left;

    }

    #footer{

        height: 50px;

        color: white; background-color: darkgray;

        font-size: 24px; text-align: center; line-height: 50px;

        clear: both;

    }

}

@media screen and (max-width: 319px){

    #container{

        width: 300px;

        padding: 0px; margin: 10px auto;
```

```
        }
        #header{
            height: 50px;
            color: white; background-color: darkgray;
            font-size: 24px; text-align: center; line-height: 50px;
        }
        #main {
            height: 150px;
            color: white; background-color: lightgray;
            font-size: 24px; text-align: center; line-height: 150px;
        }
        #sidebar{
            height: 150px;
            color: gray; background-color: whitesmoke;
            font-size: 24px; text-align: center; line-height: 150px;
        }
        #footer{
            height: 50px;
            color: white; background-color: darkgray;
            font-size: 24px; text-align: center; line-height: 50px;
        }
    }
    </style>
...
<div id="container">
    <div id="header">Header</div>
    <div id="main">Content</div>
    <div id="sidebar">Sidebar</div>
    <div id="footer">Footer</div>
</div>
...
```

執行結果

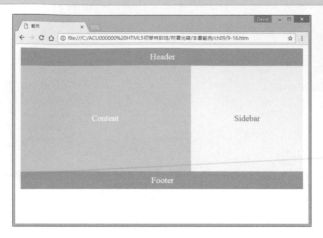

由結果可以看到，當畫面寬度大於 320px 時以適合桌上型電腦螢幕的配置來顯示，除了版頭、版尾之外，中間的內容區及側邊欄則並列。畫面寬度小於 320px 時以適合智慧型手機螢幕的配置來顯示，版頭、內容區、側邊欄及版尾由上到下排列顯示。

 認識 RWD

RWD(Responsive web design) 響應式網頁設計，計多人又稱為自適應網頁設計、回應式網頁設計、對應式網頁設計。RWD 是一種網頁設計的技術，它的設計特色就是能讓網站在不同的裝置，例如智慧型手機、平板電腦，或是桌上型電腦在瀏覽時能於不同的螢幕大小、解析度都能有適合的呈現結果。

隨著行動裝置的普及，使用智慧型手機或是平板電腦來瀏覽網站的人也越來越多，也因此，RWD 響應式網頁設計模式也就成為許多人重視的技術，在目前已經成為網站開發時的重點。

Chapter

變形、轉換與動畫

在 CSS3 中可以使用 transform 屬性來設定元素的變形效果，進行移動、縮放、旋轉、傾斜等變化。

transition 轉換效果是指元素由一種樣式轉換到另一種樣式的動作，可由播放時間、轉換屬性、轉換方法及延遲時間的屬性進行設定。

animation 動畫效果就是由播放的起點到終點設定多個關鍵影格，接著指定元素在每個關鍵影格中屬性有不同的變化所呈現的動畫。

10.1 變形效果

在 CSS3 中可以使用 transform 屬性來設定元素的變形效果，豐富了元素的呈現方式。

10.1.1 變形效果：transform

transform 屬性可以設定元素的變形效果，分成移動、縮放、旋轉、傾斜等，其語法格式與意義如下：

```
transform：變形效果
```

transform 常用的變形效果如下：

設定	說明
translate(x, y)	移動，預設以元素的中央為基準點，x、y 為在二軸上的移動距離，單位預設為 px。
translateX(x)	在 X 軸上移動，以元素的中央為基準點，x 是移動距離。
translateY(y)	在 Y 軸上移動，以元素的中央為基準點，y 是移動距離。
scale(x, y)	縮放，預設以元素的中央為基準點，x、y 為在二軸上的縮放的倍數。
scaleX(x)	在 X 軸上縮放，以元素的中央為基準點，x 是縮放倍數。
scaleY(y)	在 Y 軸上縮放，以元素的中央為基準點，y 是縮放倍數。
rotate(deg)	旋轉，預設以元素的中央為基準點，以正右方為起始點進行順時針的旋轉，deg 為旋轉的角度。
skew(x, y)	傾斜，預設以元素的中央為基準點進行順時針的傾斜，x、y 為在二軸上的傾斜的角度。
skewX(x)	以元素的中央為基準點，在 X 軸上進行順時針的傾斜，x 是傾斜的角度。
skewY(y)	以元素的中央為基準點，在 Y 軸上進行順時針的傾斜，y 是傾斜的角度。
none	不設定變形效果，也就是取消變形的意思。

移動：translate()、translateX()、translateY()

當 transform 屬性設定為「translate()」後，即可依照其中 X、Y 的參數向二軸來移動元素，單位為 px。特別注意的是，預設會以元素區域的中央為基準點。

「translateX()」及「translateY()」可以單獨設定 X 或 Y 軸的移動距離。

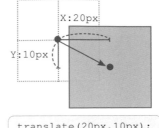

```
translate(20px,10px);
```

縮放：scale()、scaleX()、scaleY()

當 transform 屬性設定為「scale()」後，即可依照其中 X、Y 的參數向二個軸的方向進行倍數的縮放，預設是以元素區域的中央為基準點。「scaleX()」及「scaleY()」可以單獨設定 X 或 Y 軸的縮放比例。

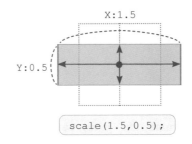

```
scale(1.5,0.5);
```

旋轉：rotate()

當 transform 屬性設定為「ratate()」後，即可依設定的角度以元素區域的中央為基準點進行順時針方向的旋轉，旋轉的角度單位為「deg」。

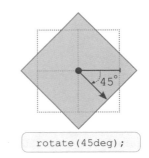

```
rotate(45deg);
```

傾斜：skew()、skewX()、skewY()

當 transform 屬性設定為「skew()」後即可依照其中 X、Y 的參數向二個軸的方向進行角度的傾斜，傾斜的角度單位為「deg」，預設是以元素區域的中央為基準點。「skewX()」及「skewY()」可以單獨設定 X 或 Y 軸的傾斜角度。

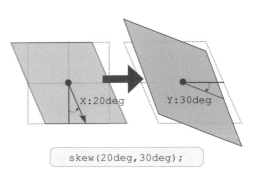

```
skew(20deg,30deg);
```

程式碼：10-01.htm

```
...
<style>
div{
    float:left;
    width: 100px;
    height: 100px;
    margin: 45px;
    font: bold 50px/100px arial;
    text-align: center;
    background-color: lightblue;
    border: 1px solid black;
}
.box1 {
    transform: translate(20px, 10px);
}
.box2 {
    transform: rotate(45deg);
}
.box3{
    transform: scale(1.5, 0.5);
}
.box4{
    transform: skew(20deg, 30deg);
}
</style>
...
<div class="box1">1</div>
<div class="box2">2</div>
<div class="box3">3</div>
<div class="box4">4</div>
...
```

執行結果

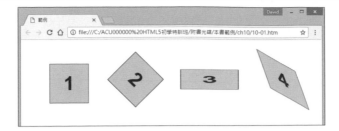

由結果可以看到，4 個 <div> 元素分別進行了移動、旋轉、縮放及傾斜的變形。

10.1.2 改變變形的基準點：transform-origin

元素的 2D 變形效果預設的基準點是元素範圍的中心，可以使用 transform-origin 來改變，其語法格式與意義如下：

> **transform-origin：水平位置 垂直位置**

transform-origin 的水平位置是指跟左方的距離，表示方法可以使用數值、百分比，或是使用「left」、「center」、「right」；垂直位置是指跟上方的距離表示方法，可以使用數值、百分比，或是使用「top」、「center」、「bottom」。

程式碼：10-02.htm

```
...
<style>
 div{
   width: 200px;
   height: 200px;
   background-color: lightblue;
   border: 1px dotted black;
   position: absolute;
   top: 50px; left: 100px;
   transform-origin: 0% 0%;
 }
 .box1 {
   transform: rotate(0deg);
```

```
    }
  .box2 {
    transform: rotate(20deg);
  }
</style>
...
  <div class="box1"></div>
  <div class="box2"></div>
...
```

執行結果

 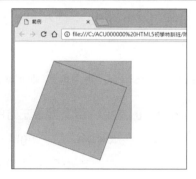

由結果可以看到，左圖是沒有加上 transform-origin 設定，預設會以元素的中央為基準點來進行變形。而右圖是設定基準點為左上角，變形時就會以左上角進行變形。

10.2 轉換效果

在 CSS3 中也可以使用 transition 等相關屬性來設定元素的轉換效果，讓呈現的效果更加不同。

10.2.1 轉換效果的設定

所謂轉換效果是指元素由一種樣式轉換到另一種樣式的動作，它的語法格式與意義如下：

```
transition-duration： 播放時間
transititon-property： 轉換屬性
transition-timing-function： 轉換方法
transition-delay： 延遲時間
```

透過這 4 個屬性即可以在元素上設定轉換效果，但注意該元素必須要有驅動轉換效果的行為才能讓效果呈現。最常使用的行為是當滑鼠滑過元素時，也就是在元素的 CSS 加上「:hover」的動作，而當驅動行為消失後，元素又會轉換回原來的屬性。以下是這 4 個屬性的使用方式如下：

播放時間：transition-duration

這裡是指二個效果之間的轉換時間，單位為 s（秒），預設為 0 秒。例如若設定播放時間為「2s」，即代表 2 秒。

轉換屬性：transition-property

這裡指二個效果之間所改變的屬性，預設為「all」即代表所有的屬性。所謂元素的轉換，簡單來說就是把一個屬性變化到另一個屬性的變化過程。例如想將背景顏色由白色轉換到黑色，那這裡就必須填入背景顏色的屬性名稱：「background-color」。

轉換方式：transition-timing-function

設定元素轉換的速度配置，預設值是「ease」，即開始與結束皆平滑的轉換，設定值如下：

設定	說明
ease	平滑的開始，平滑的結束，是預設值。
linear	開始到結束保持平均的速度
ease-in	開始到結束由慢到快的轉換
ease-out	開始到結束由快到慢的轉換
ease-in-out	開始到結束由慢到快再到慢的轉換

延遲時間：transition-delay

這裡是指開始轉換前等待的時間，單位為 s（秒），預設為 0 秒。例如若設定延遲時間為「2s」，即代表 2 秒後才會執行轉換效果。

程式碼：10-03.htm

```
...
<style>
  .box {
    width: 100px;
    height: 100px;
    background-color: lightblue;
    border: 1px dotted black;
    text-align: center;
    line-height: 100px;
    transition-duration: 1s;
    transition-property: width;
    transition-timing-function: ease;
    transition-delay: 0s;
  }
  .box:hover {
    width: 400px;
  }
</style>
...
  <div class="box"></div> ...
```

執行結果

由結果可以看到，當滑鼠滑入元素之後即會播放轉換的效果，因為設定要轉換的是元素的寬度 (width)，轉換時會呈現元素會變寬的動畫，當滑出範圍又會以相同的時間、效果播放恢復的動畫。

 當設定的轉換屬性與元素之間差異屬性不同時

轉換效果是以元素之間屬性不同進行轉換的動畫，但是如果轉換指定的屬性與元素之間差異的屬性不同時會如何呢？例如，元素是寬度 (width) 有所不同，但是轉換效果卻設定在高度 (height)，此時就不會有轉換效果的動畫，由轉換前的狀態跳到轉換後的狀態。

10.2.2 統合設定轉換的效果：transition

如果要簡化語法，可以利用相關參數來指定 transition 屬性的轉換效果，它的語法格式與意義如下：

```
transition：播放時間 轉換屬性 轉換方法 延遲時間
```

若在設定參數時有一個時間即代表的是播放時間，有二個時間才為延遲時間。設定時省略的參數會以預設值為準。

程式碼：10-04.htm

```
...
<style>
 .box {
  width: 100px;
  height: 100px;
  background-color: lightblue;
  border: 1px dotted black;
```

```
    text-align: center;

    line-height: 100px;

    transition: 1s width ease 0s;

  }

 .box:hover {

   width: 400px;

  }

</style>

...
```

執行結果

由結果可以看到，當滑鼠滑入元素之後即會呈現元素會變寬的動畫，當滑出範圍又會以相同的時間、效果播放恢復的動畫。

10.2.3 分段執行轉換的效果

如果希望能分段執行多個不同的屬性轉換效果，可以利用「，」將設定隔開，再加上延遲的時間即可達到分段執行的轉換效果。

程式碼：10-05.htm

```
...

<style>

 .box {

    width: 100px;

    height: 100px;

    background-color: lightblue;

    border: 1px dotted black;

    text-align: center;

    line-height: 100px;
```

```
        transition: 1s width ease 0s, 1s background-color ease 1s;
    }
    .box:hover {
      width: 400px;
      background-color: yellow;
    }
  </style>
  ...
```

執行結果

由結果可以看到，當滑鼠滑入元素之後即會呈現元素會變寬的動畫，接著才是背景顏色變化的動畫，當滑出範圍又會以相同的時間、效果播放恢復的動畫。

如果要以個別參數進行設定，每個設定值也要以「，」隔開，但記得每一組設定值要對應好，才能正確播放。

以剛才的範例來說，以下改寫將播放時間、轉換屬性、延遲時間個別設定時，每個設定值要以「，」隔開，且每一段的轉換設定要對應，改寫方式如下：

```
...
<style>
  .box {
    ...
    transition-duration: 1s, 1s;
    transition-property: width, background-color;
    transition-timing-function: ease, ease;
    transition-delay: 0s, 1s;
  }
  ...
</style>
...
```

10.3 動畫效果

在 CSS3 中也可以使用 animation 屬性來設定元素的動畫效果，將整個頁面表現活潑起來。

10.3.1 動畫關鍵影格的設定

所謂動畫效果就是由播放的起點到終點設定多個關鍵影格，接著指定元素在每個關鍵影格中屬性有不同的變化所呈現的動畫。在設定動畫前必須先設定好關鍵影格，以利動畫的播放。以下是關鍵影格的設定方法：

動畫關鍵影格的基礎設定

在設定動畫之後，必須設定整個動畫的關鍵影格位置，以及在每個關鍵影格裡要變化的元素屬性與值。最簡單的設定方式即是設定開始與結束的關鍵影格，它的語法格式與意義如下：

```
@keyframes 動畫自訂名稱 {
    from  {CSS 設定 ;}
    to    {CSS 設定 ;}
}
```

例如希望自訂一個動畫：「myanimation」，讓元素開始的位置距離上方 0px，結束時距離上方 300px，方法如下：

```
@keyframes myanimation {
    from {top: 0px;}
    to {top: 300px;}
}
```

動畫關鍵影格的進階設定

關鍵影格除了設定在開始與結束處，還可以利用百分比來表示設定的位置，它的語法格式與意義如下：

```
@keyframes 關鍵影格自訂名稱 {
    百分比 1    {CSS 設定 ;}
    百分比 2    {CSS 設定 ;}
    ...
}
```

例如希望自訂一個動畫:「myanimation」,讓元素在動畫播放 0% 時距離上方 0px,播放 25% 時距離上方 150px,播放 50% 時距離上方 300px,播放 75% 距離上方 150px,播放 100% 時回到距離上方 150px,方法如下:

```
@keyframes myanimation {
    0%   {top: 0px;}
    25%  {top: 150px;}
    50%  {top: 300px;}
    75%  {top: 150px;}
    100% {top: 0px;}
}
```

10.3.2 動畫效果的設定

動畫效果在設定時要指定使用的動畫名稱,接著設定其他相關屬性。它的語法格式與意義如下:

```
animation-name: 動畫名稱
animation-duration: 動畫時間
animation-timing-function: 動畫轉換方法
animation-delay: 動畫延遲時間
animation-iteration-count: 動畫重複次數
animation-direction: 動畫播放方向
animation-play-state: 動畫播放狀況
```

以下是這些屬性的使用方式如下:

動畫名稱:animation-name

執行動畫前要先用 @keyframe 自訂動畫名稱以及關鍵影格的屬性變化,animation-name 屬性即是設定要播放動畫的名稱,預設值是「none」。

動畫時間：animation-druation

這裡是指動畫單次播放的時間，單位為 s（秒），預設為 0 秒。例如若設定單次播放時間為「2s」，即代表 2 秒。

動畫轉換方式：transition-timing-function

設定動畫轉換的速度配置，即開始與結束皆平滑的轉換，設定值如下：

設定	說明
ease	平滑的開始，平滑的結束，是預設值。
linear	開始到結束保持平均的速度
ease-in	開始到結束由慢到快的轉換
ease-out	開始到結束由快到慢的轉換
ease-in-out	開始到結束由慢到快再到慢的轉換

動畫延遲時間：animation-delay

這裡是指動畫開始前等待的時間，單位為 s（秒），預設為 0 秒。例如若設定延遲時間為「2s」，即代表 2 秒後才會執行轉換效果。

程式碼：10-06.htm

```
...
<style>
  @keyframes myanimation{
    from { background-color: yellow;}
    to { background-color: red;}
  }
  .box {
    width: 150px;
    height: 150px;
    background-color: lightgreen;
    border-radius: 50%;
    border: 1px dotted black;
    text-align: center;
    line-height: 150px;
```

```
    position: absolute;
    animation-name: myanimation;
    animation-duration: 2s;
    animation-timing-function: ease;
    animation-delay: 1s;
  }
</style>
...
  <div class="box"></div>
...
```

執行結果

由結果可以看到，頁面開啟之後畫面的圓形背景顏色會在延遲 1 秒之後在 2 秒內由淺綠色，漸變成黃色，再漸變成紅色，結束後又恢復為淺綠色。

動畫重複次數：animation-interation-count

這裡是指動畫播放的次數，可以設定大於 0 的數字，預設為 1。但若設定「infinite」即代表無限重複播放。

動畫播放方向：animation-direction

這裡是指動畫播放的方向，設定值如下：

設定	説明
normal	從頭開始播放到最後，是預設值。
reverse	從最後反向播放到開始
alternate	從頭開始播放到最後，再由最後播放到開始。
alternate-reverse	從最後播放到開始，再由開始播放到最後。

動畫播放狀況：animation-play-state

這個屬性可以設定動畫播放的狀況，設定值「running」是播放中，也是預設值，設定值「paused」是暫停。

程式碼：10-07.htm

```
...
<style>
  @keyframes myanimation{
      from { left: 10px; }
      to { left: 300px;}
  }
  .box {
    width: 100px;
    height: 100px;
    background-color: lightblue;
    border: 1px dotted black;
    text-align: center;
    line-height: 100px;
    position: absolute;
    animation-name: myanimation;
    animation-duration: 1s;
    animation-timing-function: ease-in-out;
    animation-direction: alternate;
    animation-iteration-count: infinite;
  }
  .box:hover{
    animation-play-state: paused;
  }
</style>
...
  <div class="box"></div>
...
```

執行結果

 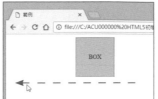 

由結果可以看到，頁面開啟之後畫面的方形盒子會在 1 秒內由靠左方的 10px 處，移動到靠左方的 300px 處，然後再由靠左方的 300px 處回到靠左方的 10px 處。這樣的動畫會一直循環播放，不會停止。

當滑鼠移動到該方形盒子上，整個動畫會停止播放，位置就停在滑鼠所在的地方。當滑鼠移開方形盒子的範圍，該動畫又會由該處繼續播放。

10.3.3 統合設定動畫的效果：animation

如果要簡化語法，可以利用相關參數來指定 animation 屬性的動畫效果，它的語法格式與意義如下：

> **animation**：動畫名稱 動畫時間 動畫轉換方式 動畫延遲時間 動畫重複次數
> 動畫播放方向 播放狀況

若在設定參數時有一個時間即代表的是動畫播放時間，有二個時間才為動畫延遲時間。設定時省略的參數會以預設值為準。

程式碼：10-08.htm

```
...
<style>
 @keyframes myanimation{
    0% {background:red; left:10px; top:10px;}
   25% {background:yellow; left:310px; top:10px;}
   50% {background:blue; left:310px; top:210px;}
   75% {background:green; left:10px; top:210px;}
  100% {background:red; left:10px; top:10px;}
 }
```

```
.box {
    width: 100px;
    height: 100px;
    background-color: lightblue;
    border: 1px dotted black;
    text-align: center;
    line-height: 100px;
    position: absolute;
    animation: myanimation 4s ease-in-out 0s alternate infinite;
}
</style>
...
```

執行結果

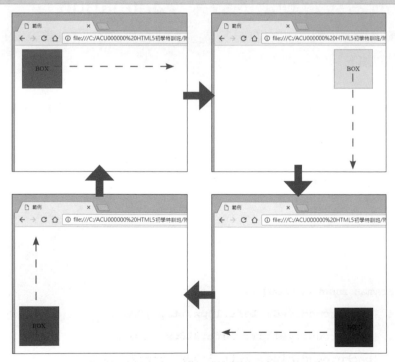

由結果可以看到，頁面開啟之後畫面的方形盒子會在 4 秒內由左上，移動右上，再移到右下，再移到左下，再移到左上，接著再延該路徑反向方移動回到原點。而顏色也會由紅到黃，再到藍，再到綠，再到紅，接著也依反向的配色順序進行變化。動畫會一直重複播放，不會停止。

Chapter 11

JavaScript 語法與結構

JavaScript 是一種腳本 (Script) 式的程式語言,其原始碼在客戶端執行之前不需經過編譯,而是將文字格式的字元代碼發送給瀏覽器再由瀏覽器解譯執行。所以 JavaScript 在撰寫、測試到除錯都很容易,只要在編輯之後儲存,就能在瀏覽器觀看結果。JavaScript 因為瀏覽器的支援而能夠輕鬆跨越不同平台而大行其道,並隨著新的 JavaScript 引擎及框架技術的發展,利用事件驅動與非同步寫入讀出等特性,JavaScript 竟然也逐漸被應用到開發伺服器端程式。

11.1 認識 JavaScript

JavaScript 可以內嵌在網頁與其他應用程式中的指令碼語言，它可以說是網頁中互動效果最重要的一項技術。

11.1.1 關於 JavaScript

在網頁的程式語言中，HTML 是建置的基礎，CSS 是呈現的技術，那 JavaScript 就是網頁互動功能上最重要的關鍵。

JavaScript的歷史

JavaScript 是 1995 年由 NetScape 公司所發明的，當時因為 NetScape 與 Sun 公司合作結盟，NetScape 希望在名稱上加上「Java」，對於推廣與行銷會有相當的幫助，所以將原來的名稱 LifeScript 改為 JavaScript。但實際上 JavaScript 與 Java 並沒有關係，程式語法風格與開發方式更是大異其趣。

JavaScript 剛開始推行時並不是一帆風順，在 NetScape Navigator 與 Internet Explorer 瀏覽器水火不容的戰國時代，JavaScript 因為立場鮮明而被排斥，成為戰爭下的一大犧牲者。但隨著資訊市場的整合，所有主流瀏覽器的執行功能都必須依照標準化的機制，當然也包括 JavaScript。因此目前 JavaScript 能在不同的瀏覽器上正常運作，並且獲得相似的結果。

近幾年 JavaScript 已經成為網頁互動中最重要的技術，因為重視使用者體驗的風潮，更帶動學習 JavaScript 的需求。許多主流的網站不僅都是 JavaScript 的重度使用者，許多先進的技術也都紛紛以 JavaScript 為基礎技術開發出強大的函式庫。

JavaScript的運作方式

在程式設計的領域中，許多高階程式語言，例如 C/C++、C# 與 Java 都必須在程式碼撰寫後經由編譯動作化為機器語言，才能在電腦上執行。

而 JavaScript 是一種腳本 (Script) 式的程式語言，其原始碼在客戶端執行之前不需經過編譯，而是將文字格式的字元代碼發送給瀏覽器再由瀏覽器解譯執行。所以 JavaScript 在撰寫、測試到除錯都很容易，只要在編輯之後儲存，就能在瀏覽器觀看結果。

這種直譯語言的弱點是安全性較差，每個人都可以在瀏覽器中獲得程式的原始碼內容。另外一個缺點就是效能，因為沒有經過編譯的過程，所以程式執行都必須由瀏覽器進行解讀，與一般的應用程式比較上就會有差異。

隨著行動載具的流行，目前資訊設備在環境上更加多元，JavaScript 因為瀏覽器的支援而能夠輕鬆跨越不同平台而大行其道，並隨著新的 JavaScript 引擎 (如 Google V8) 及框架技術 (如 Node.js) 的發展，利用事件驅動與非同步寫入讀出等特性，JavaScript 竟然也逐漸被應用到開發伺服器端程式。

11.1.2 建立第一個JavaScript程式

在網頁瀏覽器中除了有能解讀 HTML 與 CSS 的排版引擎與繪製引擎之外，最重要的還有能處理 JavaScript 程式的直譯器。以下我們就用實例的範例來說明如何在 HTML 的頁面中加入 JavaScript。

<script> 標籤的使用

JavaScript 是使用 <script> 標籤將程式碼加在 HTML 文件之中，瀏覽器只要看到 <script> 標籤就會利用直譯器來執行其中的程式，其格式如下：

```
<script type="text/javascript">
    ......
</script>
```

在 <script> 標籤中的 type 屬性是用來指定 script 用的格式與類型，不過如果是使用 HTML5，就能省略 type 屬性，格式如下：

```
<script>
    ......
</script>
```

加入JavaScript的位置

若加入的 JavaScript 要馬上執行，請將 <script> 加在 HTML 的 <body> 區域中。

若加入的 JavaScript 內容是函式或事件時，一般都會將 <script> 加在 HTML 的 <head> 區域之中，並將呼叫函式或觸發事件的動作加入在 <body> 的區域中。

如果 JavaScript 程式的內容太多，或是有多頁要同時使用，可以將 JavaScript 單獨儲存成一個 .js 檔，然後在每一頁引入即可，格式如下：

```
<script src="script.js"></script>
```

範例：將訊息顯示在頁面上

以下先說明如何使用 JavaScript 在 HTML 頁面上顯示文字內容，或是跳出視窗來顯示訊息，未來的範例中也會常使用這個技巧。在 JavaScript 程式中可以使用 document 物件的 write() 的方法，將指定的內容顯示在頁面上。

程式碼：11-01.htm

```
1    <!DOCTYPE html>
2    <html lang="zh">
3    <head>
4     <meta charset="UTF-8">
5     <title> 範例 </title>
6    </head>
7
8    <body>
9    <script>
10     document.write("Hello, JavaScript!");
11   </script>
12   </body>
13   </html>
```

執行結果

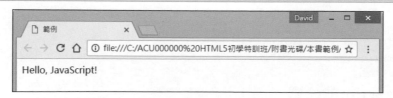

說明	
1	設定 HTML5 的 doctype。
4	設定使用的編碼為 utf-8
9–11	以 <script> 的標籤在頁面中加入 JavaScript，因為程式碼加在 <body> 標籤內，所以程式會直接執行。其中 docutment.write("") 的方法能將設定的字串內容顯示在頁面上。

11.1.3 JavaScript的語法規定

JavaScript 的程式是由敘述及陳述式組合而成，請注意並依循下列的語法規定，就能讓程式更容易閱讀與維護。

英文大小寫不同

一般的 HTML 標籤內容並不區分英文的大小寫，但是在 JavaScript 的程式中設定變數或是常數時，英文大小寫是不同的。例如 myVar 與 myvar 因為其中的字母 V 與 v 是不同的，即代表不同的變數。另外，JavaScript 中的結構控制敘述與內建函式名稱都必須是小寫英文字母，例如 if 判斷式是不能寫成 IF，否則會無法執行功能。

空白字元

JavaScript 會自動忽略多餘的空白字元，例如以下二行敘述句的意義是相同的：

```
X=100;
 X = 100;
```

結尾分號

JavaScript 是一行行的敘述與陳述式，每一行結式結束時並沒有強制規定要加上「;」分號，除非是要將多個敘述式寫在同一行中，在每個敘述式之間就必須要加入「;」分號，例如以下的二個宣告之間要加入分號，否則會無法正確解讀：

```
 X = 5 ; Y = 10 ;
```

註解符號

在 JavaScript 程式碼中，可以利用註解的加入幫助開發人員了解程式的內容，增加維護與更新時的方便性。您可以使用「//」符號標示單行註解，或是「/* ..... */」加上多行的註解。

```
x = 180;  // 身高 (cm)
y = 75;   // 體重 (kg)
/*
BMI 值的公式為：
體重 /（身高 * 身高）
*/
BMI = 24;
```

11.1.4 JavaScript的保留字

JavaScript 為了敘述與陳述式的需要，定義了一些具有特定意義及功能的文字，來執行或表達程式的內容，這些文字就被稱為「保留字」。在開發程式時必須注意這些保留字出現的時機，在變數、常數或類別命名時若是誤用，常會造成意想不到的結果。

以下是 JavaScript 的保留字：

JavaScript 常用保留字				
break	default	function	return	var
case	delete	if	switch	void
catch	do	in	this	while
const	else	instanceof	throw	with
continue	finally	let	try	
debugger	for	new	typeof	

11.2 變數的使用

在程式開發中，變數的使用是相當重要的一個動作。在 JavaScript 程式中使用變數並不需要宣告，可以在使用時直接命名即可。

JavaScript 變數不需要事先宣告即可使用，變數的功能就像用來存放資料的箱子，變數的值可以在程式碼中使用變數名稱取得或是改變。

11.2.1 變數的命名與宣告

變數的命名原則

JavaScript 中對於變數的命名要注意以下幾項原則：

1. JavaScript 對於英文字母大小寫是有區隔的。

2. 變數名稱的長度並沒有限定字數。

3. 變數名稱並不能使用 JavaScript 語法中的保留字。

4. 變數名稱的起始字元不能使用數字，必須為大小寫英文字母，或「_」。

5. 變數名稱除了第一個字元外，可以使用大小寫英文字母、數字和「_」符號，但不能使用「.」符號，當然也不能使用中文來命名。

以下是幾個正確變數的命名方式：

```
myVar
_myVar
myVar1
my_Var
```

以下是幾個錯誤的變數命名方式：

```
1myVar   // 以數字開頭
我的變數   // 以中文命名
```

變數的宣告

在 JavaScript 中變數是使用 var 指令來宣告變數，例如我們要宣告幾個變數：

```
var myVar;              // 宣告一個變數
var myVar1, myVar2;     // 宣告多個變數
```

如果是單一變數，只要在單行中用 var 宣告即可。但要在單行中宣告多個變數，可以在一個 var 之後分別將每個變數之間加上「,」符號連接起來。

11.2.2 設定變數值

基本資料類型

變數可以算是程式中暫存資料的容器，所以在使用變數時必須思考變數容器中所存放的資料類型為何，以利後續的使用或操作。在 JavaScript 中變數的資料可以是以下三種基本的類型：

1. **String**：字串是由字母、數字、文字、符號所組合而成，在指定時要在前後加上對稱「"」或「'」符號。

2. **Number**：數字是包含了整數及浮點數。

3. **Boolean**：布林值包含了 true(是) 和 false(否)，當答案是真假、是否、開關等二種選擇時可以使用。

設定變數的值

在宣告變數或是在程式碼中時可以用「=」直接指定變數值，其實在指定的時候就決定了資料的類型，例如：

```
var myName = "David";  // 宣告姓名為字串資料
var myAge = 25;         // 宣告年齡為數字資料
var myGender = true;    // 宣告性別為布林值資料
var myHeight = 180, myWeight = 75;  // 宣告多個變數及設定值
```

設定變數時，並不一定要用 var 來開頭，可以直接用變數指定值即可完成。若在設定變數及值之後再設定了同名的變數與值，那後來宣告的內容會取代原來的變數值。

範例：將變數顯示在頁面上

程式碼：11-02.htm

```
1    <!DOCTYPE html>
2    <html lang="zh">
3    <head>
4      <meta charset="UTF-8">
5      <title> 範例 </title>
6    </head>
7
8    <body>
9    <script>
10     var myName = "David"; // 宣告姓名
11     var myAge = 25;    // 宣告年齡
12     var myHeight = 180, myWeight = 75; // 宣告身高體重
13     document.write(" 大家好，我是 " + myName + "，<br/>");
14     document.write(" 身高 " + myHeight +" 公分，體重 " + myWeight + "
         公斤，<br/>");
15     document.write(" 今年 " + myAge + " 歲。");
16    </script>
17    </body>
18    </html>
```

執行結果

說明

10-12　宣告 myName、myAge、myHeight、myWeight 四個變數並設定預設值。

13-15　用 docutment.write("") 的方法能將設定的字串內容顯示在頁面上。字串與變數之間使用「+」連接。

11.3 運算子

JavaScript 大都是建構一行行的運算式來執行運算及邏輯判斷的動作，去獲取所需的結果。

在程式設計中必須使用變數或常數儲存資料，再將資料經由邏輯判斷與演算去得到所需要的結果，建構整個流程的內容即是運算式。**運算式** 是由 **運算元** 與 **運算子** 組合而成，其中運算子是指運算的方式，運算元是用來運算的資料。例如：

```
a + b
```

在這個運算式中，加號 (+) 是運算子，代表的是運算的方法，而 a 及 b 是運算元，因為它是運算式中用來運算的資料。以下就針對不同的運算子進行說明：

11.3.1 算術運算子

在程式中執行加減乘除的動作。

符號	說明	範例	運算結果
+	加法	6 + 4	10
-	減法	6 - 4	2
*	乘法	5 * 5	25
/	除法	12 / 4	3
%	餘數	5 % 3	2
++	遞增	a = 1; a ++;	2
--	遞減	a = 2; a --;	1

使用算術運算子適用一般四則運算的規則：計算仍依循先乘除後加減的順序、括號中的算式先運算、進行除法運算時，不能將數值除以 0。

11.3.2 指派運算子

在程式設計中需要指定一個值給變數時，就必須使用指派運算子。

在 JavaScript 程式中「=」不代表等於，而是將指派運算子右方的值存入左方的變數中。若右方的內容是一個運算式，也是在計算出結果後再將值存入左方的變數中。

符號	説明	範例
=	指派	a = 1　　　　　　// a 結果為 1
+=	複合指派	a = 1; a += 1　　// a = a + 1, a 結果為 2 a = 'a' ; a += 'b'　// a = 'a' + 'b', a 結果為 'ab'

11.3.3 邏輯運算子

邏輯運算子會將運算式二邊比較，再將結果以布林值回傳。

符號	説明	範例	運算結果
==	相等	$a == $b	當兩者相等時成立。
===	全等	$a === $b	當兩者相等且型別一樣時成立。
!=	不等於	$a != $b	當兩者不等時成立。
!===	不全等	$a !== $b	當兩者不相等或型別不一樣時成立。
<	小於	$a < $b	前者小於後者時成立。
>	大於	$a > $b	當前者大於後者時成立 。
<=	小於或等於	$a <= $b	當前者比後者小或兩者一樣時成立。
>=	大於或等於	$a >= $b	當前者比後者大或兩者一樣時成立。
&&	同為真值	$a && $b	當 $a、$b 都是 True 時成立。
||	任一為真值	$a || $b	當 $a、$b 隨便一個是 True 時就成立。
!	反值符號	! $a	結果是 $a 的相反。

11.4 流程控制

程式的執行基本上是循序漸進的，由上而下一行一行的執行。但是有時內容會因為判斷或是設定條件來執行不同的內容。

11.4.1 條件控制與迴圈控制

在 JavaScript 中流程控制的指令分為兩類：**條件控制** 與 **迴圈控制**。

1. **條件控制**：根據關係運算或邏輯運算的條件式來判斷程式執行的流程，依判斷的結果執行不同的程式區塊。

   條件控制的指令包括：

   ```
   if
   if/else
   ?:
   switch
   ```

2. **迴圈控制**：根據關係運算或邏輯運算條件式的結果來判斷，重複執行指定的程式區塊。迴圈指令包括：

   ```
   while
   do/while
   for
   ```

式流程控制中還有指令是控制由判斷式或迴圈中跳出的動作，包括了：

```
break
continue
```

以下將針對這些程式流程控制指令進行詳細的說明。

11.4.2 if 單向選擇條件控制

這是一個單向選擇的條件控制結構，這個條件控制是最為單純的。

語法格式

語法基本的格式如下：

```
if (條件式) 執行的程式內容;
```

若程式不是單行，就必須使用左右大括號 ({ ... }) 將程式區塊包含起來，格式如下：

```
if (條件式) {
    執行的程式內容;
}
```

以下是單向選擇流程控制的流程圖：

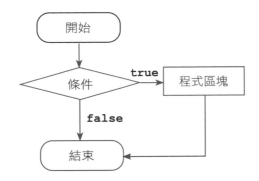

程式範例

本範例會先顯示對話方塊供使用者輸入一個數字，再用來與 0 做比較，若大於 0，顯示該數字為正數的訊息。

程式碼：11-03.htm

```
...
9  <script>
10  var a = prompt(" 請輸入數字 ", "0");
11  if (a > 0) document.write(" 您輸的值是正數 ");
12 </script>
...
```

執行結果

 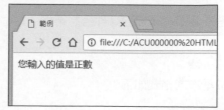

說明

10	prompt() 是 JavaScript 的內建函式，執行時會顯示對話方塊要求使用者輸入，然後回傳輸入的資料，格式為 prompt(" 顯示訊息 "," 回傳預設值 ")。在這裡程式要求使用者輸入數字，再將回傳資料存入變數 a 中。
11	判斷變數 a 是否有大於 0，若有則顯示「您輸入的值是正數」的資訊。

11.4.3 if/else 雙向選擇條件控制

這是一個雙向選擇的條件控制結構。條件判斷時，當條件成立時可以執行某個程式區塊，不成立時就執行另一個區塊，即可使用這個條件控制結構。

語法格式

```
if (條件式) {
    條件成立時執行的程式內容 ;
}else{
    條件不成立時執行的程式內容 ;
}
```

以下是雙向選擇流程控制的流程圖：

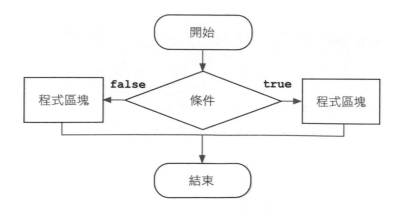

程式範例

本範例會先顯示對話方塊供使用者輸入一個數字，再用與 0 做比較，若大於或等於 0，顯示該變數為正數的訊息，否則顯示該變數為負數的訊息。

程式碼：11-04.htm

```
...
9   <script>
10    var a = prompt(" 請輸入數字 ", "0");
11    if (a >= 0) {
12      document.write(" 您輸入的值是正數 ");
13    }else{
14      document.write(" 您輸入的值是負數 ");
15    }
16  </script>
...
```

執行結果

程式說明

10	程式要求使用者輸入數字，再將回傳資料存入變數 a 中。
11-12	判斷變數 a 是否有大於或等於 0，若有則顯示「您輸入的值是正數」的資訊。
13-14	否則顯示「您輸入的值是負數」的資訊。

11.4.4 ?: 條件運算子條件控制

JavaScript 可以使用 ?: 條件運算子，其功能與 if/else 雙向選擇相似。

語法格式

```
( 條件式 ) ? 條件成立時執行的程式內容 : 條件不成立時執行的程式內容;
```

程式範例

將上一個 if/else 條件判斷式改為 ?: 條件運算子。

程式碼：11-05.htm

```
...
9 <script>
10 var a = prompt(" 請輸入數字 ", "0");
11 (a >= 0) ? document.write(" 您輸入的值是正數 ") : document.write
   (" 您輸入的值是負數 ");
12</script>
...
```

執行結果

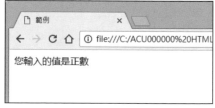

程式說明

10	程式要求使用者輸入數字，再將回傳資料存入變數 a 中。
11	變數 a 是否有大於或等於 0，成立則顯示「您輸入的值是正數」的資訊，不成立則顯示「您輸入的值是負數」的資訊。

11.4.5 if/else if/else 多向選擇條件控制

這是一個多向選擇的條件控制結構。當第一個條件成立時，就執行指定的程式區塊，否則就看第二個條件是否成立，成立時就執行指定的程式區塊，以此類推，當所有的條件都不成立時，就執行最後一個程式區塊。

語法格式

其格式如下：

```
if (條件式1) {
    條件1成立時執行的程式內容；
}else if(條件式2){
    條件2成立時執行的程式內容；
.....
}else(條件式){
    所有條件都不成立時執行的程式內容；
}
```

以下是多向選擇流程控制的流程圖 (以設定 2 個條件式為例)：

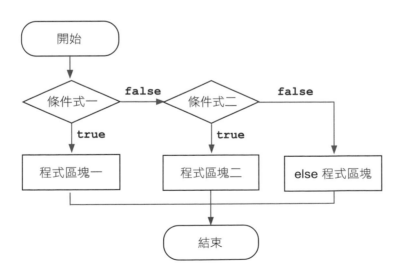

程式範例

本範例會先顯示對話方塊供使用者輸入成績分數，設定多個條件判斷顯示該分數所屬的等級。

程式碼：11-06.htm

```
...
9  <script>
10  var score = prompt("請輸入分數", "0");
11  if(score>=60 && score<70){
12    document.write(' 丙等 ');
13  }else if(score>=70 && score<80){
14    document.write(' 乙等 ');
15  }else if(score>=80 && score<90){
16    document.write(' 甲等 ');
17  }else if(score>=90 && score<=100){
18    document.write(' 優等 ');
19  }else{
20    document.write(' 不及格 ');
21  }
22  </script>
...
```

執行結果

程式說明

10	程式要求使用者輸入數字，再將回傳資料存入變數 score 中。
11-12	若 score 大於等於 60 且小於 70，則顯示「丙等」。
13-14	若 score 大於等於 70 且小於 80，則顯示「乙等」。
15-16	若 score 大於等於 80 且小於 90，則顯示「甲等」。
17-18	若 score 大於等於 90 且小於等於 100，則顯示「優等」。
19-20	條件若都不符合則顯示「不及格」。

11.4.6 switch 多向選擇條件控制

switch 也是一個多向選擇的條件控制，它會定義一個自訂變數，而每一個執行區塊為會以 case 並且帶一個值為開頭，當該值等於 switch 所定義的變數時，即執行這個 case 中的程式區塊。

語法格式

其格式如下：

```
switch ( 自訂變數 ) {
    case 條件值 1 :
        自訂變數值等於條件值 1 執行的程式內容 ;
        break;
    case 條件值 2 :
        自訂變數值等於條件值 2 執行的程式內容 ;
        break;
    case 條件值 3 :
        自訂變數值等於條件值 3 執行的程式內容 ;
        break;
        .........................
    default :
        當自訂變數值與所有條件值都不相等時預設執行的程式內容 ;
}
```

在格式中要注意的重點如下：

1. switch 後的自訂變數與 case 後的條件值資料型態要一致，才能用來比較。

2. 在每一個 case 設定條件值該行最後要加上「：」。

3. 每個程式區塊最後要以 break 指令結束，此時程式會自動跳到程式區塊的結構外繼續完成動作。

4. default 所定義的區塊是當所有條件值與自訂變數都不相等時執行，但是這並不是必填的區塊，您可以不設定預設執行的程式區塊。

5. default 所定義的區塊最後不必加上 break 指令。

以下是 switch 多向選擇流程控制的流程圖 (以設定 2 個方案為例)：

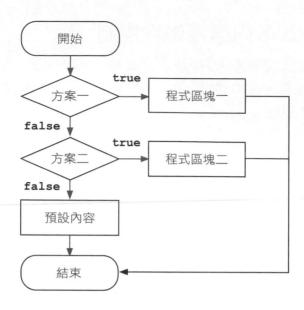

程式範例

本範例會先顯示對話方塊供使用者輸入付款方式的代號，再依代號的內容判斷要顯示的訊息。

程式碼：11-07.htm

```
...
9   <script>
10    var payway = prompt("請選擇付款方式:1.ATM匯款 2.刷卡 3.貨到付款",
      "1");
11    switch (payway){
12    case "1":
13    document.write(" 我的付款方式為 ATM 匯款 ");
14    break;
15    case "2":
16    document.write(" 我的付款方式為刷卡 ");
17    break;
18    case "3":
19    document.write(" 我的付款方式為貨到付款 ");
20    break;
21    default:
22    document.write(" 請選擇正確的付款方式 ");
```

```
23  }
24  </script>
...
```

執行結果

程式說明

10	程式要求使用者輸入數字,再將回傳資料存入變數 payway 中。
11	設定 switch 條件式,以變數 payway 為判斷依據。
12~14	若 payway 等於 "1" 時顯示「我的付款方式為 ATM 匯款」的資訊。
15~17	若 payway 等於 "2" 時顯示「我的付款方式為刷卡」的資訊。
18~20	若 payway 等於 "3" 時顯示「我的付款方式為貨到付款」的資訊。
21~22	若都不符合則顯示「請選擇正確的付款方式」。

11.4.7 while 迴圈控制

在程式流程控制中,另一個相當重要的結構就是迴圈。在程式的某些區塊,會因為條件判斷或是設定次數的關係重複執行,一直到不符合條件或達到設定次數後才往下執行,這就是所謂的迴圈。

while 迴圈是相當基本的迴圈,開始時先設定條件,當符合條件時執行指定的程式,一直到不符合條件時才跳出迴圈。

語法格式

其格式如下:

```
while (條件式) {
    執行的程式內容;
}
```

以下是 while 迴圈流程控制的流程圖:

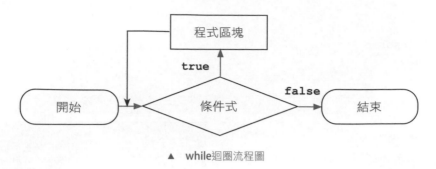

▲ while迴圈流程圖

程式範例

本範例利用 while 迴圈顯示由 1 到 10 的數字。

程式碼：11-08.htm

```
...
9    <script>
10   var i = 0;
11   while (i<10){
12   i++;
13   document.write(i + " ");
14   }
15   </script>
...
```

執行結果

12345678910

程式說明

10	自訂變數 i 並設定值為 0。
11-14	設定 while 條件式，當 i 小於 10 時執行迴圈。
12	將變數 i 加 1。
13	顯示 i 加一個空白字元。

11.4.8 do/while 迴圈控制

do/while 迴圈與 while 迴圈幾乎是一樣的，只是 do/while 迴圈是先執行迴圈中的程式，在最後才設定條件。當狀況符合條件時即執行程式區塊，一直到不符合條件時才跳出迴圈。

語法格式

其格式如下：

```
do {
    執行的程式內容；
} while ( 條件式 )
```

以下是 do…while 迴圈流程控制的流程圖：

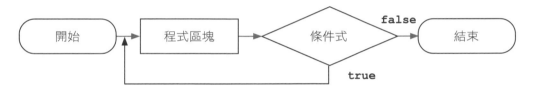

程式範例

本範例利用 do/while 迴圈來顯示由 1 到 10 的數字。

程式碼：11-09.htm

```
...
9  <script>
10   var i = 0;
11   do {
12    i++;
13    document.write(i + " ");
14   } while(i<10)
15 </script>
...
```

執行結果

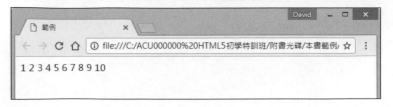

程式說明

10	自訂變數 i 並設定值為 0。
11	執行 do 迴圈。
12	將 i 加 1。
13	顯示 i 加一個空白字元。
14	設定 while 條件式,以當 i 小於 10 時執行迴圈。

11.4.9 for 計次迴圈控制

for 計次迴圈是先設定一個變數的初值,再設定該變數執行計次的條件,最後設定變數的計次方式。當符合條件即執行指定的程式區塊後計次,一直到不符合條件才跳出迴圈結束程式或往下執行。

語法格式

其格式如下:

```
for ( 設定變數初值 ; 條件式 ; 變數計次方式 ) {
    執行的程式內容 ;
}
```

以下是 for 計次迴圈流程控制的流程圖:

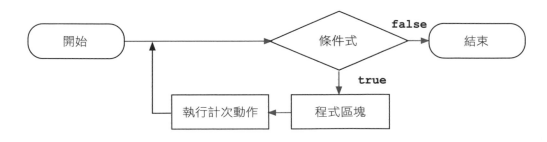

程式範例

本範例要顯示由 1 加到 10 的總和。

程式碼：11-10.htm

```
...
9  <script>
10  var countI = 0;
11  for (i=1;i<=10;i++){
12   countI += i;
13  }
14  document.write(countI);
15 </script>
...
```

執行結果

程式說明

11-13	設定 for 迴圈的自訂變數為 i，其初值為 0。當 i 小於或等於 10 時執行迴圈中的程式，每執行一次就將 i 加 1。
12	將目前的 i 值儲存到自訂變數 countI 中。每執行一次迴圈，程式即會將目前的 $i 值累加到 countI 中。
14	當跳出迴圈後將 countI 顯示出來。

MEMO

Chapter

12

JavaScript 函式、陣列與物件

函式即是將程式碼中重複使用的部分單獨出來，在應用時只要呼叫即可使用，提高程式開發的效率。陣列可說是一群性質相同變數的集合，能大量降低變數宣告的數量，提高程式開發時的彈性。物件可以說是屬性與方法的組合，每個物件上都有它的特徵與功能，化為程式的屬性與方法。

12.1 函式的使用

將程式碼中重複使用的部分單獨寫成函式，在應用時只要呼叫即可使用，不必重複撰寫。

12.1.1 認識函式

隨著程式開發的內容越來越多，在操作時會有許多相同的程式動作與判斷，不免會產生許多相似或重複的內容。若將這些經常使用或重複的程式碼整理成一個程式區段，在程式中可以隨時呼叫使用，這樣的程式區段就叫做 **函式**。

函式的使用有以下好處：

1. 函式具有重複使用性，程式可以在任何地方進行呼叫即可使用，不必重複撰寫相同的程式碼造成困擾，提升程式效率。

2. 函式的加入會讓程式碼更為精簡，結構更為清楚，在閱讀或是維護上會更加輕鬆。

3. 若是函式中的程式產生錯誤，在修正時只要針對函式內容進行修改，所有程式中呼叫的地方即可正確執行。

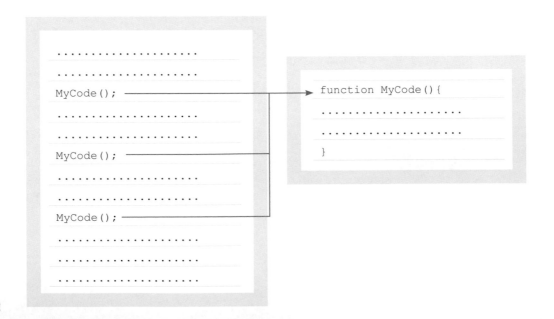

12.1.2 函式的使用

語法格式

定義函式的基本語法為：

```
function 函式名稱 ([ 參數 1, 參數 2, ..., 參數 n]) {
    執行的程式內容 ;
    ...............
    [return 傳回值 ;]
}
```

在程式中呼叫函式的語法如下：

```
函式名稱 ([ 參數 1, 參數 2, ..., 參數 n]);
```

注意事項

在定義函式時請注意以下事項：

1. 函式名稱的命名規則與變數、常數相同，設定時不可與其他的函式或是變數名稱相同。

2. 函式中的參數不是必填的項目，依程式內容需要來設定。

3. 函式可以設定多個參數，參數之間要以逗號 (,) 區隔開。

4. 當函式不需要回傳值時，可以忽略 return 指令。在函式中執行時若沒有遇到 return 指令，會在完畢後返回程式原呼叫處繼續執行。

5. 使用 return 指令會停止函式的運作，並將設定的回傳值傳回程式原呼叫處繼續執行。

6. 回傳值可以是任何型別的資料，如字串、整數 … 等。

7. 函式可加入在程式的任何地方。

程式範例

這裡要定義一個簡單的函式：myInformation()，在程式呼叫後可在網頁上顯示「歡迎光臨文淵閣工作室！」的訊息。

程式碼：12-01.htm

```
...
9  <script>
10   function myInformation(){
11    alert(" 歡迎光臨文淵閣工作室！");
12   }
13   myInformation();
14 </script>
...
```

執行結果

程式說明

10-12　定義函式 myInformation()，在函式中以 alert() 的方法來顯示訊息。

13　　呼叫 myInformation() 函式。

12.1.3 函式的參數

參數雖然不是函式必填的選項，但是加入參數的函式，可以增加程式應用上的靈活度。沒有設定參數的函式，在呼叫時程式會直接執行函式的程式內容再返回原處，無論如何呼叫執行的結果就只有一種，沒有任何彈性。但是加入參數，卻可以讓函式的執行加入不同的變數，而有不同結果。

設定函式的參數

在設定函式的參數時，請注意下列事項：

1.　函式的參數，其實就是在函式中代入自訂變數，所以參數的使用與命名原則與變數相同。

2. 參數的數目沒有限制，參數間以逗號 (,) 區隔，即可在函式內使用這個參數。

3. 若函式的參數沒有設定預設值，在程式內呼叫該函式時就必須給予相對數量、型別的參數，函式才能正常運作。

程式範例

定義 showName() 函式，將要顯示的姓名當作參數代入。在函式中將該參數加入訊息中，並顯示結果。

程式碼：12-02.htm

```
...
9  <script>
10   function showName(myName){
11    document.write(" 大家好，我的名字叫：" + myName + "。<br />");
12   }
13   showName("David");
14   showName("Lily");
15 </script>
...
```

執行結果

程式說明

10-12 定義函式 showName()，並設定參數 myName 來接受要顯示的姓名字串。在函式中將該參數加入訊息中，並顯示結果。

13-14 分別以不同的姓名當作參數呼叫 showName() 函式，畫面上即呈現不同姓名的結果。

由這個範例中就可以很明顯發現函式的彈性，一樣的函式內容卻可以因為參數值的不同，顯示出不同結果。

12.1.4 函式的傳回值

我們通常會將需要的功能寫成不同的函式,只要在需要時呼叫即可使用。加上不同的參數可以增進函式的彈性,如果還需要回傳在函式中處理後的結果,就只要在函式最後利用 return 關鍵字將值傳回即可。

程式範例

定義 convertDC() 函式,將輸入的攝氏溫度轉換為華氏溫度回傳顯示在頁面上。

程式碼:12-03.htm

```
...
9   <script>
10    function convertDF(dc){
11      return dc * 1.8 + 32;
12    }
13    var dc = prompt("請輸入攝氏溫度:","25");
14    document.write("華氏溫度為:" + convertDF(dc));
15  </script>
...
```

執行結果

程式說明

10-12	定義函式 convertDF(),設定參數 dc 來接受轉換的攝氏溫度。在函式中將接收的攝氏溫度轉換為華氏溫度後用 return 回傳,轉換公式為:攝氏 * 1.8 + 32 = 華氏。
13	程式要求使用者輸入攝氏溫度,再將回傳資料存入變數 dc 中。
14	以輸入的攝氏溫度為 convertDF() 函式的參數,並在畫面上顯示回傳的結果。

12.2 陣列的使用

> 如果有大量的同類型資料需要儲存時，陣列可以有效的降低變數宣告的數量，提高效率。

12.2.1 認識陣列

為什麼要使用陣列？

程式中的資料通常是以變數來儲存，如果有大量的同類型資料需要儲存時，必須宣告大量的變數，不但耗費程式碼，執行效率也不佳。例如：某學校有 500 位學生，每人有 10 科成績，就必須有 5000 個變數才能完全存放這些成績，無論在宣告及儲存，甚至在最後的使用上都是很大的問題

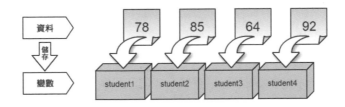

陣列儲存資料的方式

陣列可說是一群性質相同變數的集合，相同陣列中擁有一個變數名稱，做為識別該陣列的標誌；陣列中的每一份資料稱為：**陣列元素**，每一個陣列元素相當於一個變數，如此就可輕易建立大量的資料儲存空間。

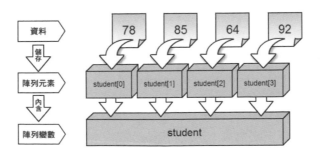

陣列資料的識別方式

要如何區分放置在陣列中的資料呢？在預設的狀態下是使用 **索引鍵** 值。索引鍵允許使用整數或是字串，如果未指定索引鍵值，程式會自動由 0 開始計算，也就是在陣列中放置的第一個元素的索引鍵為 0，第二個元素的索引鍵為 1，以此類推，第 n 個元素的索引鍵即為 n-1。

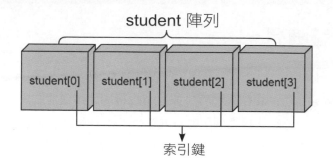

12.2.2 建立一維陣列

一維陣列的建立方式

在 JavaScript 中是利用 Array() 建立物件，例如我們要建立一個名為 student，共有 3 個元素的一維陣列，接著再一一指定其中的值，方法如下：

```
var student = new Array(3);
student[0] = "David";
student[1] = "Lily";
student[2] = "Perry";
```

我們也可以直接在建立物件時就指派元素值，方法如下：

```
var student = new Array("David","Lily","Perry");
```

您也可以善用 [ ] 符號來建立物件並指派元素值，方法如下：

```
var student = ["David","Lily","Perry"];
```

取用陣列中的資料

建立陣列物件並設定元素值後，可以利用陣列的元素索引值取得其中的值，要特別注意的是，陣列元素的索引值是由 0 算起。

例如若要在頁面上顯示 student 陣列中第一筆資料，方法如下：

```
document.write(student[0]);
```

如果想知道目前這個陣列中到底有多少元素，可以使用 .length 屬性來取得，例如我們想要知道 student 這個陣列的元素數量，方法如下：

```
student.length
```

知道如何取得陣列元素的數量之後，就能將陣列中的所有元素值顯示出來，例如我們想將 student 陣列中所有的元素顯示出來，這裡可以利用 for 迴圈來執行，方法如下：

```
for(var i=0; i < student.length; i++) {
  document.write(student[i] + "<br/>");
}
```

這裡還可以使用 for/in 迴圈，這是特別為顯示物件內容所設計的迴圈，方式如下：

```
for ( i in student) {
  document.write(student[i] + "<br/>");
}
```

程式範例

定義 student 陣列來儲存班上同學姓名，並將全班同學姓名顯示在表格中。

程式碼：12-04.htm

```
...
9   <script>
10  var student = ["David","Lily","Perry"];
11  document.write("<table border='1'><tr><td> 編  號 </td><td>
    姓名 </td></tr>");
12  for (var i=0; i<student.length; i++) {
13   document.write("<tr><td>" + (i+1) + "</td><td>"
     + student[i] + "</td></tr>");
14  }
15  document.write("</table>");
16  </script>
...
```

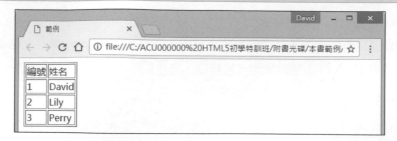

程式說明

10	新增 student 陣列物件，並設定同學姓名為陣列元素。
12-14	使用 for 迴圈，在取得 studnet 陣列元素數量後，將元素值一一讀出。
13	每一次迴圈執行都會取得一索引值 i，因為索引值是由 0 開始計算，所以 i+1 為座號，student[i] 可以取得元素值。

12.2.3 建立多維陣列

其實無論建立幾維的陣列，採取的方式都與建立二維陣列相似，都可以由一維組成二維，再架構到多維的陣列。例如班級中每個同學都有三科成績，如下可以整理成一個 3 列 X 4 行的表格 (表頭不算)：

班級資料

	第 1 行	第 2 行	第 3 行
	姓名	國文	英文
第 1 列 →	David	95	80
第 2 列 →	Lily	82	85
第 3 列 →	Perry	90	92

若將以上的表格化為陣列，即是一個 3 列 X 4 行的二維陣列。第一維是列，每一列都是一筆同學的資料；第二維是行，每一行都是該同學不同類別的資料。要特別注意的是陣列中的索引值是由 0 開始計算，下表是二維陣列中二個索引值的表示方式：

Student 陣列

	第 1 行	第 2 行	第 3 行
	姓名	國文	英文
第 1 列 →	[0][0]	[0][1]	[0][2]
第 2 列 →	[1][0]	[1][1]	[1][2]
第 3 列 →	[2][0]	[2][1]	[2][2]

接著在程式中建立這二維陣列並設定值，方法如下：

```
var student=new Array();
student[0]=new Array(), student[1]=new Array(), student[2]=new Array();
student[0][0]="David", student[0][1]="95", student[0][2]="80";
student[1][0]="Lily", student[1][1]="82", student[1][2]="85";
student[2][0]="Perry", student[2][0]="90", student[2][0]="92";
```

由上述的程式碼可知，二維陣列物件的建立方式，是先將第一維資料建立為陣列後，再由這一維的每個元素建立成第二維的陣列。

您也可以使用另外一種建立的方式，更加的簡潔：

```
var student = new Array();
student[0]=["David", "95", "80"];
student[1]=["Lily", "82", "85"];
student[2]=["Perry", "90", "92"];
```

程式範例

定義 student 陣列來儲存班上同學姓名、國文、英文的成績，並將全班同學的資料顯示在表格中。

程式碼：12-05.htm

```
...
9   <script>
10  var student = new Array();
11  student[0]=["David", "95", "80"];
12  student[1]=["Lily", "82", "85"];
13  student[2]=["Perry", "90", "92"];
14  document.write("<table border='1'><tr><td> 姓　名 </td>
    <td> 國文 </td><td> 英文 </td></tr>");
15  for (var i=0; i<student.length; i++) {
16    document.write("<tr>");
17    for (var j=0; j<student[i].length; j++) {
18      document.write("<td>" + student[i][j] + "</td>");
19    }
```

```
20    document.write("</tr>");
21  }
22  document.write("</table>");
23  </script>
...
```

執行結果

程式說明

10–13 新增 student 二維陣列物件，並設定姓名、國文、英文資料為陣列元素。

15–21 使用 for 迴圈，取得 studnet 陣列第一維的元素數量後，將元素值一一取出處理。

17–19 使用 for 迴圈，取得 studnet 陣列第二維的元素數量後，將第二維的元素值取出顯示在欄位中。

12.3 物件

物件可以說是屬性與方法的組合，每個物件上都有它的特徵與功能，化為程式的屬性與方法。

12.3.1 認識物件

JavaScript 是物件導向的程式設計語言，但是又與常見的 C++，Java 等物件導向語言有所差別，例如在 JavaScript 中沒有類別 (class) 的概念。因此許多人在學習時按照物件導向的思維來開發 JavaScript 時，總會有點那麼不自然的感覺。實際上，JavaScript 是基於物件的語言，在 JavaScript 裡面的所有東西幾乎都是物件。

物件的屬性與方法

物件可以說是屬性與方法的組合。以實際的範例來說，在生活週遭其實就充滿了物件，桌上的杯子、書本是物件，路上的車子、房子也都是物件。每個物件都有它的特徵與功能，化為程式術語就是屬性與方法。就以一個人來說：人有姓名、有身高、有體重，這些特徵都是人的屬性；人能說話、唱歌、走路，這些能力都是人的方法。

屬性與方法的使用

JavaScript 的中也充滿了各種物件：瀏覽器視窗、網頁、字串、數字、日期等，每個物件也擁有屬於它的屬性及行為。例如，在本章中談到陣列時為了要得到 student 陣列中的元素數量，可以使用：

```
student.length;    //length 屬性的使用
```

若要將指定的訊息顯示在頁面上或是顯示彈出式視窗，可以使用：

```
document.write('hello'); //write() 方法的使用
window.alert('hello');    //alert() 方法的使用
```

在物件中就是使用「.」點符號來與屬性、方法連繫在一起，屬性與方法之間其實很好區分，因為方法的後面會加上 () 括號。

12.3.2 自訂物件的建立與使用

建立自訂物件

在 JavaScript 中也能建立自訂的物件,例如我們想要新增一個名為 Person 的物件並設定基本的屬性,首先是基本物件建立方式:

```
var Person = new Object();
Person.name="David";
Person.age=25;
Person.weight=75;
Person.height=180;
```

另外您也可以用以下的替代方式:

```
var Person = {name:"David", age:25, weight:75, height:180};
```

如果建立物件的動作很頻繁,可以將建立物件的動作化為函式,方式如下:

```
function Person(name, age, weight, height){
  this.name = name;
  this.age = age;
  this.weight = weight;
  this.height = height;
}
person1 = new Person("David", 25, 75, 180);  // 新增一個 Person 物件
```

取得物件屬性

如果要取得自訂物件中的屬性,可以使用以下二種方式:

```
person.name;
person["name"];
```

在自訂物件中建立方法

在自訂物件中除了屬性之外,也能自訂方法,例如我們在 Person 中新增一個名為 sayHello() 的方法,方式如下:

```
var Person = {
 name:"David", age:25, weight:75, height:180,
 sayHello:function(){return "Hello, my name is " + name;}
};
document.write(person1.sayHello());  // 執行自訂物件中的方法
```

也可以在建立物件函式裡加入自訂的方法,方式如下:

```
function Person(name, age, weight, height){
 this.name = name; this.age = age;
 this.weight = weight; this.height = height;
 this.sayHello = function(){return "Hello, my name is " + name;}
};
person1 = new Person("David", 25, 75, 180);  // 新增自訂物件
document.write(person1.sayHello());  // 執行自訂物件中的方法
```

程式範例

定義 student 陣列來儲存班上同學姓名、國文、英文的成績,並將全班同學的資料顯示在表格中。

程式碼:12-06.htm

```
...
9   <script>
10  function Person(name, age, weight, height){
11    this.name = name;
12    this.age = age;
13    this.weight = weight;
14    this.height = height;
15    this.sayHello = function(){
16      return "您好,我是 "+name +",今年 "+age+ " 歲,身高 "+height+
        " 公分,體重 "+weight+" 公斤。";
17    }
18  };
19  person1 = new Person("David", 25, 75, 180); // 新增第 1 個自訂物件
20  person2 = new Person("Ken", 20, 65, 175);   // 新增第 2 個自訂物件
```

```
21 document.write( person1.sayHello() + "<br/>" +
   person2.sayHello());
22 </script>
```

...

執行結果

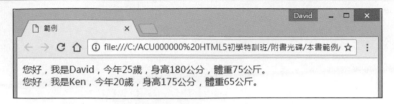

程式說明

10-18	自訂函式來新增 Person 物件，除了 name、age、height、weight 四個屬性之外，還包括了 sayHello() 的自訂方法。
19-20	分別新增 2 個 Person 物件。
21	分別呼叫剛新增的 2 個 Person 物件內的 sayHello() 方法，在頁面上顯示相關資料。

12.4 Javascript 與 DOM

了解 DOM，對於使用 JavaScript 控制網頁上的內容、製作網頁上的特效，有很大的幫助。

DOM (Document Object Model) 為文件物件模型，它是 W3C 聯合各瀏覽器廠商制訂的標準物件模型，以解決各瀏覽器間物件模型不一致的問題。

12.4.1 認識 DOM

簡單來說，在 DOM 的標準下，文件中所有的標籤定義，都是一個物件，這些物件以文件定義的結構，形成了一個樹狀結構。例如：

```
<html>
    <head>
        <title> 首頁 </title>
    </head>
    <body>
        <h1>Hello,World</h1>
        <p> 歡迎來到我的網站 </p>
    </body>
</html>
```

這份 HTML 文件，會形成以下樹狀的物件結構：

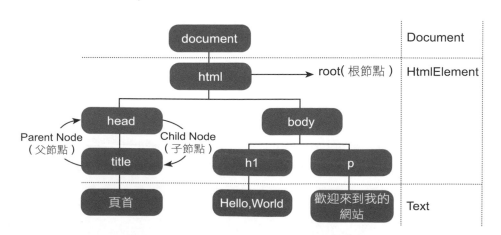

在這個 HTML 的結構當中，每一個標籤及內容，都可以視為一個節點 (Node)，各個節點相連出一個樹狀結構。document 代表整個文件，所有節點的起點為 html，一般稱為「根節點」(Root Node)。由 html 以下的每一層節點之間都有相對應的關係的，在任一節點的上層稱為「父節點」(Parent Node)，下層稱為「子節點」(Child Node)，而每一個 HTML 標籤內可能都還有屬性、文字等內容，這些都會被各自視為一個節點。

12.4.2 利用 JavaScript 存取元素節點

因為 DOM 將文件中的內容物件化，只要善用 DOM 就能快速的在文件中找到要處理的部分，進而能存取，甚至更新文件的內容、結構與樣式。

在 JavaScript 中可以使用 getElementById() 和 getElementsByTagName() 二個方法找到 HTML 中指定的元素，以下就這二個方法進行說明：

getElementById()的使用

在 HTML 網頁中，設定 id 屬性是為 HTML 標籤的設定唯一識別碼。也就是如果在 HTML 標籤中設定了 id 屬性，其他的元素就不能使用相同的名稱來當作 id。也因為這樣的特性，id 屬性就成為在網頁上找尋元素的一大利器。

JavaScript 提供了 getElementById() 這個方法來找到指定 id 屬性的元素，語法如下：

```
document.getElementById("id 名稱 ")
```

例如想找尋頁面中找尋 id 值是「myHomepage」的超連結標籤，接著取出它的連結網址與顯示文字，顯示在訊息視窗上。

程式碼：12-07.htm

```
...
8  <body>
9  <a id="myHomePage" href="http://www.e-happy.com.tw">
   文淵閣工作室 </a>
10 <script>
11  var findUrl = document.getElementById("myHomePage");
12  alert(findUrl.innerHTML + " 的網址是 \n" +findUrl.href);
13 </script>
14 </body>
```

...

執行結果

程式說明

9	使用 `<a>` 的 HTML 標籤設定超連結，其 id 屬性為「myHomePage」。
11	使用 `getElementById()` 方法找到 id 為「myHomePage」的物件，並儲存在 findUrl 變數中。
12	使用 `findUrl.href` 可以取得連結網址，`findUrl.innerHTML` 可以取得標籤內的文字內容，最後使用 `alert()` 的方式顯示在訊息視窗上。

getElementsByTagName()的使用

使用 **getElementByTagName()** 方法可以在 HTML 網頁中取回指定的標籤名稱，因為網頁上相同的標籤可能不只一個，所以回傳的值是一個陣列，它的語法如下：

```
document.getElementsByTagName("tag 名稱")
```

例如想要選取頁面中圖片並取得它 **alt** 屬性的內容，然後顯示在訊息視窗上。

程式碼：12-08.htm

```
...
8   <body>
9   <img src="ACL041000.png" alt="AI2 零基礎入門班 ">
10  <img src="ACL041100.png" alt="AI2 初學特訓班 ">
11  <img src="ACL041200.png" alt="AI2 專題特訓班 ">
12  <script>
13    var findImg = document.getElementsByTagName("img");
14    var msg="";
15    for(var i=0; i<findImg.length; i++){
```

```
16     msg += " 第 "+(i+1)+" 本書為："+findImg[i].alt+"\n";
17   }
18   alert(msg);
19 </script>
20 </body>
...
```

執行結果

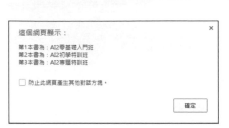

程式說明

9-11	使用 `<img>` 的 HTML 標籤設定圖片顯示，其 alt 屬性內容為說明文字。
13	使用 `getElementsByTagName()` 方法找到 `<img>` 標籤，並將回傳的陣列資料儲存在 findImg 變數中。
15-17	使用 for 迴圈將 findImg 中的 alt 的說明文字分別讀出，並儲存在 msg 變數中。
18	最後使用 alert() 的方式將 msg 變數顯示在訊息視窗上。

jQuery 基礎入門

jQuery 是目前最多人使用、開發維護及延伸應用的 JavaScript 函式庫,除了可以簡化開發者的程式語法,也能幫助使用者獲得更好的互動經驗,為網頁程式設計者省下了大量的開發時間,也為使用者互動帶來了便利,更帶來許多讓人驚豔的強大功能!

13.1 認識 jQuery

jQuery 能簡化 JavaScript 的語法，也加強了 JavaScript 功能，並且輕易避免了 JavaScript 在不同瀏覽器上的差異。

13.1.1 關於jQuery

當學完 JavaScript 的基礎觀念、程式語法、變數、結構控制、函式、物件等內容，在真正要進行撰寫時，相信還是有很多人不知如何下手。JavaScript 程式的開發從來就不是一件簡單的事，更別說是處理一些進階功能及調校 JavaScript 在各個瀏覽器之間差異的工作了。

JavaScript 函式庫的出現

在網頁程式上應用 JavaScript，都跟互動有關，例如處理網頁上重複的動作、選取網頁上的元件、動態增添網頁的內容、改變網頁的顯示狀態、修改網頁的標籤屬性、讀取表單欄位輸入值，甚至根據使用者的不同行為進行程式的運作。這些動作其實都相當複雜，開發上也相當困難，於是有許多 JavaScript 的函式庫就應運而生。

所謂 JavaScript 函式庫，是根據網頁上不同的需求進行開發並集合在一起的 JavaScript 函式。所有的 JavaScript 函式庫都是針對常用的功能及特效進行開發，除了要簡化開發者的程式語法，也幫助使用者獲得更好的互動經驗。使用者只要在撰寫網頁程式時引入，即可呼叫其中的函式來使用。目前流行的 JavaScript 函式庫有 Yahoo User Interface Library (YUI)、Dojo Toolkit、Mootools 等，它們都為網頁程式設計者省下了大量的開發時間，也為使用者互動帶來了便利，更帶來許多讓人驚豔的強大功能！

而 jQuery，可以算是這些 JavaScript 函式庫中的翹楚，不僅是最多人使用，也是最多人共同開發維護及延伸應用的函式庫。

jQuery的優勢

本章將以 jQuery 函式庫為主角，帶您快速成為 JavaScript 的開發高手。首先我們來了解一下，jQuery 在開發上到底有什麼優勢：

1. **檔案輕薄短小沒有負擔**：功能強大的 jQuery 函式庫的檔案竟然不到 300k，經過壓縮後更可以縮小不到 100k。

2. **語法簡單容易**：jQuery 雖然功能強大，但是使用的語法十分簡單易用，對於熟悉網頁語法的程式設計師更容易上手。

3. **程式效能受肯定**：目前全球前 10,000 個流量最高的網站中，有 65% 使用了 jQuery，是目前最受歡迎的 JavaScript 函式庫。

4. **免費**：沒錯，jQuery 在使用上是不用任何成本的。

5. **協同開發社群**：jQuery 原始碼是開放的，您在官網就能下載取得，所以在有許多人在默默地進行 jQuery 的更新維護，甚至一些國際知名的軟體公司，都因為需求而有專門的人在協助開發。

6. **眾多的延伸應用**：因為 jQuery 的功能強大，許多人使用它進行不同的延伸應用，為不同的需求加入了不同的特效及擴充功能，甚至發展出許多迷人的產品。

13.1.2 jQuery的安裝與使用

簡單的來說，jQuery 只是一個副檔名為 .js 的檔案，但是只要在網頁中引入這個檔案來使用，就能讓您的網頁打通任督二脈、與眾不同！

認識 jQuery 的安裝方式

在網頁中安裝 jQuery 十分簡單，它的原理就是在頁面中引入外部的 JavaScript 檔案一樣，只要在網頁裡設定好引入檔的路徑即可。而 jQuery 設定連結的方式其實很簡單，有以下二種方式：

1. **下載 jQuery 函式庫檔案使用**：您可以由官方網站下載 jQuery 的函式庫檔案到本機，再由網頁中設定引入檔的相對位址即可。

2. **使用 CDN 的方式連結 jQuery 函式庫**：因為 jQuery 函式庫實在太受歡迎，所以在 jQuery.com、Google 以及 Microsoft 中都有提供 jQuery 函式庫檔案的線上連結，不需要下載，只要由網頁中設定引入檔的 CDN 網址即可。

基本上 CDN (Content Distribution Network，內容傳遞網路) 是一個很理想的方式，因為連結都是 jQuery.com、Google 或 Microsoft 的網路路徑，使用時不僅速度快，更可以節省自己網站的頻寬。

但是使用 CDN 時也不是全然沒有缺點，最重要的是使用者必須在有網際網路的狀況下才能執行，而且當提供 CDN 服務的主機有問題，或是被防火牆隔絕，就會讓套用的頁面無法執行。如果您的專案可能會有這樣的顧慮時，建議還是請下載 jQuery 函式庫檔案到本機來連結較為適合。

下載 jQuery 函式庫檔案及使用

這是最基礎的安裝方式，您可以由官網下載 jQuery 函式庫檔案，將它與其他網頁檔，以及相關的檔案放在同一個網頁資料夾中，需要的頁面只要引用 jQuery 函式庫檔案的相對路徑就能使用。

下載最新版的 jQuery 的步驟如下：

1. 請進入「http://jquery.com」，選按畫面上方 Download jQuery 連結進入下載的頁面。

2. 在「http://jquery.com/download」上方可以看到最新版 jQuery 函式庫下載連結。jQuery 函式庫提供二種版本，分別是壓縮版 (compressed) 和未壓縮版 (umcompressed)。未壓縮版檔案大小接近 300k，其中的程式碼除了方便閱讀之外，還加入了完整的註解，讓使用者可以學習與理解。而壓縮版比較適合實際使用，因為它移除了不必要的空白與註解，所以檔案很小。

3. 請在要下載的連結上按下滑鼠右鍵，在快顯功能表按 **另存連結為** 開始對話方塊選取
   下載位置，下載後是一個附檔名為 .js 的檔案。

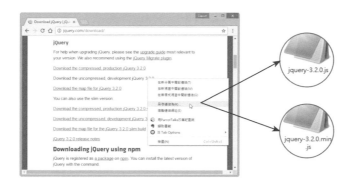

> **註** jQuery 函式庫檔案的檔案名稱若是有 .min 即表示這是壓縮版的檔案，
> 例如 <jquery-3.2.0.min.js> 就是 jQuery 3.2.0 壓縮版的檔案。

要在網頁中使用 jQuery 的功能就必須先引入 jQuery 函式庫的檔案。請先將剛才下載的 .js
檔移到要使用的網頁資料夾，與網頁檔放在同一層目錄之下。這裡以 jQuery 的壓縮版檔
案 <jquery-3.2.0.min.js> 為例，請將要加入 jQuery 功能的網頁開啟在編輯器中，接著在
<head> ... </head> 的標籤之中加入：

```
<script src="jquery-3.2.0.min.js"></script>
```

設定好 jQuery 檔案的路徑之後，即可開始使用 jQuery 函式庫所有功能。

利用 CDN 加入 jQuery 函式庫

您可以在 jQuery 下載頁面中看到許多網站提供了 CDN 的服務，這裡以 jQuery 的壓縮版
檔案 <jquery-3.2.0.min.js> 為例，以下分別是加入 jQuyer.com、Google 及 Microsoft 提
供 CDN 服務網址的方法，請擇一在網頁的 <head> ... </head> 標籤中加入：

1. jQuery.com

```
<script src="http://code.jquery.com/jquery-3.2.0.min.js"></script>
```

2. Google

```
<script src="https://ajax.googleapis.com/ajax/libs/jquery/3.2.0/
jquery.min.js"></script>
```

3. Microsoft

```
<script src="http://ajax.aspnetcdn.com/ajax/jQuery/jquery-
3.2.0.js"></script>
```

13.1.3 jQuery 的基本結構

jQuery 的程式語法十分簡單，只要了解使用的方式就十分容易上手，以下我們就先介紹 jQuery 程式語法的基本結構。

語法格式

這裡要先認識的是 jQuery 語法中一個神奇的符號：「$」，在引入 jQuery 函式庫之後，頁面中 <script> 區域中只要出現 $ 符號就會建立 jQuery 物件，並可以進行 jQuery 程式的執行。以下這個語法結構可以說是 jQuery 程式執行的起手式，請一定要熟悉。

jQuery 將會在瀏覽器將 DOM 架構載入完畢後執行，我們可以使用 .ready() 方法來確認並進行程式的執行：

```
$(document).ready(function(){
    執行程式 ...
});
```

這個語法也可以簡化為：

```
$(function(){
    執行程式 ...
});
```

程式範例

接著我們就來建立第一個 jQuery 頁面，當頁面載入後畫面會跳出對話方塊顯示「Hello, jQuery!」。

程式碼：13-01.htm

```
1   <!DOCTYPE html>
2   <html lang="zh">
3   <head>
4    <meta charset="UTF-8">
5    <title>範例</title>
6   <script src="http://code.jquery.com/jquery-3.2.0.min.js"></script>
7    <script>
8     $(document).ready(function(){
9       alert("Hello, jQuery!");
10    })
11   </script>
12  </head>
13
14  <body>
15  </body>
16  </html>
```

執行結果

程式說明

6　　　使用 CDN 的方式將 jQuery 函式庫引入。

8-10　當頁面架構載入完成後使用 alert() 方法顯示訊息方塊。

jQuery 選擇器

> jQuery 選擇器是 jQuery 技術的重點，因為如果要對 DOM 中的元素套用樣式、註冊事件或加入動畫等處理前必須要先選取到它。

jQuery 選擇器是用來選取 HTML 文件中的內容，最基本可以透過 HTML 標籤、id 屬性及 class 類別來取得 HTML 元素，還有階層、篩選的選取方式。

13.2.1 jQuery 基本選擇器

以下是 jQuery 選擇器的分類：

分類	內容
基本	以 HTML 標籤、id 屬性及 class 類別取得元素
階層	以元素之間的父子關係、兄弟關係取得元素
篩選	依照順序、屬性值或子元素的有無等方式取得元素

以下我們就先介紹 jQuery 基本選擇器：

標籤選擇器

jQuery 的標籤選擇器是利用 HTML 標籤來進行選取，例如我們想要選取頁面內所有的 <a> 超連結標籤，可以使用：

```
$('a')
```

它的功能等於是用 JavaScript 的 getElementsByTagName() 方法，例如：

```
document.getElementsByTagName('a');
```

ID 選擇器

jQuery 的 ID 選擇器是利用 HTML 標籤中的 id 屬性來進行選取，設定時只要在 id 屬性前加上「#」符號即可，例如想要選擇 id 屬性名稱為「myName」的元件時可以用：

```
$('#myName')
```

它的功能等於是用 JavaScript 的 getElementById() 方法，例如：

```
document.getElementById('myName');
```

類別選擇器

jQuery 的類別選擇器是利用 CSS 樣式的 class 屬性來進行選取，設定時只要在 class 屬性前加上「.」符號即可。例如想要選擇 class 屬性名稱為「mycss」的元件時可以使用：

```
$('.mycss')
```

程式範例

程式碼：13-02.htm

```
...
6    <style>
7      body {font-family: Verdana, Geneva, sans-serif; font-size: 11pt;}
8      div {padding: 5px; float: left; height: 150px; width: 200px;
         margin-right: 5px;}
9      h2 {font-size: 14pt;}
10     .fontRed {color: #F00;}
11     .listUrl {list-style-type: circle;}
12   </style>
13   <script src="http://code.jquery.com/jquery-3.2.0.min.js"></script>
14   <script>
15   $(document).ready(function(){
16     $("div").css("border","1px solid #000");
17     $("#part1").css("background-color","#CCC");
18     $(".fontRed").css("font-weight","bolder");
19   });
20   </script>
...
24   <div id="part1">
25     <h2>認識 jQuery</h2>
26     <p><span class="fontRed">jQuery</span> 是目前最受歡迎的 JavaScript
     函式庫。</p>
27   </div>
```

```
28  <div id="part2">
29    <h2> 相關網址 </h2>
30    <ul class="listUrl">
31      <li><a href="http://jquery.com/">jQuery 官方網站 </a></li>
32      <li><a href="http://jquery.com/download/">jQuery 下載 </a></li>
33      <li><a href="http://learn.jquery.com/">jQuery 學習中心 </a></li>
34      <li><a href="http://blog.jquery.com/">jQuery 部落格 </a></li>
35    </ul>
36  </div>
...
```

執行結果

在執行畫面中，左圖是將 **jQuery** 程式碼先備註起來不執行，右圖為執行 **jQuery** 程式碼的結果。

程式說明

6-12	設定預設的 CSS。
13	使用 CDN 的方式將 jQuery 函式庫引入。
15-19	利用 jQuery 基本選擇器選取頁面上的內容，再用 jQuery 函式庫的 CSS() 方法來修改，語法為 $(選擇器).css(' 屬性名稱 ', ' 值 ')。
16	使用標籤選擇器選取所有「div」標籤，即畫面中二個方塊區塊，設定加上黑色細外框。
17	使用 ID 選擇器選取 id 值為「#part1」的內容，即第一個方塊區域，設定加上灰色的背景顏色。
18	使用類別選擇器選取 class 類別為「.fontRed」的內容，及設定文字加上粗體。

13.2.2 jQuery 階層選擇器

jQuery 階層選擇器就是利用 DOM 文件中的父子、兄弟節點關係進行選擇，它必須與 jQuery 基本選擇器搭配。

1. **選擇某元素下的元素**：如果要選取某個元素下的元素，可以利用元素之間在 DOM 的階層進行選取，例如：

```
$('#Region a')
```

即可選取 id 為「#Region」之下所有 HTML 標籤：a 的內容。

2. **選取某元素的子元素**：如果要選取某個元素下的子元素，可以利用「>」符號來標示，例如：

```
$('#Region > a')
```

即可選取 id 為「#Region」子元素是 HTML 標籤： a 的內容。

以下的範例我們分別使用二個檔案，分別用不同的階層選擇器選取元素下的元素及元素下的子元素來表現，以檢視它們的不同。

程式碼：13-03.htm , 13-04.htm

```
...
11 <script>
12   $(document).ready(function(){
13     $('div a').css('text-decoration','none');    //13-03.htm
13     $('div > a').css('text-decoration','none');  //13-04.htm
14   });
15 </script>
...
19 <div id="divA">
20   <h2>認識 jQuery</h2>
21   <p>jQuery 是目前最受歡迎的 JavaScript 函式庫。</p>
22   <a href="http://jquery.com/">前往 jQuery 官方網站 </a>
23   <h2>相關網址 </h2>
24   <ul>
25     <li><a href="http://jquery.com/">jQuery 官方網站 </a></li>
26     <li><a href="http://jquery.com/download/">jQuery 下載 </a></li>
```

27	`<li><a href="http://learn.jquery.com/">jQuery 學習中心 </a></li>`
28	`<li><a href="http://blog.jquery.com/">jQuery 部落格 </a></li>`
29	`</ul>`
30	`</div>`
...	

執行結果

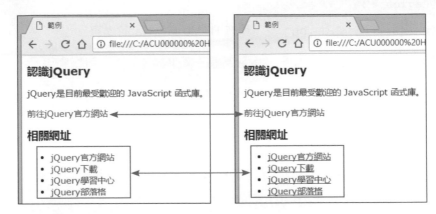

在二個執行畫面中，因為選擇器的語法不同，左圖是所有超連結去除連結線，右圖只有第一個去除。

程式說明

15-19 二個程式利用不同的 jQuery 階層選擇器選取頁面上的內容。

13 第一個程式使用「`$('dav a')`」選取 div 標籤之下所有 a 標籤進行設定。

第二個程式使用「`$('dav > a')`」選取 div 標籤之下子階層的 a 標籤進行設定。

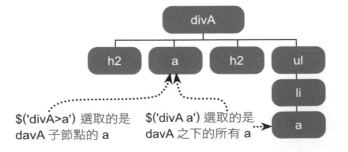

13.2.3 jQuery 篩選選擇器

jQuery 篩選選擇器可以元素出現的順序或屬性值來選取元素。

1. **選擇最初或最後順序出現的元素**：可以使用 :first、:last 篩選指令取出最初或最後出現的元素，例如：

```
$('li:first')    // 取出第一個出現的 li 元素
$('li:last')     // 取出最後一個出現的 li 元素
```

2. **選擇奇數或偶數順序出現的元素**：可以使用 :even、:odd 篩選指令取出奇數或偶數次數的元素，例如：

```
$('td:even')    // 取出奇數列的 td 元素
$('td:odd')     // 取出偶數列的 td 元素
```

3. **選擇第 n 個出現的元素**：可以使用 :eq(n) 篩選指令取得指定順序的元素，而順序是由 0 開始算，例如：

```
$('li:eq(2)')  // 取出第 3 個 li 元素
```

接著我們要在頁面上建立一個表格，第一列與剩下的單數列、偶數列的背景顏色都設為不同。

程式碼：13-05.htm

```
...
11 <script>
12 $(document).ready(function(){
13   $('tr:even').css('background-color','#FF9');
14   $('tr:odd').css('background-color','#CFF');
15   $('tr:first').css('background-color','#FCF');
16 });
17 </script>
...
21 <div id="divA">
22   <h2>認識 jQuery</h2>
23   <p>jQuery 是目前最受歡迎的 JavaScript 函式庫。</p>
```

```
24    <table width="400" border="1">
25      <tr>
26        <td> 相關網站 </td>
27      </tr>
28      <tr>
29        <td> 官方網站 http://jquery.com/</td>
30      </tr>
31      <tr>
32        <td> 下載中心 http://jquery.com/download/</td>
33      </tr>
34      <tr>
35        <td> 學習中心 http://learn.jquery.com/</td>
36      </tr>
37      <tr>
38        <td> 部落格 http://blog.jquery.com/</td>
39      </tr>
40    </table>
41  </div>
...
```

執行結果

認識jQuery

jQuery是目前最受歡迎的 JavaScript 函式庫。

相關網站
官方網站 http://jquery.com/
下載中心 http://jquery.com/download/
學習中心http://learn.jquery.com/
部落格 http://blog.jquery.com/

程式說明

11-17 使用不同的 jQuery 篩選選擇器選取頁面上的內容。

13 首先使用「$('tr:even')」選取表格單數列並設定背景顏色。

14 首先使用「$('tr:odd')」選取表格偶數列並設定背景顏色。

15 首先使用「$('tr:first')」選取表格第一列並設定背景顏色。

13.2.4 jQuery 選取器其他選取方式

jQuery 選取器其實還有很多選取方式，以下整理一些經常使用的方式供您參考：

1. **選擇所有元素**：如果需要一次選取 DOM 中所有的元素，可以善用「*」符號，方式如下：

```
$('*')
```

2. **選擇作用中的元素**：如果要選取目前正在作用中的元素，可以使用：

```
$(this)
```

3. **選擇多個不同的元素**：如果選取多個不同的元素，甚至不同的標籤、ID 或 CSS，只要使用「,」符號隔開即可，例如：

```
$('a, #myName, .myCss')
```

4. **選擇某元素下含有特定字元的元素**：如果要選取元素下含有特定字元的元素，可以使用 :contains(' 搜尋字元 ') 篩選指令。例如我們想選取 li 標籤下有包含「jQuery」文字的內容：

```
$("li:contains('jQuery')")
```

5. **選擇含有特定屬性的元素**：例如要選取在 a 標籤之下有 target 屬性的元素，可以使用：

```
$('a[target]')
```

6. **選擇元素的屬性值等於或不等於指定值的元素**：例如要選取在 a 標籤之下的 target 屬性為「_blank」的元素，可以使用：

```
$("a[target = '_blank']")
```

相反的如果要選取 a 標籤的 target 屬性值不為「_blank」的元素，可以使用：

```
$("a[target != '_blank']")
```

7. **選擇元素的屬性值開頭、結尾等於指定值的元素**：例如要選取在 a 標籤之下的 href 屬性值開頭為「mailto:」的元素，可以使用：

```
$("a[href ^= 'mailto:']")
```

如果要選取 a 標籤的 href 屬性值結尾為「.tw」的元素，可以使用：

```
$("a[href $= '.tw']")
```

8. **選擇元素的屬性值包含指定值的元素**：例如要選取在 a 標籤之下的 href 屬性值有包含「ehappy」的元素，可以使用：

```
$("a[href *= 'mailto:']")
```

9. **選擇表單元素選取器**：表單元素也有專用篩選器，如下表：

選取器	說明	選取器	說明
:input	包含所有表單元件	:submit	送出按鈕
:text	文字框	:image	圖片按鈕
:password	密碼文字框	:reset	重設按鈕
:radio	單選鈕	:button	所有按鈕
:checkbox	多選方塊	:hidden	隱藏元素

Chapter

14

jQuery 的事件與特效

jQuery 可以使用選擇器輕易的選取頁面上的內容，包含了 CSS 與 DOM 裡的結構，在選取後就能根據事件來進行互動，或是加上特效。

jQuery 的事件處理是互動程式很重要的一環，許多程式的執行必須依靠事件來觸發才能夠進行。jQuery 提供了許多設定簡單，但效果驚人的特效。只要善用這些功能，就能讓您的頁面更加吸引人。

14.1 jQuery 與 CSS、DOM 的處理

jQuery 可以使用選擇器輕易的選取頁面上的內容,包含了 CSS 與 DOM 裡的結構,最重要的是接著要進行的處理。

CSS 是網頁的樣式表,能夠讓頁面呈現成理想中的模樣。DOM 是文件的結構表,能夠將文件整理成有規格的個體。jQuery 是網頁互動的魔法師,能將 CSS 樣式更新成不同的外貌,也能新增或更換 DOM 文件物件中的內容。

14.1.1 jQuery與CSS的互動

jQuery 可以透過選取器直接與文件中的 CSS 進行互動,不僅能直接設定 CSS 的設定值,還能新增、更新甚至刪除 CSS 樣式表的設定。

jQuery 與 CSS 常用的方法

jQuery 中有幾個常用的 CSS 處理相關方法,說明如下:

方法	說明
css()	在元素上套用或取出 CSS 樣式。
addClass()	在元素上套用 CSS 樣式。
hasClass()	檢查在元素上是否有套用指定 CSS 樣式。
removeClass()	在元素上刪除 CSS 樣式。
toggleClass()	在元素上套用 CSS 樣式,如果有則移除。

存取 CSS 樣式的設定值

css() 是 jQuery 中很常用的方法,它不僅能在元素上套用樣式,也能讀出元素中套用的 CSS 樣式。例如想設定 h2 的字型顏色可以使用:

```
$('h2').css('color', '#FF0');
```

如果要設定多個 CSS 屬性可以使用：

```
$('h2').css({
  'background-color':'#FF9',
  'color':'#F00'
});
```

CSS 所有屬性要包含在「{ }」符號的範圍內，每個屬性跟值都要用「'」包括起來，並用「:」連結起來，每一組設定之間要用「,」隔開。

css() 也能取得元素上套用 CSS 樣式的屬性值，例如想要知道 h2 的字型顏色，儲存到變數 x 中可以使用：

```
var x = $('h2').css('color');
```

在以下的範例中有 Box1、Box2 二個 div，其中一個有設定寬度，程式取得寬度可將值顯示在訊息方塊中，再將該值套用到第二個 div 中。

程式碼：14-01.htm

```
...
13  <script>
14    $(document).ready(function(){
15      alert($('#box1').css('width'));
16      $('#box2').css('width', $('#box1').css('width'));
17    });
18  </script>
...
<div id="box1">Box1</div>
<div id="box2">Box2</div>
...
```

執行結果

程式說明	
15	使用 css() 方法取得 box1 的 div 寬度，並利用 alert() 的方法顯示出來。
16	接著使用 css() 方式將 box1 的 div 寬度設定為 box2 的 div 寬度。

新增及去除 CSS 樣式

jQuery 可以使用 addClass() 及 removeClass() 的方法來新增或移除元素上所套用的 CSS 樣式。

addClass() 可以在元素上新增樣式，例如想設定 h2 可以套用 fontRed 的樣式：

```
$('h2').addClass('fontRed');
```

removeClass() 可以在元素上移除樣式，如果想要移除 h2 所有套用的樣式：

```
$('h2').removeClass();
```

如果想要移除 h2 已經套用的 fontRed 樣式：

```
$('h2').removeClass('fontRed');
```

開關 CSS 的樣式套用

toggleClass() 是 jQuery 中一個很有趣的方法，它的使用類似像一個套用 CSS 的開關，使用一次就套用，再使用一次就移除，例如在頁面上有幾個選項，當核選時它就會變色，再核選一次就變回來，就可以使用這個方法來開關 CSS 樣式的使用：

```
$('li').toggleClass('fontRed');
```

在以下的範例中有個方塊原來並沒有顏色，我們希望顯示訊息後能將利用 CSS 加上背景顏色，然後再顯示一次訊息後能再去除顏色。

程式碼：14-02.htm

```
...
6    <style>...
10    .highlight {background-color:#FF6;}
11   </style>
...
13   <script>
14    $(document).ready(function(){
15    alert('Change Color!');
```

```
16      $('#box').toggleClass('highlight');

17      alert('Change Color!');

18      $('#box').toggleClass('highlight');

19      });

20      </script>

...

24      <div id="box">Box</div>

...
```

執行結果

程式說明

10　設定 CSS 樣式：.highlight，可以改變元素的背景顏色。

15-18　連續二次在 alert() 方法顯示訊息後，使用 toggleClass() 方法將樣式套用到 box 上。第一次執行時程式會在 box 上套用 .highlight 的 CSS 樣式，再執行一次則會去除 box 上的 .highlight 的 CSS 樣式。

14.1.2 jQuery 與 DOM 的互動

除了 CSS 之外，jQuery 可以透過選取器直接與 DOM 進行互動，直接新增、更新甚至刪除 DOM 的內容。

jQuery 與 DOM 常用的方法

jQuery 中有幾個常用的 CSS 處理相關方法，說明如下：

方法	說明
html()	與 JavaScript 中的 innerHTML 屬性相同，可以設定含有 HTML 標籤的內容取代 DOM 元素的內容。
text()	與 JavaScript 中的 innerText 屬性相同，可以設定含有文字內容取代 DOM 元素的內容。
prepend()	將可含有 HTML 標籤的內容插入到指定元素前成為子元素。
append()	將可含有 HTML 標籤的內容插入到指定元素後成為子元素。
before()	將可含有 HTML 標籤的內容插入到指定元素前。
after()	將可含有 HTML 標籤的內容插入到指定元素後。
remove()	在 DOM 中刪除指定元素。

將文字內容新增為DOM的內容

我們可以使用 html()、text() 二個方法，將文字新增到 DOM 的內容中。差別在於 html() 允許加入 HTML 標籤，而 text() 只能加入純文字。

例如我們以 html() 與 text() 的方法新增文字到二個 div 中顯示，而二組文字內容中都有加入 HTML 標籤，藉此觀察它的差異：

程式碼：14-03.htm

```
...
11  <script>
12  $(document).ready(function(){
13    $('#box1').html('<h3>這是有 HTML 的文字</h3>');
14    $('#box2').text('<h3>這是純文字</h3>');
15  });
16  </script>
```

```
17    </head>
...
20    <div id="box1"></div>
21    <div id="box2"></div>
...
```

執行結果

程式說明

13   以 `html()` 的方法新增文字到 box1 的 div 中顯示，文字內容中有加入 HTML 標籤，所以顯示時會解讀 HTML 標籤的內容顯示。

14   以 `text()` 的方法新增文字到 box2 的 div 中顯示，文字內容中有加入 HTML 標籤，顯示時因為無法解讀 HTML 標籤的內容而直接顯示原始碼。

在元素的前後新增元素及子元素

1. **before()、after()**：將文字內容新增為指定元素的同級節點元素，before() 會新增到指定元素之前，after() 會新增到指定元素之後。例如我們使用 before() 及 after() 二個方法在 ul 元素的前後加入二個元素，結構如下所示：

```
$('ul').before('<h1> 標題一 </h1>');
$('ul').after('<p> 文字內容 </p>');
```

2. **prepend()、append()**：將文字內容新增為指定元素的子元素，prepend() 會新增到所有子元素之前，append() 會新增到所有子元素之後。

例如我們使用 prepend() 及 append() 二個方法在 ul 元素加入二個子元素，結構如下圖所示：

```
$('ul').prepend('<li>選項一</li>');
$('ul').append('<li>選項五</li>');
```

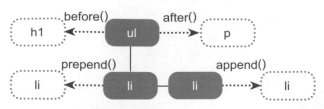

以下的範例我們將在原來的列表前加上標題文字，列表後加上說明文字，並且在列表的前後分別加入二個選項：

程式碼：14-04.htm

```
...
14   $(document).ready(function(){
15     $('#sList').before('<h1>本書重點技術</h1>');
16     $('#sList').prepend('<li>HTML5</li>');
17     $('#sList').append('<li>jQuery</li>');
18     $('#sList').after('<p>歡迎一起來學習!</p>');
19   });
...
2    <ul id="sList">
25   <li>CSS3</li>
26   <li>JavaScript</li>
27 </ul>
...
```

執行結果

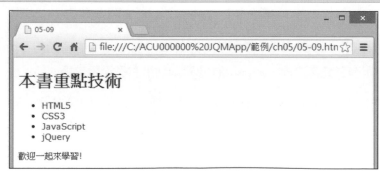

程式說明	
15	在 ul 表列前加入 h1 的標題文字。
16-17	在 ul 表列中的前後各加入一個新的項目。
18	在 ul 表列後加入 p 的段落文字。

刪除或清空不需要的元素

我們可以使用 remove() 方法來刪除指定的元素，例如想要移除整個 div 的內容：

```
$('div').remove();
```

我們可以使用 empty() 方法來刪除指定的元素下所有子元素，例如想要移除整個 div 的內容：

```
$('div').empty();
```

remove() 與 empty() 是不同的，remove() 是將指定的元素整個刪除，消失在整個頁面中；empty() 是將指定的元素中所有子元素整個清空，但是元素還是存在。

取代元素

我們可以使用 replaceWith() 方法將指定的元素取代為 HTML 字串或是 jQuery 物件，例如想要將 div 整個標籤取代為指定內容：

```
$('div').replaceWith('<p>Hello, JavaScript.');
```

另一種方式是用 replaceAll() 方法進行取代的動作，只是要取代的元素要寫在 replaceAll() 的參數中，以剛才的範例來說就是：

```
$('<p>Hello, JavaScript.').replaceAll('div');
```

14.2 jQuery 的事件

jQuery 的事件處理是互動程式很重要的一環,因為許多程式的執行必須依靠事件來觸發。

14.2.1 事件的分類

在使用網頁時瀏覽器能識別使用者許多動作,例如網頁載入、滑鼠移動、按下按鍵、調整視窗大小 ... 等,這些發生在網頁上的動作都可以稱為事件。jQuery 可以根據這些事件進行互動的處理,我們將常見的事件分類如下:

滑鼠事件

事件名稱	説明
click	當按下並放開滑鼠左鍵後觸發。
dblclick	當連結按下並放開滑鼠左鍵後觸發。
mousedown	當按下滑鼠左鍵但還沒有放開時觸發。
mouseup	當按下滑鼠左鍵在放開時觸發。
mouseover	當滑鼠滑到網頁上的元件時。
mouseout	當滑鼠滑出網頁上的元件時。
mousemove	當滑鼠移動時。

網頁/視窗事件

事件名稱	説明
ready	當瀏覽器頁面中 DOM 下載完畢後觸發。
load	當瀏覽器下載網頁完成後觸發。
resize	當瀏覽器改變大小時觸發。
scroll	當拖曳瀏覽器捲動軸時觸發。
unload	當選按某個連結離開目前頁面時觸發。

表單事件

事件名稱	説明
submit	當表單送出時觸發。
reset	當重設表單時觸發。
change	當表單欄位改變內容或選取狀態時觸發。
focus	當選取或移動到某個表單欄位時觸發。
blur	當取消選取或離開某個表單欄位時觸發。

鍵盤事件

事件名稱	説明
keypress	當按下按鍵時觸發。
keydown	與 Keypress 類似，在按下按鍵時觸發。差異在於它會比 Keypress 的事件早觸發，在有些瀏覽器只會被觸發一次。
keyup	當放開按下的按鍵時觸發。

14.2.2 事件的處理

jQuery 事件處理基本語法

想要啟動 jQuery 程式的開始運作，都必須依靠事件。它的基本語法格式如下：

```
$( 選擇器 ). 事件 (function(){
    執行程式 ...
});
```

例如我們以 jQuery 最基本的語法為例，當文件中的 DOM 載入後啟動 jQuery 的程式執行就是使用這個方式：

```
$('document').ready(function(){
    執行程式 ...
});
```

也就是當網頁 DOM 載入完畢後這個事件發生之後就開始執行撰寫的處理程式。

以下的範例在頁面上有二個按鈕，按下按鈕 1 會顯示「你按到 按鈕 1 了！」，按下按鈕 2 會顯示「你按到 按鈕 2 了！」：

程式碼：14-05.htm

```
...
7   <script>
8     $(document).ready(function(){
9       $('#btn1').click(function(){
10        alert(' 你按到 '+$('#btn1').attr('value')+' 了！');
11      })
12      $('#btn2').click(function(){
13        alert(' 你按到 '+$('#btn2').attr('value')+' 了！');
14      })
15    });
16  </script>
...
```

執行結果

程式說明

8　　當文件 DOM 載入完成後觸發以下的處理。

9-11　當 btn1 元素按下後觸發進行以下處理：在訊息方塊上顯示 btn1 的 value 屬性，也就是 btn1 的文字。

12-14　當 btn2 元素按下後觸發進行以下處理：在訊息方塊上顯示 btn2 的 value 屬性，也就是 btn1 的文字。

在這個程式中，我們使用了 attr() 方去取得元素中的屬性值，其實它還能儲存元素的屬性值，語法如下：

```
$( 選擇器 ).attr( 屬性名 );          // 取得屬性值
$( 選擇器 ).attr( 屬性名 , 屬性值 ); // 設定屬性值
```

使用 bind() 方法建立事件處理

bind() 是另一種建立事件處理的方式。在選擇器選取好元素， 可以利用 bind() 在選擇的元素上加上觸發的事件以及處理函式，語法如下：

```
$( 選擇器 ).bind( 事件 , 處理函式 );
function 處理函式 (){
    執行程式 ...
});
```

這個方式的好處是將處理的過程單獨寫成函式，如果其他的選擇器需要相同的功能只要呼叫即可。

關於 this 關鍵字的使用

在事件的處理函式中，經常會使用到選擇器的元素，除了直接使用選擇器的方式直接指定外，我們比較建議使用 this 這個關鍵字來代表。例如

```
$('button').bind('click', changeBtn);
function changeBtn(){
 $(this).attr('value','OK');
}
```

當按下按鈕時，在處理函式中只要提到選擇器的元素時，就可以使用 this 來取代。

我們將剛才的範例利用 bind() 的方法與 this 關鍵字來修改：

程式碼：14-06.htm

```
...
7  <script>
8  $(document).ready(function(){
9  $('#btn1').bind('click',sayOK);
10 $('#btn2').bind('click',sayOK);
```

```
11  });
12
13  function sayOK(){
14    alert(' 你按到 '+$(this).attr('value')+' 了!');
15  }
16  </script> ...
```

執行結果

程式說明

8	當文件 DOM 載入完成後觸發以下的處理。
9–10	設定在按下 btn1 元素與 btn2 元素按下後觸發 sayOK() 自訂函式進行處理。
13–15	設定 sayOK() 函式的程式內容,以 $(this) 取得按下按鈕的元素,在訊息方塊上顯示按鈕的 value 屬性,也就是按鈕上的文字。

您可以比較二個功能相同的程式內容,善用 bind() 方式以及 this 的關鍵字,可以大量節省程式碼的行數,更增加程式的彈性。

進一步分析來說,如果在元素上的事件很單純,可以利用一般的方式來設定事件,並將處理函式寫在一起;但如果開發的程式較為複雜,還是建議您將常用的功能單獨寫成處理函式,只要有應用到的地方就直接呼叫就能使用,是最好的開發規劃。

event.target 的使用

在事件的處理函式中,使用 event.target 可以取得觸發事件的元素。例如在剛才的範例中,我們設定所有的按鈕按下時會執行相同的處理函式:sayOK()。在函式中就要利用 event.target 來判斷是哪個按鈕觸發的,並進行相關的處理:

程式碼:14-07.htm

```
...
7  <script>
```

```
 8  $(document).ready(function(){
 9    $('input').bind('click',sayOK);
10  });
11
12  function sayOK(){
13    if (event.target.id == 'btn1'){
14      alert(' 你按到 按鈕1 了!');
15    }
16    if (event.target.id == 'btn2'){
17      alert(' 你按到 按鈕2 了!');
18    }
19  }
20  </script>
...
```

執行結果

程式說明

8	當文件 DOM 載入完成後觸發以下的處理。
9	設定只要在按下 input 標籤的元素就會觸發 sayOK() 自訂函式進行處理。
12-19	設定 sayOK() 函式的程式內容,以 event.target.id 取得按下按鈕的元素 id 值來進行比對,如果與其中的按鈕元素 id 值相同就在訊息方塊上顯示按鈕上的文字。

14.3 jQuery 的特效

jQuery 提供了許多簡單設定，但效果驚人的特效。只要善用這些功能，就能讓您的頁面更加吸引人。

14.3.1 jQuery特效的基本語法

jQuery 提供了許多特效的方法，設定上十分簡單，它的基本語法如下：

```
$(選擇器).特效方法(持續時間[,移動方式][,完成函式])
```

1. **持續時間**：這個參數是必須的選項，可以填入時間數字，單位是毫秒。也可以填入文字「slow」與「fast」來代表。

2. **移動方式與完成函式**：這二個參數並不是必填的，其中移動方式預設是「easing」，而完成函式可以填入當特效完成後要執行的函式或是程式內容。

14.3.2 jQuery特效的分類

jQuery 常用的特效方法，有幾個分類：

基本特效

方法名稱	説明
show()	顯示元素。
hide()	隱藏元素。
toggle()	每次執行就會切換顯示與隱藏元素。

例如以下的範例中有三個按鈕，按 **顯示** 鈕下方的方塊會顯示，按 **隱藏** 鈕下方的方塊會隱藏，按 **切換** 鈕下方的方塊會在顯示隱藏間切換：

程式碼：14-08.htm

```
...
12  <script>
13  $(document).ready(function(){
```

```
14    $('#btnShow').click(function(){
15      $('#box').show(500);
16    });
17    $('#btnHide').click(function(){
18      $('#box').hide(500);
19    });
20    $('#btnToggle').click(function(){
21      $('#box').toggle(500);
22    });
23  });
24  </script>
...
28  <p>
29    <input type="button" id="btnShow" value=" 顯示 ">
30    <input type="button" id="btnHide" value=" 隱藏 ">
31    <input type="button" id="btnToggle" value=" 切換 ">
32  </p>
33  <p>  </p>
34  <div id="box">Box</div>
...
```

執行結果

程式說明

14-16 設定在按下 btnShow 元素時 box 元素就會觸發 show() 函式顯示。

17-19 設定在按下 btnHide 元素時 box 元素就會觸發 hide() 函式隱藏。

20-22 設定在按下 btnToggle 元素時 box 元素就會觸發 toggle() 函式切換顯示與隱藏。

滑動特效

方法名稱	說明
slideDown()	元素向下滑動。
slideUp()	元素向上滑動。
slideToggle()	每次執行就會切換元素向上與向下滑動。

例如以下的範例中有三個按鈕，按 **展開** 鈕下方的方塊會如抽屜展開，按 **收起** 鈕下方的方塊會如抽屜收起，按 **切換** 鈕方塊會在展開收起間切換：

程式碼：14-09.htm

```
...
12   <script>
13   $(document).ready(function(){
14     $('#btnDown').click(function(){
15       $('#box').slideDown(500);
16     });
17     $('#btnUp').click(function(){
18       $('#box').slideUp(500);
19     });
20     $('#btnToggle').click(function(){
21       $('#box').slideToggle(500);
22     });
23   });
24   </script>
...
28   <p>
29     <input type="button" id="btnDown" value=" 展開 ">
30     <input type="button" id="btnUp" value=" 收起 ">
31     <input type="button" id="btnToggle" value=" 切換 ">
32   </p>
33   <p>  </p>
34   <div id="box">Box</div>
...
```

執行結果

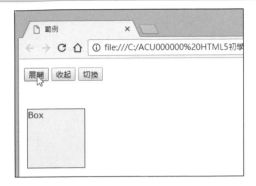 

程式說明

14-16	設定在按下 btnDown 元素時 box 元素就會觸發 slideDown() 函式展開。
17-19	設定在按下 btnUp 元素時 box 元素就會觸發 slideUp() 函式收起。
20-22	設定在按下 btnToggle 元素時 box 元素就會觸發 slideToggle() 函式切換。

淡入淡出特效

方法名稱	說明
fadeIn()	元素淡入顯示。
fadeOut()	元素淡出顯示。
fadeTo()	元素淡化到顯示的透明度。
fadeToggle()	每次執行就會切換元素淡入或淡出顯示。

例如以下的範例中有四個按鈕,按 **淡入** 鈕下方的方塊會如淡入顯示,按 **淡出** 鈕方塊會如淡出顯示,按 **切換** 鈕方塊會淡入淡出切換,按 **透明** 鈕方塊會以半透明的方式顯示:

程式碼:14-10.htm

```
...
12    <script>
13    $(document).ready(function(){
14      $('#btnFadeout').click(function(){
15        $('#box').fadeOut(500);
16      });
```

```
17    $('#btnFadein').click(function(){
18      $('#box').fadeIn('slow');
19    });
20    $('#btnFadeto').click(function(){
21      $('#box').fadeTo('slow', 0.5);
22    });
23    $('#btnFadeToggle').click(function(){
24      $('#box').fadeToggle('slow');
25    });
26    });
27    </script>
...
31    <p>
32      <input type="button" id="btnFadein" value=" 淡入 ">
33      <input type="button" id="btnFadeout" value=" 淡出 ">
34      <input type="button" id="btnFadeto" value=" 透明 ">
35      <input type="button" id="btnFadeToggle" value=" 切換 ">
36    </p>
...
```

執行結果

程式說明

14–16	設定在按下 btnFadeout 元素時 box 元素就會觸發 fadeOut() 函式淡出。
17–19	設定在按下 btnFadein 元素時 box 元素就會觸發 fadeIn() 函式淡入。
17–19	設定在按下 btnFadeto 元素時 box 元素就會觸發 fadeTo() 函式顯示透明度。
20–22	設定在按下 btnFadeToggle 元素時 box 元素就會觸發 fadeToggle() 函式切換。

15

Chapter

jQuery Mobile 入門

jQuery Mobile 是一個行動裝置網頁介面的開發框架，不同於傳統網頁，它提供了許多工具讓您可以開發出如同行動裝置 App 應用程式的使用畫面。例如頁面的切換、智慧型手機的操作介面、觸控操作的使用 ... 等。jQuery Mobile 的基底技術是 jQuery，它能讓網頁的 HTML 標籤，藉由 JavaScript、CSS 的幫助呈現出如行動裝置一樣的頁面。

15.1 認識 jQuery Mobile

使用 jQuery Mobile 框架能在網頁上加入許多行動裝置的介面與功能，幫助開發者快速開發出可以應用在行動裝置上的使用者介面。

關於 jQuery Mobile

jQuery Mobile 是一個行動裝置網頁介面的開發框架，不同於傳統網頁，它提供了許多工具讓您可以開發出如同行動裝置 App 應用程式的使用畫面。例如頁面的切換、智慧型手機的操作介面、觸控操作的使用 ... 等。jQuery Mobile 的基底技術是 jQuery，它能讓網頁的 HTML 標籤，藉由 JavaScript、CSS 的幫助呈現出如行動裝置一樣的頁面。

jQuery Mobile 的特色

jQuery Mobile 在使用時有以下的特色：

1. **容易上手**：jQuery Mobile 的頁面組合是使用了 HTML5 的標籤，語法容易閱讀，層次結構清楚。在頁面的配置與美化上是利用 CSS，在應用與建置上不用重新學習，又能發揮 CSS3 的新功能。

2. **跨平台、跨裝置、跨瀏覽器**：jQuery Mobile 是以 HTML5 為頁面的標準，是新一代作業系統及行動裝置的瀏覽器都能支援的規格，所以能夠輕鬆跨越不同的平台。除了 Windows、Mac、Linux 桌上型系統之外，在行動裝置上，無論是 Android、iOS、Windows Phone 等都能支援。

3. **功能完整**：jQuery Mobile 針對於行動裝置的特性，提供了功能完整的函式庫，無論是螢幕觸控、表單欄位、頁面切換等功能，開發者都能在 jQuery Mobile 的幫助下快速完成。

4. **輕量化的檔案大小**：在壓縮後不到 20k，使用上沒有負擔。

5. **強大的核心技術**：jQuery Mobile 是以 jQuery 為核心進行開發，語法上沒有銜接上的問題，大大增強介面的互動性，也易於擴充。

6. **可客製化的主題**：jQuery Mobile 內建了數種不同配色的主題，熟悉 CSS 更可以客製化自己的使用者介面。

15.2 jQuery Mobile 的安裝與使用

jQuery Mobile 的安裝與使用相當簡單，只要下載好 jQuery Mobile 的資源，即可進行相關設定。

15.2.1 下載 jQuery Mobile 資源

使用 jQuery Mobile 的網頁必須基於 HTML5 的標準，並在頁面中嵌入 jQuery 函式庫與相關的 CSS 樣式檔，包含了：jQuery 函式庫、jQuery Mobile 核心 JavaScript 程式檔、jQuery Mobile CSS 樣式檔。

您可以由以下的網址下載 jQuery Mobile 的資源檔：

```
http://jquerymobile.com/download/
```

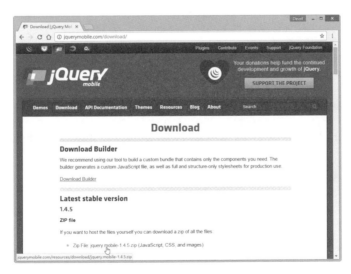

下載的壓縮檔在解壓縮後包含了相關的 .js 與 .css 檔案，其結構如下：

1. **\<demos\> 資料夾**：jQuery Mobile 的範例頁面，可以參考其中的說明。

2. **\<images\> 資料夾**：jQuery Mobile 使用的圖形檔，在製作時必須使用。

3. 其他的 .js 與 .css 檔案即視需求加入 jQuery Mobile 頁面中使用。

首先請檢視根目錄中的 .js 與 .css 檔在類似的檔名中有些不同，例如：

```
jquery.mobile-1.4.5.js
jquery.mobile-1.4.5.min.js
```

或者是樣式檔：

```
jquery.mobile-1.4.5.css
jquery.mobile-1.4.5.min.css
```

這些相似的檔案其實功能相同，只是一個是壓縮檔 (在檔名中有「min」這個關鍵字，如 <jquery.mobile-1.4.5.min.js>)，可以減少載入的時間，建議在最後部署時使用這個檔案。而另一個是未壓縮檔，因為有正確的分行、空白與註釋，閱讀維護上較為方便。

15.2.2 載入 jQuery Mobile 頁面的函式庫與樣式檔

在製作 jQuery Mobile 頁面時，必須要有以下的條件，這裡以 1.4.5 版本為例：

1. 定義網頁格式為 HTML5。

2. 載入 jQuery 的函式庫。

3. 載入 jQuery Mobile 的 JavaScript 程式檔，如 <jquery.mobile-1.4.5.js>。

4. 載入 jQuery Mobile 的 CSS 樣式檔，如 <jquery.mobile-1.4.5.css>

在本機載入函式庫與樣式檔

當您要開始製作 jQuery Mobile 的專題時，可以將 jQuery Mobile 資源下載檔中 jQuery Mobile 的 JavaScript 程式檔、CSS 樣式檔與 <images> 資料夾複製到專題根目錄。

可以在「http://jquery.com/download/」下載 jQuery 的函式庫檔案，也一併放置在專題根目錄。如果您覺得麻煩，也可以直接複製 jQuery Mobile 資源下載檔案中的 <demo/js/jquery.js> 到專題的根目錄中，就完成檔案的佈置。

使用 CDN 載入函式庫與樣式檔

另一種載入 jQuery Mobile 頁面所需檔案的方法，與 jQuery 一樣的是透過 CDN 的
服務。jQuery 也提供了官方的 CDN，只要在頁面上加入以下的程式碼即可完成部署：

```
<link rel="stylesheet" href="http://code.jquery.com/mobile/1.4.5/
jquery.mobile-1.4.5.min.css" />
<script src="http://code.jquery.com/jquery-1.11.1.min.js"></script>
<script src="http://code.jquery.com/mobile/1.4.5/jquery.mobile-
1.4.5.min.js"></script>
```

15.2.3 jQuery Mobile 的頁面結構

jQuery Mobile 是為了行動裝置而誕生，在頁面的呈現上都以模擬原生應用程式為
主。所以基本上每個頁面之中的最上方是頁首，最下方是頁尾，中間就是放置主要
的內容。

jQuery Mobile 的頁面結構是使用 div 標籤來區隔不同的部分，其中 data-role 是自定
資料屬性來標示這個部分的角色。例如頁是「data-role = "page"」、頁首是「data-role
= "header"」、內容是「data-role="content"」、頁尾是「data-role = "footer"」。

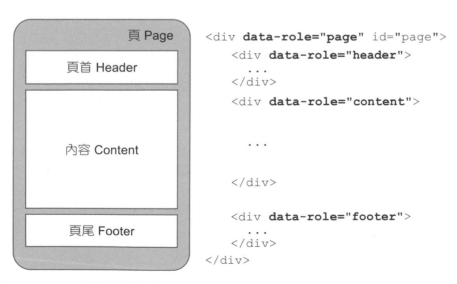

```
<div data-role="page" id="page">
    <div data-role="header">
    ...
    </div>
    <div data-role="content">

        ...

    </div>

    <div data-role="footer">
    ...
    </div>
</div>
```

jQuery Mobile 可以在同一個 HTML 文件中新增一個或是多個頁面 (page)，並利用
Ajax 的巡覽功能在頁面之間切換，並以動畫特效的方式呈現。除了減少下載的時間
與程式的負擔，也能讓操作更貼進於一般原生應用程式。

15.2.4 範例：單頁的 jQuery Mobile 檔案

接著我們就來建立第一個 jQuery Mobile 網頁，其中會包含載入 jQuery、jQuery Mobile 函式庫與樣式檔，以及頁面的結構。

程式碼：hello_world.htm

```
1    <!doctype html>

2    <html>

3    <head>

4    <meta charset="utf-8">

5    <meta name="viewport" content="width=device-width, initial-
       scale=1">

6    <title>Hello World</title>

7    <link rel="stylesheet" href="http://code.jquery.com/mobile/1.4.5/
       jquery.mobile-1.4.5.min.css" />

8    <script src="http://code.jquery.com/jquery-1.11.1.min.js"></
       script>

9    <script src="http://code.jquery.com/mobile/1.4.5/jquery.mobile-
       1.4.5.min.js"></script>

10   </head>

11

12   <body>

13   <div data-role="page">

14     <div data-role="header">

15       <h1>Hello, World!</h1>

16     </div>

17     <div data-role="content">

18       <p>Nice to see you.</p>

19     </div>

20     <div data-role="footer">

21       <h4>Copyright 2017</h4>

22     </div>

23   </div>

24   </body>

25   </html>
```

執行結果

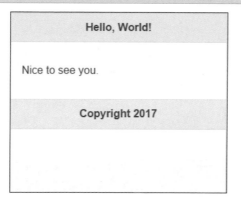

程式說明

5 使用 `viewport` 的 `meta` 標籤設定網頁在行動裝置中螢幕顯示寬度比例。

7-9 使用 CDN 的方式載入 jQuery、jQuery Mobile 的函式庫與樣式檔。

13~23 這個網頁包含了 1 個頁面，其內容結構如下：

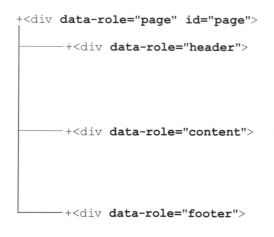

最外層的 `<div>` 設定「`data-role="page"`」表示設定這個區域的角色是一個頁面，設定「`id="page"`」表示編號命名為「`page`」。

15.2.5 viewport 與 data-role

認識 viewport

viewport 是一個 meta 的標籤，它的功能是用來告訴行動裝置的瀏覽器要顯示網頁的尺寸，如果沒有宣告 viewport，瀏覽器會認為該網頁是一般桌上型的網頁，在顯示上的比例就會錯誤。

以剛才的範例來說，當移除掉 viewport 的 meta 標籤，行動裝置的瀏覽器就判斷錯誤，讓整個頁面以桌上型網頁的比例顯示在行動裝置的螢幕中，看起來會相當吃力。

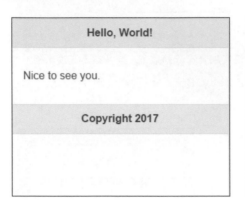

viewport 的 meta 標籤裡 content 屬性常用的參數說明如下：

參數	說明
width	設定瀏覽器的寬度，除了可以直接設定數值當作絕對寬度，在行動裝置上通常會設定為 device-width，代表以裝置的螢幕寬度作為瀏覽器的寬度。
height	設定瀏覽器的高度，除了可以直接設定數值當作絕對高度，在行動裝置上通常會設定為 device-height，代表以裝置的螢幕高度作為瀏覽器的高度。
inital-scale	預設的縮放比例，其值一般都設為 1。
user-scale	是否允許使用者縮放螢幕，其值為 1 (是) 或 0 (否)。
minimum-scale	允許縮小最小比例，範例是 0~10.0，預設值為 0.25。
maximum-scale	允許放大最大比例，範例是 0~10.0，預設值為 1.6。

以剛才的範例來說，它的設定即是要瀏覽器顯示網頁的寬度為行動裝置的寬度，預設的縮放比例為 1（即 100%）：

```
<meta name="viewport" content="width=device-width, initial-scale=1">
```

認識角色 (data-role)

jQuery Mobile 是使用標準的 HTML 標示碼，在頁面中以 <div> 標示各個部分，並利用 data-role 屬性來定義它代表的角色。舉例來說，在 jQuery Mobile 頁面結構中就使用了 page、header、content、footer 來定義不同的部分的角色。

其實 HTML 中的 data-* 屬性用法，在 HTML5 中稱為自訂資料屬性，它能讓我們為標籤加入任何自訂的屬性，也不會破壞整個 HTML 文件結構的有效性。

jQuery Mobile 善用這個功能為這個框架中的角色定義了相當多的自訂屬性，以建立各種不同的功能的頁面元素。以下是常見的 data-role 屬性值：

屬性值	說明
page	定義頁面。
header	定義頁面中的頁首。
content	定義頁面中的內容。
footer	定義頁面中的頁尾。
dialog	定義對話方塊。
navbar	定義導覽列。
button	定義按鈕。
controlgroup	定義群組按鈕。
listview	定義檢視清單。
collapsible	定義單一可折疊區域。
collapsible-set	定義組合可折疊區域。
tabs	定義頁籤。
panel	定義側邊欄。

15.2.6 固定頁首頁尾

當頁面中的內容較多，就會拉高頁面的高度，所以在拖曳垂直捲動會導致頁首或頁尾移到不能顯示的區域。

此時可以在頁面的頁首、頁尾處加上「**data-position = "fixed"**」的屬性，如此就能將頁首或頁尾固定在畫面的上下方了。

程式碼：fix_position.htm

```
...
14 <div data-role="page" id="page">
15 <div data-role="header" data-position="fixed">
16   <h1> 固定頁首 </h1>
17 </div>
18 <div data-role="content">
19   內容
20 </div>
21 <div data-role="footer" data-position="fixed">
22   <h4> 固定頁尾 </h4>
23 </div>
24 </div>
...
```

執行結果

馬上來看看這個頁面的執行結果。在顯示的頁面中無論頁面的內容有多長，頁首及頁尾都固定在上方及下方。

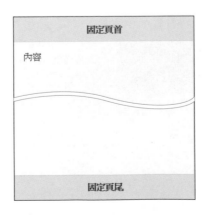

程式說明

| 15 | 設定頁首加入「data-position = "fixed"」的屬性，將頁首固定在上方。 |
| 21 | 設定頁尾加入「data-position = "fixed"」的屬性，將頁尾固定在下方。 |

15.2.7 頁面預設的佈景主題

jQuery Mobile 內建多組佈景主題，並允許我們自訂，可套用在頁面及元件上。只要在頁面或元件的標籤中設定「**data-theme**」屬性，其值為 a~z 26 個字母，不過預設只有 a (淺色主題)、b (深色主題)、c (線條主題) 可以使用。

程式碼：jq_theme.htm

```
...
<div data-role="page" id="page" data-theme="a">
  <div data-role="header">
    <h1> 頁首 - 佈景主題A</h1>
  </div>
  <div data-role="content">
  <h1> 切換佈景主題 </h1>
  <p><a href="#page2"> 佈景主題B</a></p>
  <p><a href="#page3"> 佈景主題C</a></p>
  </div>
  <div data-role="footer" data-position="fixed">
    <h4> 頁尾 </h4>
  </div>
</div>
<div data-role="page" id="page2" data-theme="b">
  <div data-role="header" data-add-back-btn="true">
    <h1> 頁首 - 佈景主題B</h1>
  </div>
  <div data-role="content"> 佈景主題B </div>
  <div data-role="footer" data-position="fixed">
    <h4> 頁尾 </h4>
  </div>
</div>
```

```
<div data-role="page" id="page3" data-theme="c">

  <div data-role="header" data-add-back-btn="true">

    <h1> 頁首 – 佈景主題 C</h1>

  </div>

  <div data-role="content"> 佈景主題 C </div>

  <div data-role="footer" data-position="fixed">

    <h4> 頁尾 </h4>

  </div>

</div>
```

執行結果

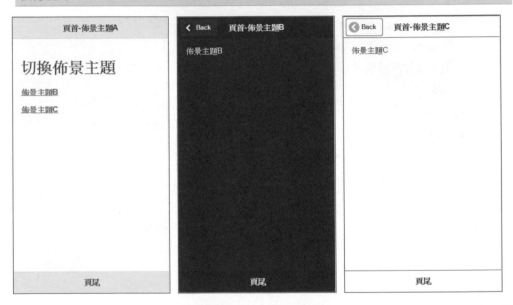

在這個範例中，我們將「data-theme」的屬性設定在「data-role="page"」頁面元件上，所以整個頁面中的元件都會採用設定佈景主題來配色。但不代表其中的元件不能修改，您仍可在元件的標籤中加入「data-theme」屬性設定不同的佈景主題配色，豐富使用者介面的呈現。

往後的章節中，我們會再深入討論如何自訂佈景主題，並利用線上工具快速搭配出更多不同的佈景主題來使用。

15.3 jQuery Mobile 的頁面連結

jQuery Mobile 可以在單檔中置入多頁的結構,並利用 Ajax 的效果達到切換的效果。

15.3.1 jQuery Mobile 超連結的方式

其實 jQuery Mobile 的頁面跟一般的網頁一樣,可以使用 HTML 的 <a> 標籤來設定超連結,除了連往同網站中的其他頁面,或著是其他網站的頁面,還有特殊的單檔多頁的切換。在 jQuery Mobile 頁面中可以使用連結的方式有以下幾種:

1. **同網站的其他頁面**:連結同一個資料夾之下或相對位址的網頁,例如:

```
<a href="about.htm"> 關於我們 </a>
```

2. **其他網頁的頁面**:連結其他網站的網址,例如:

```
<a href="http://www.e-happy.com.tw"> 文淵閣工作室 </a>
```

3. **jQuery Mobile 檔案中的頁面**:在 jQuery Mobile 的單一檔案中可以建立多個頁面,可以利用每個頁面設定的 id 值進行連結,例如:

```
<a href="#about"> 關於我們 </a>
```

關於單檔多頁的結構與切換方式,我們將在以下進行詳細的說明。

15.3.2 單檔多頁面的結構

在 jQuery Mobile 中可以在同一個 HTML 文件中建立多個頁面,並使用連結、按鈕或導覽列進行頁面的切換。它的方式是在同一檔案中設定多個 div 區域,設定「data-role="page"」屬性將該區域定義為一個頁面,接著設定 id 值命名。

例如以下我們要在同一個 HTML 檔案中設定 3 個頁面,分別命名為 Page1、Page2 與 Page3:

```
<div data-role="page" id="page1"> ...</div>
<div data-role="page" id="page2"> ...</div>
<div data-role="page" id="page3"> ...</div>
```

下圖即是單檔多頁面的呈現示意圖：

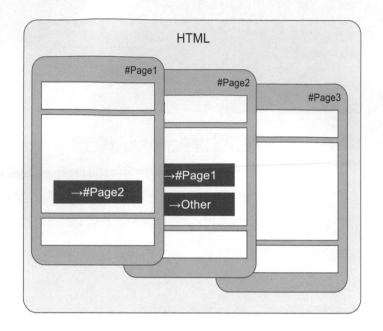

15.3.3 在單檔多頁面中換頁

jQuery Mobile 在單檔定義多頁後預設會先載入第一頁，當使用連結、按鈕或導覽列連結到其他頁面時，當連結到其他頁面或回到上一個頁面時，程式會將目前頁面預存起來隱藏，再依連結的頁面是否載入過來判斷，有讀過則由預存頁面載入，沒有則全新載入。

以下圖為例，❶ 當 Page1 切換到 Page2 時，Page1 會預存後隱藏，再全新載入 Page2；❷ 當 Page2 切換到 Page3 時，Page2 會預存後隱藏，再全新載入 Page3。❸ 當 Page2 返回到 Page1 時 Page2 隱藏，Page1 由預存頁面載入。

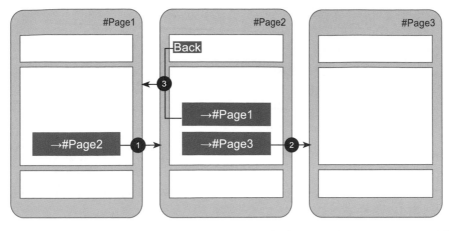

例如這裡在 Page1 中加入了一個「#Page2」的連結，選按時即可切換到命名為
Page2 的頁面，Page2 中加入了一個「#Page1」的連結與返回鈕，選按時即可切換
到命名為 Page1 的頁面。

```
<div data-role="page" id="Page1">
 <a href="#Page2">Page2</a>...
</div>
<div data-role="page" id="Page2">
 <a href="#Page1">Page1</a>...
</div>
```

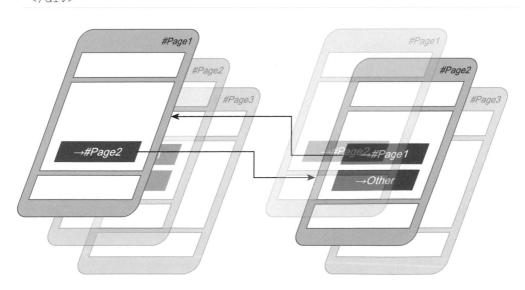

15.3.4 加入返回鈕

在 Page2 中，除了可以使「#Page1」的連結回到原頁面外，也可以利用「data-add-back-btn」屬性在頁首加入的 Back 按鈕回到上一頁。

在 jQuery Mobile 1.4 後 data-add-back-btn 屬性不能加在 「data-role="page"」的 div 上， 而必須加在頁面中的「data-role="header"」頁首區中。在按鈕上預設會顯示「Back」文字，可以使用「data-back-btn-text」屬性來自訂。語法如下：

```
<div data-role="header" data-add-back-btn="true" data-back-btn-
text="顯示文字">
  ...
</div>
```

15.3.5 範例：單檔多頁的切換

以下將新增一個簡單的 jQuery Mobile 多頁面文件，讓您能實際感受它的不同。

程式碼：single_page.htm

```
...
12 <!-- 第 1 頁內容 -->
13 <div data-role="page" id="page">
14   <div data-role="header">
15     <h1>第 1 頁</h1>
16   </div>
17   <div data-role="content">
18     <p><a href="#page2">第 2 頁</a></p>
19     <p><a href="#page3">第 3 頁</a></p>
20   </div>
21   <div data-role="footer">
22     <h4>頁尾</h4>
23   </div>
24 </div>
25 <!-- 第 2 頁內容 -->
26 <div data-role="page" id="page2">
```

```
27    <div data-role="header" data-add-back-btn="true">
28      <h1> 第 2 頁 </h1>
29    </div>
30    <div data-role="content"> 內容 </div>
31    <div data-role="footer">
32      <h4> 頁尾 </h4>
33    </div>
34  </div>
35  <!-- 第 3 頁內容 -->
36  <div data-role="page" id="page3">
37    <div data-role="header" data-add-back-btn="true"
          data-back-btn-text=" 返回 ">
38      <h1> 第 3 頁 </h1>
39    </div>
40    <div data-role="content"> 內容 </div>
41    <div data-role="footer">
42      <h4> 頁尾 </h4>
43    </div>
44  </div>
...
```

執行結果

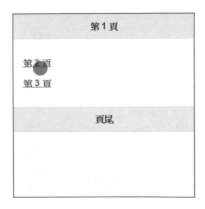

馬上來看看這個頁面的執行結果。在顯示的頁面中放置了二個連結顯示其他頁面的名稱，選按後可以轉換到該頁中，當按下返回鈕時又能回到首頁。其中第 2 頁的返回鈕顯示是預設文字，第 3 頁顯示是自訂文字。

程式說明	
13~24	整個網頁一共包含了 3 個頁面，這是第 1 頁的內容。最外層的 `<div>` 設定「data-rol="page"」表示設定這個區域的角色是一個頁面，設定「id="page"」表示編號命名為「page」。
18~19	使用二個 `<a>` 來顯示其他頁面的連結。目前其他頁面的 id 編號分別為 page2、page3，在連結設定時要加上「#」符號。
26~34	第 2 頁的內容，在頁首 `<div data-role="header">` 中設定「data-add-back-btn="true"」，如此一來當首頁進入此頁時，在頁首處會加入返回鈕。
36~44	第 3 頁的內容，在頁首 `<div data-role="header">` 中設定「data-add-back-btn="true"」及「data-back-btn-text=" 返回 "」，如此一來當首頁進入此頁時，在頁首處會加入自訂文字的返回鈕。

在這個範例中可以了解在單檔中如何與其他頁面切換，並可加入返回鈕。

15.3.6 多檔頁面之間的切換

在製作程式時不一定要強制將所有頁面做在同一個 jQuery Mobile 檔案中，您仍然可以依照需求將不同功能的頁面製作在各自的檔案中。在連結時只要符合以下的條件，連結時仍然與在同一檔案中的切換是相同的：

1. 連結的頁面必須在同一個網域之中，必須要是 jQuery Mobile 的檔案。

2. 每一個檔案中只能有一個單頁。

3. 在超連結的語法中不能使用「target」屬性。

程式碼：muti_page_1.htm

```
...
<!-- 第 1 頁內容 -->
<div data-role="page" id="page">
  <div data-role="header">
    <h1> 第 1 頁 </h1>
  </div>
  <div data-role="content">
    <p><a href="muti_page_2.htm"> 第 2 頁 </a></p>
    <p><a href="muti_page_3.htm"> 第 3 頁 </a></p>
  </div>
  <div data-role="footer">
```

```
    <h4> 頁尾 </h4>

  </div>

</div>

...
```

程式碼：muti_page_2.htm

```
...

<!-- 第 2 頁內容 -->

<div data-role="page" id="page2">

  <div data-role="header" data-add-back-btn="true">

    <h1> 第 2 頁 </h1>

  </div>

  <div data-role="content"> 內容 </div>

  <div data-role="footer">

    <h4> 頁尾 </h4>

  </div>

</div>

...
```

程式碼：muti_page_3.htm

```
...

<!-- 第 3 頁內容 -->

<div data-role="page" id="page3">

  <div data-role="header" data-add-back-btn="true"  data-back-
btn-text=" 返回 ">

    <h1> 第 3 頁 </h1>

  </div>

  <div data-role="content"> 內容 </div>

  <div data-role="footer">

    <h4> 頁尾 </h4>

  </div>

</div>

...
```

執行結果

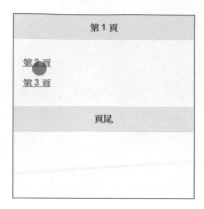

馬上來看看這個頁面的執行結果，雖然這三個頁面存在不同的檔案之中，但選按連結後仍可正確轉換到指定頁中，當按下返回鈕時又能回到首頁。

15.3.7 其他的連結方式

連結非 jQuery Mobile 頁面

在製作網頁時，其實有很多機會必須要連結到非 jQuery Mobile 型態的頁面，或是其他網站上的頁面，可以在 `<a>` 標籤連結中使用「data-rel="external"」屬性定義連結的頁面不是 jQuery Mobile 型態，例如：

```
<a href="http://www.e-happy.com.tw" data-rel="external">文淵閣工作室</a>
```

另外一個方式，可以設定在 `<a>` 標籤連結中使用「target="_blank"」屬性，如此一來即等於宣告連結的頁面不是 jQuery Mobile 型態，例如：

```
<a href="http://www.e-happy.com.tw" target="_blank">文淵閣工作室</a>
```

取消 Ajax 的連結

在 jQuery Mobile 的頁面切換時，都會利用 Ajax 的效果，雖然看起來很炫，但不是所有情況都適用。因為 Ajax 會將頁面預先載入，移除時也會放至預存區以減少流量負擔，增進使用效能，但是如果該頁面的資料是必須更新的，就會造成資料不即時的結果。

如果要連往的頁面必須重新載入以獲取最新的狀況，必須在 `<a>` 標籤連結中使用「data-ajax="false"」的屬性將 Ajax 的功能取消，例如：

```
<a href="http://www.e-happy.com.tw" data-ajax="false">文淵閣工作室</a>
```

程式碼：ajax_disable_1.htm

```
...
<!-- 第 1 頁內容 -->
<div data-role="page" id="page">
  <div data-role="header">
    <h1> 第 1 頁 </h1>
  </div>
  <div data-role="content">
    <p><a href="ajax _ disable _ 2.htm">第 2 頁 </a></p>
    <p><a href="ajax _ disable _ 3.htm" data-ajax="false">第 3 頁</a></p>
  </div>
  <div data-role="footer">
    <h4> 頁尾 </h4>
  </div>
</div>
...
```

程式碼：ajax_disable_2.htm

```
...
<!-- 第 2 頁內容 -->
<div data-role="page"
id="page2">
  <div data-role="header"
data-add-back-btn="true">
    <h1> 第 2 頁 </h1>
  </div>
  <div data-role="content"> 內
容 </div>
  <div data-role="footer">
    <h4> 頁尾 </h4>
  </div>
</div>
...
```

程式碼：ajax_disable_3.htm

```
...
<!-- 第 3 頁內容 -->
<div data-role="page"
id="page3">
  <div data-role="header"
data-add-back-btn="true">
    <h1> 第 3 頁 </h1>
  </div>
  <div data-role="content"> 內
容 </div>
  <div data-role="footer">
    <h4> 頁尾 </h4>
  </div>
</div>
...
```

執行結果

頁面中的第一個連結仍保持 **Ajax** 的效果，所以到下一頁會顯示返回鈕，但第二個連結取消 **Ajax** 的效果，到下一頁因為重新載入就不會顯示返回鈕。

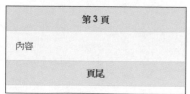

15.3.8 頁面轉換特效

jQuery Mobile 在頁面轉換時都會應用特效，讓使用者感受更像應用程式。您可在 <a> 標籤連結中設定「data-transition」屬性為頁面轉換指定特效，例如：

```
<a href="#news" data-transition="fade">文淵閣工作室</a>
```

頁面轉換特效預設使用的屬性值如下：

屬性值	說明
fade	頁面淡入顯示，這是預設的轉換特效。
flip	頁面翻轉顯示。
flow	頁面縮小移出，下一頁縮小移入放大。
pop	頁面展開顯示。
slide	頁面由右至左滑動移出，下一頁移入。
slidedown	頁面由上至下滑動移出，下一頁移入。
slidefade	頁面由右至左滑動淡出，下一頁移動淡入。
slideup	頁面由下至上滑動移出，下一頁移入。
trun	頁面以畫面為軸轉動切換。
none	直接切換，沒有轉換特效。

程式碼：page_transition.htm

```
...
<div data-role="page" id="page">
  <div data-role="header">
    <h1>PageTransition</h1>
  </div>
  <div data-role="content">
    <p><a href="#page2" data-transition="fade">Fade</a></p>
    <p><a href="#page2" data-transition="flip">Flip</a></p>
    <p><a href="#page2" data-transition="flow">Flow</a></p>
    <p><a href="#page2" data-transition="pop">Pop</a></p>
    <p><a href="#page2" data-transition="slide">Slide</a></p>
```

```
    <p><a href="#page2" data-transition="slidedown">Slidedown</a></p>

    <p><a href="#page2" data-transition="slidefade">Slidefade</a></p>

    <p><a href="#page2" data-transition="slideup">Slideup</a></p>

    <p><a href="#page2" data-transition="turn">Turn</a></p>

    <p><a href="#page2" data-transition="none">None</a></p>

  </div>

  <div data-role="footer">

    <h4>PageTransition</h4>

  </div>

</div>

<div data-role="page" id="page2">

  <div data-role="header" data-add-back-btn="true">

    <h1>PageTransition</h1>

  </div>

  <div data-role="content"> 請返回上一頁 </div>

  <div data-role="footer">

    <h4>PageTransition</h4>

  </div>

</div>
```

執行結果

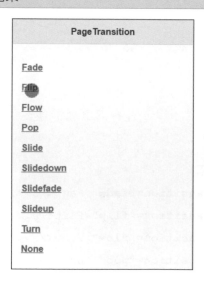
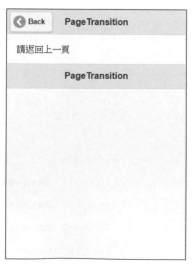

建議您可以使用行動裝置預覽，效果更明顯。

Chapter

jQuery Mobile 常用元件

jQuery Mobile 提供了許多常用元件，讓行動裝置的畫面與一般原生程式的操作更接近。其中包含了按鈕、群組按鈕、導覽列、檢視清單、版面格點、可摺疊內容區塊、可摺疊內容區塊組、對話方塊及側邊欄面板。只要能善用這些元件，即可快速製作出精美而實用的使用介面。

16.1 按鈕、按鈕群組與導覽元件

jQuery Mobile 的按鈕與按鈕群組元件，可以為行動網站快速加入好用好看的按鈕。

16.1.1 按鈕元件

在行動網站中按鈕十分重要，因為使用者大部分都是利用按鈕進行頁面切換或是執行功能。

加入按鈕

在 jQuery Mobile 頁面中可以將以下幾種內容轉換為按鈕使用：

1. 在 `<a>` 超連結標籤加上「data-role="button"」屬性。

2. 使用 `<button>` 標籤。

3. 使用 `<input>` 標籤，並設定「type」屬性為 button、submit 或 reset。

頁首頁尾按鈕

在頁首、頁尾中加入 `<a>` 的超連結標籤時，即會自動顯示為按鈕。預設在頁首或頁尾標題文字之前會顯示在左方，在標題文字之後會顯示在右方。

程式碼：btn_basic.htm

```
...
<div data-role="page" id="page">
 <div data-role="header" data-position="fixed">
  <a href="#">Back</a>
  <h1> 頁首 </h1>
  <a href="#">Options</a>
 </div>
 <div data-role="content">
  <a href="#" data-role="button"> 按鈕一 </a>
  <input type="button" value=" 按鈕二 " />
  <input type="submit" value=" 按鈕三 " />
```

```
      <input type="reset" value=" 按鈕四 " />
   </div>
   <div data-role="footer" data-position="fixed">
     <h4> 頁尾 </h4>
   </div>
</div> ...
```

執行結果

定義按鈕圖示

您可以使用屬性 「data-icon」為按鈕加上圖示，預設共有 50 個圖示可以使用，您可以參考下方的說明圖。

程式碼：btn_icon.htm

```
...
<div data-role="content">
 <a href="#" data-role="button" data-icon="action">action</a>
 <a href="#" data-role="button" data-icon="alert">alert</a>
 <a href="#" data-role="button" data-icon="arrow-d">arrow-d</a>
 <a href="#" data-role="button" data-icon="arrow-d-l">arrow-d-l</a>
 <a href="#" data-role="button" data-icon="arrow-d-r">arrow-d-r</a>
 <a href="#" data-role="button" data-icon="arrow-l">arrow-l</a>
 <a href="#" data-role="button" data-icon="arrow-r">arrow-r</a>
 <a href="#" data-role="button" data-icon="arrow-u">arrow-u</a>
 ...
</div> ...
```

在這個範例中，我們使用所有的內建圖示及名稱顯示在按鈕上，在設計時可以參考這個範例來使用。

定義按鈕圖示的位置

您可以使用屬性 「data-iconpos」等於上 (top)、下 (bottom)、左 (left)、右 (right) 設定圖示的位置。如果想要只顯示圖示，可以設定 「data-iconpos="notext"」。

程式碼：btn_icon_position.htm

```
...
<div data-role="content">
 <a href="#" data-role="button" data-icon="star"
   data-iconpos="top">上方圖示</a>
 <a href="#" data-role="button" data-icon="star"
   data-iconpos="bottom">下方圖示</a>
 <a href="#" data-role="button" data-icon="star"
   data-iconpos="left">左方圖示</a>
```

```
<a  href="#"  data-role="button"  data-icon="star"
    data-iconpos="right">右方圖示</a>
<a  href="#"  data-role="button"  data-icon="star"
    data-iconpos="notext">只有圖示</a>
</div>
...
```

執行結果

將按鈕放置於同行

一般按鈕加入時寬度會與螢幕相同，若希望將按鈕以內容為寬度放在同行，可以使用「**data-inline="true"**」。要注意的是，若按鈕排列時寬度超過仍會分行。

程式碼：06-07.htm

```
...
<div data-role="content">
  <a href="#" data-role="button" data-icon="eye" data-iconpos="top"
      data-inline="true">檢視</a>
  <a href="#" data-role="button" data-icon="plus" data-iconpos="top"
      data-inline="true">新增</a>
  <a href="#" data-role="button" data-icon="edit" data-iconpos="top"
      data-inline="true">編輯</a>
  <a href="#" data-role="button" data-icon="minus" data-iconpos="top"
      data-inline="true">刪除</a>
</div>...
```

執行結果

16.1.2 群組按鈕元件

若將多個按鈕放置在同一個 div 後並加入「data-role="controlgroup"」屬性，即可成一個群組。預設是以垂直的方式顯示，若再加上「data-type="horizontal"」屬性，即能讓按鈕群組以水平方式呈現。

程式碼：btn_controlgroup.htm

```
...
<div data-role="controlgroup">
 <a href="#" data-role="button" data-icon="plus"> 新增 </a>
 <a href="#" data-role="button" data-icon="edit"> 編輯 </a>
 <a href="#" data-role="button" data-icon="minus"> 刪除 </a>
</div>
<div data-role="controlgroup" data-type="horizontal">
 <a href="#" data-role="button" data-icon="plus"> 新增 </a>
 <a href="#" data-role="button" data-icon="edit"> 編輯 </a>
 <a href="#" data-role="button" data-icon="minus"> 刪除 </a>
</div>
...
```

執行結果

16.1.3 導覽列元件

若將多個表列選項放置在一個 <div> 中並加入「data-role="navbar"」屬性，即能將該選項化為一個導覽列。許多人喜歡將導覽列放置在頁首或頁尾內，即能為整個行動網站加入頁面導覽的功能。導覽列會自動以螢幕寬度為準，所有選項的寬度會平分整個寬度來顯示。

程式碼：navbar.htm

```
...
<div data-role="header" data-position="fixed">
 <h1>首頁</h1>
  <div data-role="navbar">
   <ul>
    <li><a href="#" data-icon="home" data-iconpos="top">首頁</a></li>
    <li><a href="#" data-icon="action" data-iconpos="top">功能</a></li>
    <li><a href="#" data-icon="location" data-iconpos="top">定位</a></li>
    <li><a href="#" data-icon="gear" data-iconpos="top">設定</a></li>
   </ul>
  </div>
</div>
...
```

執行結果

馬上來看看這個頁面的執行結果。在這個範例中，我們將導覽列放置在頁首，每個連結都加上圖示並設定在上方顯示。

16.2 清單元件

jQuery Mobile 的清單是應用相當廣泛的元件，對於條列或是選項的內容的安排或使用相當重要。

16.2.1 檢視清單

行動網頁中，我們常會使用檢視清單的方法來顯示表列選項。在 jQuery Mobile 裡只要在 <ul> 中加入 「data-role="listview"」屬性，即可將下方的 <li> 裡的連結選項化為清單。若使用 <ol> 即可將下方的 <li> 裡的連結選項化為編號清單。

基本檢視清單

首先是最簡單的基本選單，除了可以使用 <ul> 來做示範顯示為選項清單，也可以使用 <ol> 顯示為編號清單。其中 <li> 可以標示出每個選項，再使用 <a> 即可加入超連結的功能。

程式碼：listview_1.htm	程式碼：listview_2.htm

```
...

<ul data-role="listview">

 <li><a href="#">Acura</a></li>

 <li><a href="#">Audi</a></li>

 <li><a href="#">BMW</a></li>

 ...

</ul>

...
```

```
...

<ol data-role="listview">

 <li><a href="#">Acura</a></li>

 <li><a href="#">Audi</a></li>

 <li><a href="#">BMW</a></li>

 ...

</ol>

...
```

執行結果

ListView		ListView	
Acura	⊙	1. Acura	⊙
Audi	⊙	2. Audi	⊙
BMW	⊙	3. BMW	⊙
Cadillac	⊙	4. Cadillac	⊙
Ferrari	⊙	5. Ferrari	⊙

若檢視清單中的選項不使用 <a> 加入超連結功能，那這個檢視清單即是一個唯讀的
狀態，適合用來顯示表列的閱讀資料。

| 程式碼：listview_3.htm | 執行結果 |

```
...
<ul data-role="listview">
 <li>Acura</li>
 <li>Audi</li>
 <li>BMW</li>
 <li>Cadillac</li>
 <li>Ferrari</li>
</ul>
...
```

內縮檢視清單

檢視清單在預設顯示時，寬度是占滿整個畫面的。若想要讓檢視清單的區域能與邊
界有距離，可以在 **<ul>** 或 **<ol>** 中加入 「**data-inset="true">** 的屬性。

| 程式碼：listview_inset_1.htm | 程式碼：listview_inset_.htm |

```
...
<ul data-role="listview"
data-inset="true">
 <li><a href="#">Acura</a></li>
 <li><a href="#">Audi</a></li>
 <li><a href="#">BMW</a></li>
...
</ul>
...
```

```
...
<ol data-role="listview"
data-inset="true">
 <li><a href="#">Acura</a></li>
 <li><a href="#">Audi</a></li>
 <li><a href="#">BMW</a></li>
...
</ol>
...
```

執行結果

16.2.2 清單篩選及分組

加入清單篩選功能

當清單數量一多，要找到想要點選的項目資料就相對困難。此時可以在 **<ul>** 或 **<ol>** 中加入 「data-filter="true"> 的屬性，即可在列表頂端加上一個搜尋列。

程式碼：lv_filter_1.htm

```
...
<div data-role="content">
  <ul data-role="listview" data-inset="true" data-filter="true">
      <li><a href="#">Acura</a></li>
      <li><a href="#">Audi</a></li>
      <li><a href="#">BMW</a></li>
      <li><a href="#">Cadillac</a></li>
      ...
  </ul>
</div>
...
```

執行結果

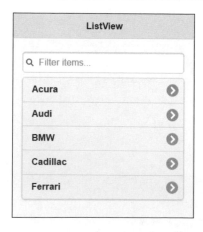

隱藏式清單篩選

另外一種搜尋列的做法是在一開始顯示時只有搜尋列，當輸入關鍵字時才會出現選項，只要在 **<ul>** 或 **<ol>** 中加入 「data-filter="true"」屬性後，再加上「data-filter-reveal="true"」屬性即可。

程式碼：lv_filter_2.htm

```
...
<div data-role="content">
 <ul data-role="listview" data-inset="true" data-filter="true"
data-filter-reveal="true">
     <li><a href="#">Acura</a></li>
     <li><a href="#">Audi</a></li>
     <li><a href="#">BMW</a></li>
     <li><a href="#">Cadillac</a></li>
     ...
 </ul>
</div>
...
```

執行結果

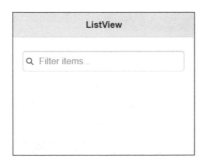 

清單分組

在清單選項中可以在 <li> 選項裡加入「data-role="list-divider"」，該選項即會成為選項分組的標題。

程式碼：lv_divider.htm

```
...
<ul data-role="listview">
 <li data-role="list-divider">A</li>
 <li>Brazil</li>
 <li>Colombia</li>
 <li data-role="list-divider">B</li>
```

```
<li>Netherlands</li>

<li>Costa Rica</li>

<li data-role="list-divider">C</li>

<li>France</li>

<li>Germany</li>

<li data-role="list-divider">D</li>

<li>Argentina</li>

<li>Belgium </li>

</ul> ...
```

執行結果

加入計數氣泡

你也可以在每個清單選項的右方加入一個計數氣泡，顯示該連結內的個數。只要在清單選項 **<li>** 的連結中加入一個元素來標示數字，如 **<span>**，然後再加上「class="ui-li-count"」的樣式即可。

程式碼：lv_count.htm

```
...
<ul data-role="listview" data-inset="true">

 <li><a href="#">Acura<span class="ui-li-count">12</span></a></li>

 <li><a href="#">Audi<span class="ui-li-count">5</span></a></li>

 <li><a href="#">BMW<span class="ui-li-count">6</span></a></li>

 <li><a href="#">Cadillac<span class="ui-li-count">2</span></a></li>

 ...

</ul> ...
```

加入縮圖及說明

你也可以在每個清單選項的加入縮圖與說明,只要在清單選項 <li> 的連結中加入圖片、標題文字與說明文字即可。

程式碼:lv_pic.htm

```
...
<ul data-role="listview" data-
inset="true">
  <li>
  <a href="#">
  <img src="images/phoebe.jpg">
  <h2>Phoebe Tang</h2>
  <p>Phoebe Tang</p>
  </a>
  </li>
  ...
</ul>
...
```

執行結果

加入分割按鈕

您也可以在每個清單加入第二個連結按鈕，只要在清單選項 <li> 的中加入第二個連結即可，並可利用「data-icon」 的屬性設定按鈕圖示，「data-split-theme」的屬性設定樣式。

程式碼：lv_spilt.htm	執行結果

```
...
<ul data-role="listview" data-split-icon="gear" data-split-theme="a" data-inset="true">
  <li>
  <a href="#">
   <img src="images/phoebe.jpg">
   <h2>Phoebe Tang</h2>
   <p>Phoebe Tang</p>
  </a>
  <a href="#">information</a>
  </li>
  ...
</ul>
...
```

在每個選項的右方果然就出現了第二個按鈕，並依照設定顯示了圖示。

16.3 版面格點元件

jQuery Mobile 的版面格點元件能快速建立多欄的版面配置，讓使用者能更方便的調配畫面。

jQuery Mobile 可以利用版面格點輕鬆建立多欄的版面配置。其方式是使用兩層區塊容器，例如 <div> 來定義出二維的欄列，預設整個寬度會佔滿整個螢幕。

外層的 <div> 以「class="ui-grid-[a_d]"」定義有多少欄，ui-grid-a 為二欄，ui-grid-b 為三欄，ui-grid-c 為四欄，ui-grid-d 為五欄，較特別的是每個欄的寬度會依螢幕寬度均分。內層的儲存格是以「class="ui-block-[a_e]"」來定義，例如：ui-block-a 是該欄第一個儲存格，ui-block-b 是第二個，一直到 ui-block-e，依此類推。

程式碼：grids.htm

```
...
    <div class="ui-grid-b">
      <!-- 第一列 -->
      <div class="ui-block-a"> 第 1 欄 / 第 1 列 </div>
      <div class="ui-block-b"> 第 2 欄 / 第 1 列 </div>
      <div class="ui-block-c"> 第 3 欄 / 第 1 列 </div>
      <!-- 第二列 -->
      <div class="ui-block-a"> 第 1 欄 / 第 2 列 </div>
      <div class="ui-block-b"> 第 2 欄 / 第 2 列 </div>
      <div class="ui-block-c"> 第 3 欄 / 第 2 列 </div>
    </div>
...
```

執行結果

Grids		
第1欄/第1列	第2欄/第1列	第3欄/第1列
第1欄/第2列	第2欄/第2列	第3欄/第2列
頁尾		

16.4 版面格點元件

jQuery Mobile 的版面格點元件能快速建立多欄的版面配置，讓使用者能更方便的調配畫面。

16.4.1 可摺疊內容區塊

行動裝置的顯示畫面空間有限，可摺疊內容區塊的好處即是可以將內容摺疊隱藏起來，在觸碰標題或按鈕之後就可以展開來顯示。

只要在一個區塊容器，如 <div> 中加入「data-role="collapsible"」屬性，並加入一個 <h[1~6]> 標題元素當做標題，即可建立可摺疊內容區塊。預設建立的區塊內容會被展開，可以使用「data-collapsed="true"」屬性強迫將內容區塊摺疊起來。

程式碼：collapsible.htm

```
...
  <div data-role="collapsible" data-collapsed="true">
    <h3>關於 jQuery Mobile</h3>
      <p>jQuery Mobile 是 一 個 使 用 HTML、CSS  及 JavaScript(jQuery)
      為架構，專門為行動台裝置所開發的網頁。</p>
  </div>
...
```

執行結果

在範例中，整個的內容區塊預設為摺疊，只顯示設定的標題。當按下標題時可將內容區展開，再按一下標題則再將內容區摺疊。

16.4.2 摺疊式內容區塊組

可以將多個可摺疊式內容區塊設定「data-role="collapsible-set"」屬性組合起來形成摺疊式內容區塊組，當開啟一個區塊的時候其他區塊會自動合起來。例如：將兩個可摺疊式內容區塊組合成可摺疊式內容區塊組，並預設將第一組區塊內容展開。

程式碼：collapsibleset.htm

```
...
<div data-role="collapsible-set">
 <div data-role="collapsible" data-collapsed="false">
   <h3> 第一組區塊 </h3>
   <p> 第一組區塊顯示的內容 </p>
 </div>
 <div data-role="collapsible">
   <h3> 第二組區塊 </h3>
   <p> 第二組區塊顯示的內容 </p>
 </div>
</div> ...
```

執行結果

16.5 對話方塊元件

在 jQuery Mobile 中單一檔案中可以置入多個頁面，除了能用切換的方式來顯示之外，也可以使用對話方塊來顯示頁面內容。

16.5.1 新增對話方塊

設定方式是在連結頁面的 **\<div>** 中加上「**data-role ="page"**」屬性，並且再加上「**data-dialog="true"**」屬性，連結顯示時就會以對話方塊的方式來顯示。

程式碼：dialog_1.htm

```
...
<div data-role="page" id="page">
 <div data-role="header">
  <h1>Dialog</h1>
 </div>
 <div data-role="content">
  <a href="#page1" data-role="button"> 訊息視窗 1</a>
  <a href="#page2" data-role="button"> 訊息視窗 2</a>
 </div>
 <div data-role="footer">
  <h4>jQuery Mobile</h4>
 </div>
</div>
<div id="page1" data-role="page" data-dialog="true">
 <div data-role="header"><h1> 訊息視窗 1</h1></div>
 <div data-role="content"><p> 您好，這是訊息視窗 1</p></div>
</div>
<div id="page2" data-role="page" data-dialog="true">
 <div data-role="header"><h1> 訊息視窗 2</h1></div>
 <div data-role="content"><p> 您好，這是訊息視窗 2</p></div>
</div> ...
```

執行結果

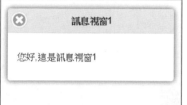
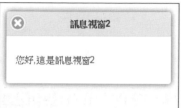

16.5.2 對話方塊的頁面轉換特效

對話方塊也能設定轉換的特效，只要在連結加上「data-transition=" 效果 "」屬性即可。data-transition 的屬性值設定與頁面轉換一樣，預設值為 pop，實務上建議使用 pop、slidedown 或 flip。

程式碼：dialog_2.htm

```
...
<div data-role="content">
 <a href="#message" data-role="button" data-transition="pop">pop</a>
 <a href="#message" data-role="button" data-transition="slidedown">
    slidedown</a>
 <a href="#message" data-role="button" data-transition="flip">flip</a>
</div>
...
<div id="message" data-role="page" data-dialog="true">
 <div data-role="header"><h1>Message</h1></div>
 <div data-role="content">
    <p>您好，這是訊息。</p>
 </div>
</div> ...
```

執行結果

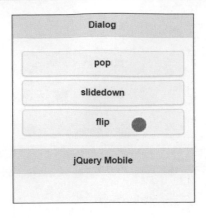

16.5.3 對話方塊的標題關閉鈕

對話方塊預設會在左上方顯示關閉鈕，您也可以在頁面的 <div> 中加上「data-close-btn="right"」屬性將關閉鈕設到右方，或是加上「data-close-btn="none"」屬性不顯示關閉鈕。

程式碼：dialog_3.htm

```
...
<div data-role="page" id="page">
 <div data-role="header">
  <h1>Dialog</h1>
 </div>
 <div data-role="content">
  <a href="#message1" data-role="button"> 關閉鈕在右 </a>
  <a href="#message2" data-role="button"> 沒有關閉鈕 </a>
 </div>
 <div data-role="footer">
  <h4>jQuery Mobile</h4>
 </div>
</div>
<div id="message1" data-role="page" data-dialog="true" data-close-btn="right">
 <div data-role="header"><h1>Message</h1></div>
```

```
<div data-role="content"> <p> 您好，關閉鈕在右。</p>
  <a href="#" data-role="button" data-rel="back">OK</a>
</div>
</div>
<div id="message2" data-role="page" data-dialog="true" data-
close-btn="none">
<div data-role="header"><h1>Message</h1></div>
<div data-role="content"><p> 您好，沒有關閉鈕。</p>
  <a href="#" data-role="button" data-rel="back">OK</a>
</div>
</div>
...
```

執行結果

16.6 側邊欄面板元件

jQuery Mobile 的側邊欄面板元件可將選項、清單或是其他資料佈置在側邊面板中，點選按鈕或連結可移入畫面中使用。

側邊欄面板元件是一種可以節省畫面空間的配置，在按下連結後側邊欄面板會由畫面外部移入。只要在一個區塊容器，如 **<div>** 中加入「**data-role="panel"**」屬性即可建立側邊欄面板。但要注意必須放置在頁面之中，而且順序要在頁面裡所有內容之前或之後，例如我們將側邊欄面板設定在所有內容之前，其語法如下：

```
<div data-role="page">
  <div data-role="panel"> ... </div>
  <div data-role="header"> ... </div>
  <div data-role="content"> ... </div>
  <div data-role="footer"> ... </div>
</div>
```

特別要注意的是：在設定時千萬不能將側邊欄面板設定其他內容之間，會造成無法使用的情況。

在側邊欄面板還有二個常用的屬性可以設定：

屬性	說明
data-position	側邊欄面板出現的位置，其值如下： 1. **left**：為左方，是預設值。 2. **right**：為右方。
data-display	側邊欄面板出現的方式，其值如下： 1. **overlay**：側邊欄面板覆蓋主版面內容出現。 2. **reveal**：側邊欄面板展開，將主版面推往一旁出現。 3. **push**：側邊欄面板由外進入，將主版面推往一旁出現。

關於側邊欄面板的關閉有以下幾個重要的屬性：

1. 如果要關閉側邊欄面板，可以在出現時往反方向滑動即可，但是若在面板中加入「data-swipe-close="false"」屬性，即可取消這種關閉的方式。

2. 若是在開啟的面板外點一下也能關閉面板，但是只要在面板中加入「data-dismissible="false"」屬性，也可取消這種關閉的方式。

3. 您可以在 **<a>** 連結中加入「data-rel="close"」屬性，當面板開啟時點選這些連結即可關閉面板。

在以下的範例中，我們特別使用三個不同的按鈕來展示不同的側邊欄面板的開啟方式供您參考。

程式碼：panel.htm

```
...
<div data-role="page" id="page">
 <div id="panelOverlay" data-role="panel" data-position="left"
     data-display="overlay">
  <h3>Overlay</h3>
  <p><a href="#" data-role="button" data-rel="close">Close</a></p>
 </div>
 <div id="panelReveal" data-role="panel" data-position="right"
     data-display="reveal" data-theme="b">
  <h3>Reveal</h3>
  <p><a href="#" data-role="button" data-rel="close">Close</a></p>
 </div>
 <div id="panelPush" data-role="panel" data-position="left"
     data-display="push">
  <h3>Push</h3>
  <p><a href="#" data-role="button" data-rel="close">Close</a></p>
 </div>
 <div data-role="header"><h1>Panel</h1></div>
 <div data-role="content">
  <a href="#panelOverlay" data-role="button" data-inline="true">
    Overlay</a>
  <a href="#panelReveal" data-role="button" data-inline="true">
    Reveal</a>
  <a href="#panelPush" data-role="button" data-inline="true">
    Push</a>
 </div>
```

```
<div data-role="footer"><h4>jQuery Mobile</h4></div>
</div>
...
```

執行結果

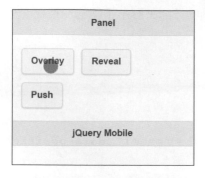 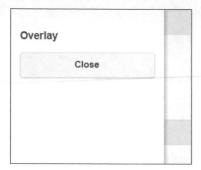

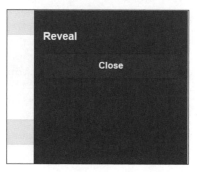 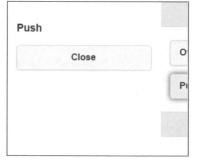

Chapter 17

jQuery Mobile 互動

使用 jQuery Mobile 與使用者互動，就必須使用表單、事件與方法。

jQuery Mobile 表單能提供使用者輸入的資料介面，並檢視資料的正確性，再送到指定的程式進行處理。jQuery Mobile 提供了頁面、觸控、捲動及方向切換等事件，幫助使用者與頁面的內容進行互動。jQuery Mobile 提供了頁面切換及預載頁面的方法，幫助使用者在頁面之間切換並傳遞資料，或是以預載的方式增進頁面顯示效能。

17.1 jQuery Mobile 表單

表單是 HTML 中進行資料互動很重要的一環，jQuery Mobile 會自動將表單元件轉換成行動裝置規格，十分方便。

17.1.1 jQuery Mobile 表單傳送

在使用 jQuery Mobile 的頁面上加入 HTML 表單，即能讓所有的表單元件自動符合行動裝置的規格。

使用 Ajax 的表單傳送

在 jQuery Mobile 中加入表單與一般的 HTML 是一樣的，基本格式如下：

```
<form method=" 傳送方法 " action=" 指定接收網頁 ">
   ...
</form>
```

在 <form> 的表單標籤中最重要的是設定其中二個屬性，「method」是傳遞資料的方式，可以設定為 get 或 post，預設值為 get。而「action」是指定接收的網頁名稱。

要特別注意的是在設定 <form> 標籤中的「id」屬性時，因為在 jQuery Mobile 的頁面結構中常用單檔多頁的模式，在單一檔案中即使是不同的頁面，任何標籤所定義的「id」屬性還是不能重複，許多人會因為忽略了這個地方而發生意想不到的錯誤。

當 jQuery Mobile 表單送出時，預設是利用 Ajax 的方式進行傳送，與使用連結的方式前往指定頁面的方式是類似的，所以也可以加上「data-trantion」的屬性設定頁面轉換特效。

取消Ajax的表單傳送

雖然使用 Ajax 的方式進行表單傳送效果看來很炫，但在許多情況下我們必須要立即取得最新的資料，此時可以使用以下的方式取消 Ajax 的表單傳送：

1. 在 <form> 中加入「data-ajax="false"」的屬性。

2. 在 <form> 中加入「target="_blank"」的屬性。

17.1.2 文字欄位

在 HTML 中可以使用 <input> 及 <textarea> 標籤加入單行或多行的文字輸入欄位，使用 jQuery Mobile 會自動將這些欄位轉換為行動裝置可以使用的外型，甚至因為 HTML5 的幫忙，變化為更多不同類型的輸入欄位。

單行文字輸入欄位

單行的文字輸入欄位是最基本的文字欄位，其格式如下：

```
<label for=" 欄位名稱 "> 欄位說明 :</label>
<input type="text" name=" 欄位名稱 " id=" 索引值 " value=""/>
```

在 <input> 標籤中設定「type="text"」屬性即可成為單行文字輸入欄位，要注意的是「name」屬性會代表欄位名稱隨著表單送出，而不是「id」。而 <label> 標籤會在欄位前顯示說明文字，設定「for=" 欄位名稱 "」屬性是為讓頁面知道這個標籤屬於哪個欄位，在使用時只要在說明文字或文字輸入欄位點選，就會進入該文字欄位中進行輸入的動作。

其他類型的輸入欄位

除了 <input type="text"> 的文字輸入欄位，還有以下較常用的輸入欄位，分別用來輸入不同的資料型態。

原始碼	說明
<input type="password">	輸入密碼
<input type="email">	輸入電子郵件
<input type="tel">	輸入電話
<input type="url">	輸入網址
<input type="number">	輸入數字
<input type="search">	文字搜尋

多行文字欄位

<textarea> 則可以建立輸入多行的文字欄位，當輸入的文字列超過範圍時，會自動增加一列。例如：以表單欄位容器建立 5 列的文字欄位。

```
<label for="textarea"> 文字區域 :</label>
<textarea rows="5" name="textarea" id="textarea"></textarea>
```

在以下的範例中，我們將不同的 <input> 類型與 <textarea> 的表單元件加入，並且測試它的執行結果。

程式碼：input.htm

```
...
<form method="get" action="">
  <label for="inputText"> 文字 :</label>
  <input type="text" name="inputText" id="inputText"/>
  <label for="inputPass"> 密碼 :</label>
  <input type="password" name="inputPass" id="inputPass"/>
  <label for="inputNumber"> 數字 :</label>
  <input type="number" name="inputNumber" id="inputNumber"/>
  <label for="inputEmail"> 電子郵件 :</label>
  <input type="email" name="inputEmail" id="inputEmail"/>
  <label for="inputUrl"> 網址 :</label>
  <input type="url" name="inputUrl" id="inputUrl"/>
  <label for="inputTel"> 電話 :</label>
  <input type="tel" name="inputTel" id="inputTel"/>
  <label for="inputSearch"> 搜尋 :</label>
  <input type="search" name="inputSearch" id="inputSearch"/>
  <label for="inputTextarea"> 說明 :</label>
  <textarea name="inputTextarea" id="inputTextarea"></textarea>
  <input type="submit" name="button1" id="button1" data-inline="true"
         value=" 送出 ">
  <input type="reset" name="button2" id="button2" data-inline="true"
         value=" 重設 ">
</form>...
```

執行結果

您可以發現，這些表單中的 <input> 元件都因為設定不同的類型，而有了不同的變化。例如密碼欄位使用「‧」符號取代了文字顯示；數字欄位的右方顯示了加減按鈕來增加、減少數字；搜尋欄位的右方顯示了放大鏡圖示。另外一點很特別的，在表單送出後也會因為不同欄位的特性檢查輸入內容，並給予提示訊息，真是十分方便的功能。

17.1.3 日期時間欄位

HTML5 也支援輸入日期時間的文字欄位，只要在 `<input>` 設定以下屬性即可以不同的日期時間格式進行輸入，節省開發人員的時間。

原始碼	說明
`<input type="date">`	輸入日、月、年。
`<input type="datetime">`	輸入日、月、年、時、分。
`<input type="time">`	輸入時、分。
`<input type="datetime-local">`	輸入日、月、年、時、分，但不包含時區資訊。
`<input type="month">`	輸入月份。
`<input type="week">`	文字週數。

程式碼：input_datetime.htm

```
...
<form method="get" action="">
 <label for="inputDate"> 輸入日期 :</label>
 <input type="date" name="inputDate" id="inputDate" value="" />
 <label for="inputTime"> 輸入時間 :</label>
```

```
<input type="time" name="inputTime" id="inputTime" value="" />
<label for="inputDatetime">輸入日期時間:</label>
<input type="datetime" name="inputDatetime" id="inputDatetime"
       value="" />
<label for="inputDatetime2">輸入日期時間:</label>
<input type="datetime-local" name="inputDatetime2" id="inputDatetime2"
       value="" />
<label for="inputMonth">輸入月份:</label>
<input type="month" name="inputMonth" id="inputMonth"
       value="" />
<label for="inputWeek">輸入文字週數:</label>
<input type="week" name="inputWeek" id="inputWeek" value="" />
<input type="submit" name="button1" id="button1" data-inline="true"
       value="送出">
<input type="reset" name="button2" id="button2" data-inline="true"
       value="重設">
</form> ...
```

執行結果

因為 HTML5 的加強，這些欄位都自動加上日曆或時間選取器。

17.1.4 滑桿及切換開關

滑桿

在 \<input\> 標籤中設定「type="range"」屬性即可成為水平的滑桿,「value」屬性可以設定滑桿的初始值,「min」及「max」屬性能設定滑桿的最小及最大值,而「step」則是每次的增量或減量值。使用「data-highlight="true"」能讓設定範例的顏色不同,使用「data-mini="true"」能使用外型較小的滑桿,「data-theme」能設定元件使用的配色。例如:建立滑桿並設定初值為 50,由 0~100, 增量值為 10。

```
<label for="slider"> 值 :</label>
<input type="range" name="slider" id="slider" value="50" min="0"
    max="100" step="10" />
```

範圍滑桿

您也可以在 \<div\> 容器中設定「data-role="rangeslider"」,在其中再加入二個滑桿設定,即可成為有二個控制鈕的範圍滑桿,可分別控制範圍的二個數值。例如:

```
<div data-role="rangeslider">
  <label for="range-1a"> 範圍滑桿 :</label>
  <input type="range" name="range-1a" id="range-1a" min="0"
      max="100" value="40">
  <label for="range-1b"> 範圍滑桿 :</label>
  <input type="range" name="range-1b" id="range-1b" min="0"
      max="100" value="80">
</div>
```

切換開關

在 \<select\> 標籤中設定「data-role="slider"」屬性即可成為切換開關,可以觸控或拖拉的方式來切換開關的 On、Off。例如:

```
<label for="flipswitch"> 選項 :</label>
  <select name="flipswitch" id="flipswitch" data-role="slider">
   <option value="off"> 關閉 </option>
   <option value="on"> 開啟 </option>
</select>
```

程式碼：slider.htm

```
...

<label for="slider-fill"> 一般滑桿設定填滿並增量值 :</label>

<input type="range" name="slider-fill" id="slider-fill" value="60"
min="0" max="1000" step="50" data-highlight="true">

<label for="slider-fill-mini"> 設定填滿、小型與軌道樣式滑桿 :</label>

<input type="range" name="slider-fill-mini" id="slider-fill-mini"
value="40" min="0" max="100" data-mini="true" data-highlight="true"
data-theme="b">

<div data-role="rangeslider">

 <label for="range-1a"> 範圍滑桿 :</label>

 <input type="range" name="range-1a" id="range-1a" min="0"
        max="100" value="40">

 <label for="range-1b"> 範圍滑桿 :</label>

 <input type="range" name="range-1b" id="range-1b" min="0"
        max="100" value="80">

</div>

<label for="slider"> 開關切換 :</label>

<select name="slider" id="slider" data-role="slider">

 <option value="off">Off</option>

 <option value="on" selected="">On</option>

</select>

...
```

執行結果

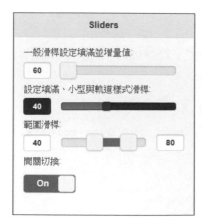

17.1.5 核選方塊及選項按鈕

核選方塊

核選方塊必須先在 <fieldset> 中設定「data-role="controlgroup"」屬性將多個 核取方塊群組起來，讓使用者可以從清單中核選多選項目。選項的排列可以設定「data-type="horizontal"」水平或「data-type="vertictal"」垂直排列。其中在 <input> 標籤中設定「type="checkbox"」屬性即可成為核取方塊，加上 <legend> 可以顯示該組的標題，設定「checked=""」屬性為預設選取。例如：

```
<fieldset data-role="controlgroup" data-type="horizontal">
  <legend>請選擇 ( 可多選 ):</legend>
  <input type="checkbox" name="checkbox-1" id="checkbox-1"
         checked="">
  <label for="checkbox-1">選項 1</label>
  <input type="checkbox" name="checkbox-2" id="checkbox-2">
  <label for="checkbox-2">選項 2</label>
  <input type="checkbox" name="checkbox-3" id="checkbox-3">
  <label for="checkbox-3">選項 3</label>
</fieldset>
```

選項按鈕

選項按鈕必須先在 <fieldset> 中設定「data-role="controlgroup"」屬性將多個選項按鈕群組起來，讓使用者可以從清單中單選選項。選項的排列可以設定「data-type="horizontal"」水平或「data-type="vertictal"」垂直排列。其中在 <input> 標籤中設定「type="radio"」屬性即可成為選項按鈕，「value」屬性為選取值，「checked=""」屬性為預設選取。 特別要注意的，每一個核選方塊選項中「name」的值必須相同，例如：

```
<fieldset data-role="controlgroup" data-type="horizontal">
  <legend>請選擇 ( 單選 ):</legend>
  <input type="radio" name="radio-select" id="radio-1" value="1"
         checked="">
  <label for="radio-1">選項 1</label>
  <input type="radio" name="radio-select" id="radio-2" value="2">
  <label for="radio-2">選項 2</label>
</fieldset>
```

程式碼：select_1.htm、select_2.htm

```
...                              data-type="horizontal" //select2.htm
<fieldset data-role="controlgroup">

  <legend>選擇設備 ( 可多選 ):</legend>

  <input  type="checkbox"  name="checkbox-1"  id="checkbox-1"
          checked="">

  <label for="checkbox-1">設備 1</label>

  <input type="checkbox" name="checkbox-2" id="checkbox-2">

  <label for="checkbox-2">設備 2</label>

  <input type="checkbox" name="checkbox-3" id="checkbox-3">

  <label for="checkbox-3">設備 3</label>

</fieldset>                       data-type="horizontal" //select2.htm
<fieldset data-role="controlgroup">

  <legend>選擇配備 ( 單選 ):</legend>

  <input  type="radio"  name="radio-select"  id="radio-1"  value="1"
          checked="">

  <label for="radio-1">配備 1</label>

  <input type="radio" name="radio-select" id="radio-2" value="2">

  <label for="radio-2">配備 2</label>

  <input type="radio" name="radio-select" id="radio-3" value="3">

  <label for="radio-3">配備 3</label>

</fieldset>...
```

執行結果

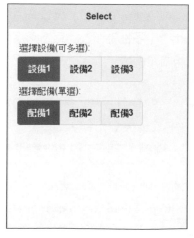

17.1.6 下拉式選單

下拉式選單，預設稱為原生選單 (native menu)，是以 <select> 為容器標籤，<option> 為選項所組成，可以加上 <label> 為標題，在點選後會將選項展開，讓使用者從中選擇一個項目。

在 <select> 中如果設定「data-native-menu="false"」屬性，在顯示時下拉式選單會以按鈕顯示，點選後會將選項展開，稱為非原生選單 (Non-native menu)。

程式碼：selectmenu.htm

```
...
<label for="selectmenu">請從清單中選擇選項:</label>
<select name="selectmenu" id="selectmenu">
 <option value="option1">選項 1</option>
 <option value="option2">選項 2</option>
 <option value="option3">選項 3</option>
</select>
<label for="selectmenu">請從清單中選擇選項:</label>
<select name="selectmenu" id="selectmenu" data-native-
menu="false">
 <option value="option1">選項 1</option>
 <option value="option2">選項 2</option>
 <option value="option3">選項 3</option>
</select> ...
```

執行結果

17.1.7 取得表單欄位值

取得 jQuery Mobile 表單欄位中的設定值，是表單互動中很重要的一環。以下將依各個常見的表單欄位取值的方法進行說明：

取得文字欄位、日期時間欄位、滑桿的值

在表單元件中 **<input>** 標籤占了絕大多數，例如各類型的文字欄位、日期時間欄位、滑桿，取得值的方式都十分類似。例如取得文字欄位值的方式如下：

```
// 文字欄位
<input type="text" name=" 欄位名稱 " id=" 索引值 " value=""/>
// jQuery 取得文字欄位值的方式
$("# 索引值 ").val();
```

這個方式也能應用在 **<textarea>** 多行文字欄位上。

程式碼：getinput_1.htm

```
...
<script>
$(document).ready(function(){
  $("#button1").click(function(){
    var msg = '文字欄位:'+$("#iText").val()+"\n";
    msg += '文字區域欄位:\n'+$("#iTextarea").val()+"\n";
    msg += '日期時間欄位:'+$("#iDatetime").val()+"\n";
    msg += '滑桿:'+$("#iRange").val();
    alert(msg);
  });
});
</script> ...
<form>
  <label for="iText">文字欄位:</label>
  <input type="text" name="iText" id="iText" />
  <label for="iTextarea">文字區域欄位:</label>
  <textarea name="iTextarea" id="iTextarea"></textarea>
  <label for="iDatetime">日期時間欄位:</label>
```

```
<input type="datetime" name="iDatetime" id="iDatetime" />
<label for="iRange">滑桿:</label>
<input type="range" name="iRange" id="iRange" value="50" min="0"
max="100" data-highlight="true">
<a href="#" data-role="button" id="button1">顯示</a>
</form> ...
```

執行結果

取得切換開關、選項按鈕、核選方塊及下拉式選單的值

切換開關與下拉式選單,都是 <select> 標籤下的 <option> 選項,所以取值的方式
是相同的,例如想要取得切換開關的值方式如下:

```
// 切換開關
<select name=" 欄位名稱 " id=" 索引值 " data-role="slider">
    <option value=" 選項 1"> 選項 1</option>
    <option value=" 選項 2"> 選項 2</option>
</select>
// jQuery 取得切換開關欄位值的方式
$("# 索引值 option:checked").val();
```

選項按鈕是多個 <input type="radio"> 標籤設定相同的欄位名稱組成一個群組,讓使
用者由其中選取一個選項,所以在取得欄位值的方式就有所不同,例如:

```
// 選項按鈕
<input type="radio" name=" 欄位名稱 " id=" 索引值 1" value=" 選項 1">
<label for=" 索引值 1"> 選項 1</label>
<input type="radio" name=" 欄位名稱 " id=" 索引值 2" value=" 選項 2">
<label for=" 索引值 2"> 選項 2</label>
// jQuery 取得選項按鈕欄位值的方式
$("input[name= 欄位名稱 ]:checked").val();
```

核選方塊是多個 <input type="checkbox"> 標籤組成一個群組，讓使用者由其中選取一個或多個選項，在取得欄位值時必須使用迴圈，例如：

```
// 選項按鈕
<input type="checkbox" name=" 欄位名稱 1" id=" 索引值 1" value=" 選項 1">
<label for=" 索引值 1"> 選項 1</label>
<input type="checkbox" name=" 欄位名稱 2" id=" 索引值 2" value=" 選項 2">
<label for=" 索引值 2"> 選項 2</label>
// jQuery 取得核選方塊欄位值的方式
$('input[type="checkbox"]:checked').each(function(){
    varSave += $(this).val() + ' ';
});
```

程式碼：getinput_2.htm

```
...
<script>
$(document).ready(function(){
 $("#button1").click(function(){
  var msg = '開關切換:'+$('#iRange option:checked').val()+"\n";
  msg += '單選選項:'+$('input[name=iSelect]:checked').val()+"\n";
  var msg1 = '多選選項:';
  $('input[type="checkbox"]:checked').each(function(){
   msg1 += $(this).val() + ' ';
  });
  msg += msg1+"\n";
  msg += '下拉式選單:'+$('#iMenu option:checked').val();
  alert(msg);
 });
});
```

```
</script> ...
<form>
<label for="iRange">開關切換:</label>
<select name="iRange" id="iRange" data-role="slider">
 <option value="off">Off</option>
 <option value="on">On</option>
</select>
<fieldset data-role="controlgroup">
 <legend>單選選項:</legend>
 <input type="radio" name="iSelect" id="iSelect1" value="選項1">
 <label for="iSelect1">選項1</label>
 <input type="radio" name="iSelect" id="iSelect2" value="選項2">
 <label for="iSelect2">選項2</label>
</fieldset>
<fieldset data-role="controlgroup">
 <legend>多選選項:</legend>
 <input type="checkbox" name="icheck1" id="icheck1" value="選項1">
 <label for="icheck1">選項1</label>
 <input type="checkbox" name="icheck2" id="icheck2" value="選項2">
 <label for="icheck2">選項2</label>
 <input type="checkbox" name="icheck3" id="icheck3" value="選項3">
 <label for="icheck3">選項3</label>
</fieldset>
<label for="iMenu">下拉式選單:</label>
<select name="iMenu" id="iMenu">
 <option value="選項1">選項1</option>
 <option value="選項2">選項2</option>
 <option value="選項3">選項3</option>
</select>
<a href="#" data-role="button" id="button1">顯示</a>
</form> ...
```

17.2 jQuery Mobile 事件

jQuery Mobile 提供了頁面、觸控、捲動及方向切換等事件，幫助使用者與頁面的內容進行互動。

17.2.1 頁面事件

jQuery Mobile 為頁面在建立、顯示、隱藏時加入對應的頁面事件，讓開發者能在事件發生時進行處理，它基本的語法如下：

```
$(" 選擇器 ").on( " 頁面事件 ", function(event) {
    程式碼內容 ...
});
```

以下是常見的 jQuery Mobile 頁面事件：

頁面事件	説明
pagebeforecreate	在頁面建立前觸發。
pagecreate	當頁面建立後觸發。
pagebeforeshow	在頁面顯示前觸發。
pageshow	在頁面顯示後觸發。
pagebeforehide	在頁面隱藏前觸發。
pagehide	在頁面隱藏後觸發。

在以下的範例中，我們將藉由單檔多頁的內容來測試各個頁面事件：

程式碼：event_page.htm

```
...
<script>
$(document).on("pagecreate" , function(e){
 alert(" 頁面新增 :" + e.target.id);
});
$(document).on("pageshow" , function(e){
 alert(" 顯示的是 :" + e.target.id);
```

```
   });
   $(document).on("pagebeforeshow" , function(e){
     alert(" 即將要顯示的是 :" + e.target.id);
   });
   $(document).on("pagehide" , function(e){
     alert(" 隱藏的是 :" + e.target.id);
   });
   $(document).on("pagebeforehide" , function(e){
     alert(" 即將要隱藏的是 :" + e.target.id);
   });
   </script> ...
   <div data-role="page" id="page1"> ...
     <div data-role="content">
       <ul data-role="listview" data-inset="true">
           <li><a href="#page2"> 第 2 頁 </a></li>
           <li><a href="#page3"> 第 3 頁 </a></li>
     </ul>
     </div> ...
   </div>
   <div data-role="page" id="page2"> ... </div>
   <div data-role="page" id="page3"> ... </div>
   ...
```

執行結果

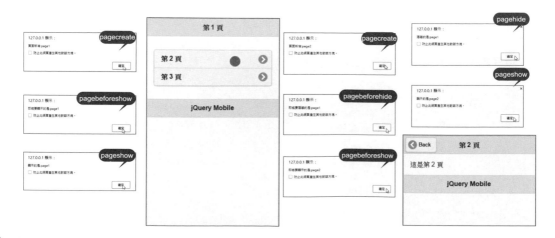

17.2.2 觸控事件

jQuery Mobile 是為行動裝置而生，所以在螢幕上進行觸控就相當的重要，以下是
jQuery Mobile 的觸控事件：

頁面事件	說明
tap	在螢幕快速點擊後觸發。
taphold	在螢幕長按後觸發。
swipe	1 秒內在螢幕水平拖曳滑動距離超過 30px，垂直距離不超過 75px 時觸發。
swipeleft	在螢幕水平往左拖曳滑動時觸發。
swiperight	在螢幕水平往右拖曳滑動時觸發。

觸控事件基本的語法與頁面事件類似，在以下的範例中，我們將加入各種觸控事件
來進行測試：

程式碼：event_touch.htm

```
...
<script>
$(document).on("tap" , function(e){
  $("#showEvent").html("<h1>Event:tap</h1>");
});
$(document).on("taphold" , function(e){
  $("#showEvent").html("<h1>Event:taphold</h1>");
});
$(document).on("swipe" , function(e){
  $("#showEvent").html("<h1>Event:swipe</h1>");
});
$(document).on("swipeleft" , function(e){
  $("#showEvent").html("<h1>Event:swipeleft</h1>");
});
$(document).on("swiperight" , function(e){
  $("#showEvent").html("<h1>Event:swiperight</h1>");
});
</script> ...
```

```
<div data-role="page" id="page">
  <div data-role="header">
    <h1>Touch Event</h1>
  </div>
  <div data-role="content" id="showEvent"></div>
  <div data-role="footer" data-position="fixed">
    <h4>jQuery Mobile</h4>
  </div>
</div>...
```

執行結果

17.2.3 捲動事件

行動裝置的頁面大小有限制，常會需要捲動頁面來檢視，以下是 jQuery Mobile 的捲動事件：

頁面事件	說明
scrollstart	在螢幕頁面開始捲動時觸發。
scrollstop	在螢幕頁面結束捲動時觸發。

捲動事件基本的語法與頁面事件類似，在以下的範例中，我們將加入捲動事件來進行測試：

程式碼：event_scroll.htm

```
...
<script>
$(document).on("tap" , function(e){
  $("#showEvent").html("<h1>Event:tap</h1>");
});
$(document).on("taphold" , function(e){
  $("#showEvent").html("<h1>Event:taphold</h1>");
});
$(document).on("swipe" , function(e){
  $("#showEvent").html("<h1>Event:swipe</h1>");
});
$(document).on("swipeleft" , function(e){
  $("#showEvent").html("<h1>Event:swipeleft</h1>");
});
$(document).on("swiperight" , function(e){
  $("#showEvent").html("<h1>Event:swiperight</h1>");
});
</script> ...
```

執行結果

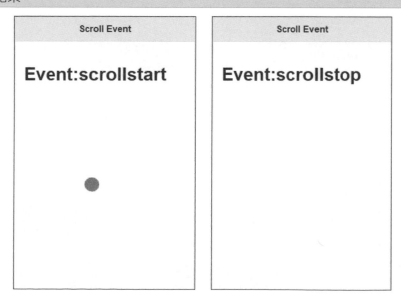

17.2.4 方向切換事件

行動裝置的畫面有方向性，包括了垂直 (portrait) 與水平 (landspace)，當使用時方向有了改變即會觸發，以下是 jQuery Mobile 的方向切換事件，：

頁面事件	説明
orientationchange	在螢幕方向切換時觸發。

一般我們會將這個事件設定在 window 物件上，並取得「orientation」屬性值來顯示目前的方向。在以下的範例中，我們將加入方向切換事件來進行測試：

程式碼：event_orientation.htm

```
...
<script>
$(window).on("orientationchange" , function(e){
 alert('目前螢幕的方向是:' + e.orientation);
});
</script>
...
```

執行結果

17.2.5 初始化事件

mobileinit 是 jQuery Mobile 的初始化事件,它是在 jQuery Mobile 載入後,並在所有元件建立、事件觸發之前執行的事件,所以只要是 jQuery Mobile 中所有預設的設定都能寫在這個事件之中。它基本的語法如下:

```
$(document).on( "mobileinit", function(event) {
    程式碼內容 ...
});
```

特別要注意的是,**mobileinit 的初始化事件的設定必須在引入 jQuery.mobile.js 之前**,否則會無法執行。在程式碼中可以使用 $.mobile 物件來設定屬性。以下是 jQuery Mobile 的常見的初始化屬性:

屬性	預設值	說明
ajaxEnabled	true	是否允許 ajax 提交。
defaultPageTransition	"fade"	預設頁面切換方式。
allowCrossDomainPages	false	是否允許跨網域讀取。
pageLoadErrorMessage	"Error Loading Page"	預設載入頁面錯誤時的訊息。
pageLoadErrorMessageTheme	"e"	預設錯誤訊息的佈景主題。

程式碼:event_mobileinit.htm

```
...
<link rel="stylesheet" href="http://code.jquery.com/mobile/1.4.5/
   jquery.mobile-1.4.5.min.css" />
<script src="http://code.jquery.com/jquery-1.9.11.min.js"></script>
<script>
$(document).on("mobileinit", function(){
  $.mobile.defaultPageTransition = "slidedown";
  $.mobile.pageLoadErrorMessage = "喔,頁面無法載入喔!";
  $.mobile.pageLoadErrorMessageTheme = "b";
});
</script>
<script src="http://code.jquery.com/mobile/1.4.5/jquery.mobile-
   1.4.5.min.js"></script>
```

```
...
<div data-role="page" id="page1">
   <div data-role="header">
      <h1>Mobileinit Event</h1>
   </div>
   <div data-role="content">
   <ul data-role="listview" data-inset="true">
   <li><a href="#page2"> 第二頁 </a></li>
   <li><a href="123.htm"> 第三頁 </a></li>
   </div>
   <div data-role="footer" data-position="fixed">
      <h4>jQuery Mobile</h4>
   </div>
</div>
<div data-role="page" id="page2"> ... </div> ...
```

執行結果

17.3 jQuery Mobile 方法

jQuery Mobile 提供了頁面切換及預載頁面的方法,幫助使用者在頁面之間切換並傳遞資料,或是以預載的方增進頁面顯示效能。

17.3.1 頁面切換方法

頁面切換事件對於 jQuery Mobile 中是十分重要的。除了能夠設定頁面切換時使用的特效、開啟的方法,最重要的是當二頁之間有資料要傳遞時,可以利用這個方法來設定傳遞的方式與內容。

基本的頁面切換

基本的語法如下:

```
$.mobile.changePage( 頁面 [, 屬性 ]);
```

其中要切換的頁面字串,它可以是 DOM 物件,或是另一個頁面的檔名。最後的屬性,雖不是必填,但能夠設定頁面切換的細節,常見的有:

屬性	預設值	說明
allowSamePageTransition	false	是否允許原頁切換。
changeHash	true	是否更新瀏覽記錄,若為 false,頁面則無回上一頁的效果。
loadMsgDelay	50	設定頁面載入的延遲時間,單位是毫秒。如果超過設定則會出現載入的訊息。
reload	false	當頁面載入到 DOM 中是否要重整。
reverse	false	返回上頁時是否要使用反向的頁面切換效果。
showLoadMsg	false	是否要顯示載入中的訊息。
transition	未定義	頁面切換的方式。
type	"get"	頁面以 ajax 切換時傳遞資料的方式。
data	未定義	頁面以 ajax 切換時傳遞資料的內容。

以下的範例中將在單檔中二個頁面各放置一個按鈕,並在二個按鈕上設定 changePage() 來進行頁面之間的切換:

程式碼：fun_changepage.htm

```
...
<script>
$(document).on("pageinit", function(){
 $("#changeBtn").on("click", function(){
   $.mobile.changePage("#page2", {transition:"slidedown"});
 });
 $("#backBtn").on("click", function(){
   $.mobile.changePage("#page1", {transition:"slideup"});
 });
});
</script>
<div data-role="page" id="page1"> ...
   <div data-role="content"><button id="changeBtn">到下一頁</button>
     </div> ...
</div>
<div data-role="page" id="page2"> ...
   <div data-role="content"><button id="backBtn">回上一頁</button>
     </div> ...
</div>
...
```

執行結果

頁面切換並傳送資料

如果是在頁面上將資料傳送到可以處理表單的資料頁面，如 PHP，可以利用 changePage() 方法中的 type 屬性設定傳送方式，並在 data 屬性設定傳送值。

例如要用 get 的方式傳送 cName 及 cPasswd 二個欄位的值到 <form.php> 頁面來處理，其語法如下：

```
$.mobile.changePage("fomr.php" ,{
  type : get,
  data : {
   cName : val1,
   cPasswd : val2
  }
});
```

在接收端因為是用 get 的方式傳送，所以在 PHP 中可以利用 $_GET['cName'] 及 $_GET['cPasswd'] 來接受其值顯示。

以下的範例中將在頁面放置二個按鈕，並在二個按鈕上分別設定不同的傳送方式傳送到 PHP 頁面中接收並顯示：

程式碼：fun_cp_get.htm

```
...
<script>
$(document).one("pageinit", function(){
 $("#getBtn").on("click", function(){
  $.mobile.changePage("fun_cp_get.php", {
   type:"get",
   data:{
    send:'get',
    sendval:1
   },
   transition:'slideup'
  });
 });
 $("#postBtn").on("click", function(){
  $.mobile.changePage("fun_cp_get.php", {
   type:"post",
   data:{
    send:'post',
    sendval:2
   },
   transition:'slideup'
```

```
   });
  });
 });
</script>
<div data-role="page" id="page1"> ...
  <div data-role="content">
     <div data-role="controlgroup" data-type="horizontal"
     style="text-align:center">
     <button id="getBtn">Get 傳送</button>
     <button id="postBtn">Post 傳送</button>
   </div>
</div>
 ...
```

程式碼：fun_cp_get.php

```
...
<div data-role="content" style="text-align:center">
 <?php
 if(isset($_GET['send'])&&($_GET['send']!="")){
  echo "傳送方式為:".$_GET['send'].", 值為:".$_GET['sendval'];
 }
 if(isset($_POST['send'])&&($_POST['send']!="")){
  echo "傳送方式為:".$_POST['send'].", 值為:".$_POST['sendval'];
 }
    ?>
</div>
 ...
```

執行結果

17.3.2 載入外部頁面方法

jQuery Mobile 可以使用 loadPage() 的方法將外部頁面載入，並插入到目前的 DOM 結構中。它基本的語法如下：

```
$.mobile.loadPage(頁面 [,屬性]);
```

其中設定的屬性幾乎與 changePage() 相同。以下的範例中將在第一個頁面中載入第二個頁面當作對話方塊來使用：

程式碼：fun_loadpage1.htm

```
...
<script>
$(document).on("pageshow", function(){
 $.mobile.loadPage("fun_loadpage2.htm");
});
</script> ...
<div data-role="content">
  <a href="#page2" data-role="button">顯示訊息 </a>
</div>
...
```

程式碼：fun_loadpage2.htm

```
...
<div id="page2" data-role="dialog">
 <div data-role="header"><h1> 訊息視窗 </h1></div>
 <div data-role="content"><p> 您好，這是訊息視窗 </p></div>
</div> ...
```

執行結果

MEMO

Chapter 18

Bootstrap 入門

Bootstrap 是開發響應式網站的重要框架，以行動優先為設計方針，利用格線系統的觀念，擴充開發相關的 CSS 設定、元件應用與 JavaScript 函式庫，讓它成為接軌現代網頁開發的重要技術之一。

隨著原始碼的公開，優異的本質吸引許多開發者加入研發與維護，龐大的使用者為這個專案帶來了豐富的資源。學習者輕易就能在網路上查詢到相關的教學、技術與範例，獲得充足的幫助與支援。

18.1 認識 Bootstrap

使用 Bootstrap 框架能在網頁上加入許多行動裝置的介面與功能，幫助開發者快速開發出可以應用在行動裝置上的使用者介面。

關於 Bootstrap

RWD(Responsive web design) 響應式網頁，是一種讓網頁的內容能隨著裝置尺寸自動調整配置的設計技術，隨著行動裝置的普及，使用智慧型手機或是平板電腦來瀏覽網站的人也越來越多，也因此，RWD 響應式網頁設計模式已經成為網站開發時的重點。

Bootstrap 是許多人用來開發 RWD 網站的重要框架，它源自於 Twitter，原來是為了製作一套可以維持開發程式碼一致性的工具，進而簡化流程，增進工作效率。隨著原始碼的公開，優異的本質吸引許多開發者加入研發與維護，目前已經是接軌現代網頁開發時的重要技術之一。

Bootstrap 的特色

Bootstrap 在使用時有以下的特色：

1. **行動優先的網頁呈現**：Bootstrap 原來的目的就是用來製作響應式網站，後來更以行動優先為設計方針，更加強了響應式的製作功能。利用格線系統的觀念，讓響應式網站的製作更加簡單。

2. **學習輕鬆使用容易**：Bootstrap 的語法容易閱讀，層次結構清楚，利用相關的類別與元素即可完成頁面的配置與美化。

3. **功能完整強大**：Bootstrap 內建了許多網頁的元件，能在極短的時間內為網頁增添炫目的效果與許多強大的功能。Bootstrap 更針對行動裝置的特性，提供了功能完整的 JavaScript 函式庫，改善使用者操作的體驗。

4. **豐富的範例與擴充**：Bootstrap 是一個公開原始碼的計劃，除了有許多開發者投入維護與更新，龐大的使用者為這個專案帶來了豐富的資源。學習者輕易就能在網路上查詢到相關的教學、技術與範例，獲得充足的幫助與支援。

18.2 Bootstrap 的安裝與使用

Bootstrap 的安裝與使用相當簡單,只要下載 Bootsratp 的資源即可進行相關設定。

18.2.1 下載 Bootstrap 資源

使用 Bootstrap 的網頁必須基於 HTML5 的標準,並在頁面中嵌入 Bootstrap 函式庫與相關的 CSS 樣式檔即可使用。

下載 Bootstrap

您可以由以下網址下載 Bootstrap 的資源檔:

```
https://getbootstrap.com/docs/5.0/getting-started/download/
```

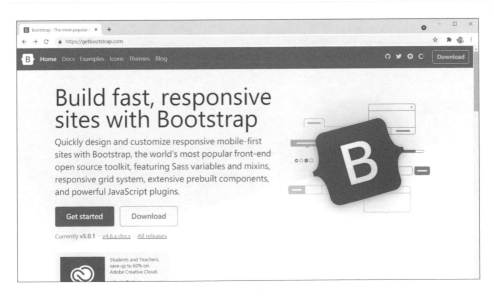

Bootstrap 資源檔的結構

在 Bootstrap 中下載的壓縮檔解壓縮後包含了相關的檔案,其結構如下:

1. **<css> 資料夾**:Bootstrap 的 CSS 樣式表及預設版型。

2. **<js> 資料夾**:Bootstrap 使用的 JavaScript 檔案。

首先請檢視 <css> 與 <js> 資料夾中的 .js 與 .css 檔在類似的檔名中有些不同，例如：

```
bootstrap.js
bootstrap.min.js
```

或者是樣式檔：

```
bootstrap.css
bootstrap.min.css
```

這些相似的檔案其實功能相同，只是一個是壓縮檔 (在檔名中有「min」這個關鍵字，如 <bootstrap.min.js>)，可以減少載入的時間，建議在最後部署時使用這個檔案。而另一個是未壓縮檔，因為有正確的分行、空白與註釋，閱讀維護上較為方便。

18.2.2 安裝 Bootstrap 函式庫與樣式檔

在製作 Bootstrap 頁面時，必須要有以下的條件：

1. 定義網頁格式為 HTML5。

2. 載入 Bootstrap 的 CSS 樣式檔，如 <bootstrap.min.css>

3. 載入 Bootstrap 的 JavaScript 程式檔，如 <bootstrap.bundle.min.js>。

設定的位置如下圖：

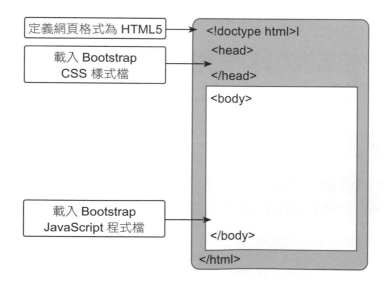

在本機載入函式庫與樣式檔

當您要開始製作 Bootstrap 的專題時，可以將 Bootstrap 官網下載檔的 <css> 與 <js> 資料夾複製到專題根目錄，只要在頁面 <head> 中加入以下程式碼設定 CSS：

```
<link rel="stylesheet" href="css/bootstrap.min.css">
```

在 </body> 標籤前加入以下的 js 檔，即可完成部署：

```
<script src="js/bootstrap.bundle.min.js"></script>
```

使用 CDN 載入函式庫與樣式檔

另一種載入 Bootstrap 頁面所需檔案的方法是透過 CDN 的服務。Bootstrap 也提供了官方的 CDN，只要在頁面 <head> 中加入以下程式碼設定 CSS：

```
<link href="https://cdn.jsdelivr.net/npm/bootstrap@5.0.1/dist/
css/bootstrap.min.css" rel="stylesheet">
```

在 </body> 標籤前加入以下的 js 檔，即可完成部署：

```
<script src="https://cdn.jsdelivr.net/npm/bootstrap@5.0.1/dist/js/
bootstrap.bundle.min.js"></script>
```

18.2.3 瀏覽器的支援度

Bootstrap 支援大部分瀏覽器的最新版本，較舊版的瀏覽器在某些功能或是介面上會有些差異。以下是在行動裝置及桌上型電腦瀏覽器上 Bootstrap 的支援度。

行動裝置瀏覽器

系統 / 瀏覽器	Chrome	Firefox	Safari
Android	支援	支援	無
iOS	支援	支援	支援

桌上型電腦瀏覽器

系統 / 瀏覽器	Chrome	Firefox	Internet Explorer	Opera	Safari
Mac	支援	支援	無	支援	支援
Windows	支援	支援	支援	支援	不支援

18.2.4 Bootstrap 的基本結構

接著就使用 Bootstrap 的基本結構來來建立第一個網頁。除了要注意頁面的編碼，還要注意在行動裝置上的顯示效果。在這個範例中已經先將 Bootstrap 的 JavaScript 的函式庫放置在 **<js>** 資料夾，**CSS** 的樣式檔放置在 **<css>** 資料夾中，以下為使用本機路徑的基本結構：

程式碼：hello_world.htm

```
1   <!doctype html>
2   <html lang="en">
3
4   <head>
5     <meta charset="utf-8">
6     <meta name="viewport" content="width=device-width,
                                          initial-scale=1">
7     <link rel="stylesheet" href="css/bootstrap.min.css">
8     <title>Hello, world!</title>
9   </head>
10
11  <body>
12    <h1>Hello, world!</h1>
13
14    <script src="js/bootstrap.bundle.min.js"></script>
15  </body>
16  </html>
```

執行結果

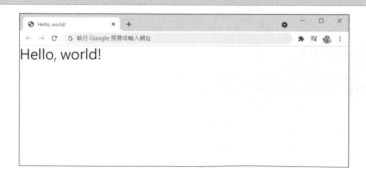

程式說明

1~2	宣告網頁的格式為 HTML5 文件類型
5	設定頁面採用 utf-8 的方式進行編碼。
6	使用 viewport 的 meta 標籤設定網頁在行動裝置中螢幕顯示寬度比例。
7	載入 Bootstrap 的 CSS 樣式檔。
14	載入 Bootstrap 的 JavaScript 函式庫。

除了利用本機檔案之外，也可以利用 **CDN** 的方式進行載入函式庫與樣式檔的動作，以下為使用 **CDN** 連結的基本結構：

程式碼：hello_world_cdn.htm

```
1   <!doctype html>
2   <html lang="en">
3
4   <head>
5    <meta charset="utf-8">
6    <meta name="viewport" content="width=device-width,
                    initial-scale=1">
7    <link href="https://cdn.jsdelivr.net/npm/bootstrap@5.0.2/
                    dist/css/bootstrap.min.css" rel="stylesheet">
8    <title>Hello, world!</title>
9   </head>
10
11  <body>
12   <h1>Hello, world!</h1>
13
14   <script src="https://cdn.jsdelivr.net/npm/bootstrap@5.0.2/
                    dist/js/bootstrap.bundle.min.js"></script>
15  </body>
16  </html>
```

請用瀏覽器預覽，執行的結果是相同的。

18.3 Bootstrap 的格線系統

Bootstrap 網頁的自適應功能，依靠的是格線系統。在製作及安裝上不僅方便，調整彈性也很大。

18.3.1 認識格線系統

Bootstrap 的版面是使用格線系統 (Grid System) 來達到行動優先的自適應功能，顯示時可以隨著設備或是可視區域人小進行自動調整。Bootstrap 的格線系統最大可以擴增至 12 欄，只要使用符合規定的自訂類別，即可靈活設計區塊的配置。

關於格線系統

格線系統最早是出現在平面設計上，它是使用固定寬度的區塊來分割版面，讓平面內容的呈現能整齊一致，並提升產出的效率。這個觀念也延伸到網頁設計中，簡單來說，網頁設計上的格線系統就是以規律的格線來設計版面配置的方式。

在網頁上的格線系統，是將版面以一定的寬度分割為數欄，每欄之間有空隙。在排版時將內容放置在元素之中，由上而下擺放欄列所建構出來的區塊之中。因為不同的寬度可以配合適當的欄數，也因此能達到版面的自適應功能。

格線系統的原理

在著名的格線系統網站：960 grid system (http://960.gs) 中，即是將網站版面的寬度以 960px 做為寬度切成 12 欄，進行排版時就依所需的大小對齊欄線來設計。

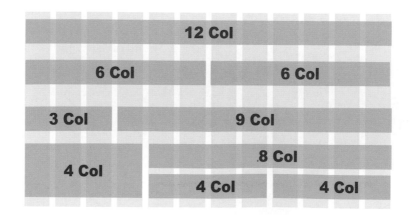

格線系統主要是由欄與空隙所組成，若沒有將版面占滿整個頁面，即會留下兩旁的邊界。如此一來即可得知：頁面的總寬度等於所有欄的寬度加上所有空隙的寬度，再加上兩旁的邊界寬度。

使用格線系統的好處

瞭解了格線系統的原理之後，那在網頁設計時為什麼要使用格線系統呢？其實有幾個好處：

1. **排版輕鬆，增加可讀性**：因為格線系統的分割基準有其規則性，在安排時可視內容特性大小快速配置寬度的占比，設定上十分簡單，但效果極佳。版面顯示時又因為每個欄位之間有空隙，資料不會混雜在一起，容易閱讀。

2. **規則清楚，易於團隊開發**：當有多人同時開發一個網站時，使用相同的格線系統，能讓網頁前端或後端的設計師有所依循，可加快開發速度，減少溝通的時間，進而增進整個網站的開發效率。

3. **容易建立適應不同大小螢幕的佈局**：這也是最重要的原因。因為行動裝置的流行與普及，過去網頁設計時固定版面寬度的做法已經不能符合現代網站瀏覽時的需求了。使用格線系統，能根據各種裝置可視區域的大小進行不同的佈局，讓所有平台都能取得最適合的瀏覽方式，達到響應式網頁設計的效果。

註　其他常見的格線系統

目前在網路上除了 Bootstrap 之外，還有以下幾種流行的格線系統：

1. **960 Grid System**：http://960.gs
2. **Blueprint**：http://www.blueprintcss.org/
3. **Golden Grid System**：http://goldengridsystem.com/

18.3.2 認識 Bootstrap 格線系統

Bootstrap 的格線系統是以響應式網頁的原理來建置的，每列的欄數將根據螢幕的尺寸大小進行重新安排。

Bootstrap 格線系統的基本結構

Bootstrap 的格線系統是利用橫向的列：row 與直向的欄：col 建出網頁的佈局，進一步展示網頁的內容。以下程式是針對平板電腦螢幕尺寸設定固定寬度的格線系統：

程式碼：basic_grid.htm

```
...
<div class="container">
 <div class="row">
  <div class="col-md-1">01</div>
  <div class="col-md-1">02</div>
  <div class="col-md-1">03</div>
  <div class="col-md-1">04</div>
  <div class="col-md-1">05</div>
  <div class="col-md-1">06</div>
  <div class="col-md-1">07</div>
  <div class="col-md-1">08</div>
  <div class="col-md-1">09</div>
  <div class="col-md-1">10</div>
  <div class="col-md-1">11</div>
  <div class="col-md-1">12</div>
 </div>
</div>
...
```

執行結果

Bootstrap 格線系統的原則

Bootstrap 的格線系統是利用橫向的 row 與直向的 col 建立出網頁的佈局，進一步展示網頁的內容。對照上面的範例，以下說明其中重要的原則：

1. 格線系統中的 row 必須放在設定 .container(固定寬度) 或 .container-fluid(滿版寬度) 類別的區塊元素中，才能正確的對齊與堆疊。

   在範例中可以看到所有的內容都放置在 <div class="container"> ... </div> 之中。

2. 格線系統必須使用 row 將 col 組成群組，要顯示的內容必須放置在 col 中，只有 col 才能直接成為 row 的子元素。要設定元素區塊為 row，只要設定自訂類別 .row 即可。在範例中可以看到 col 的內容都放置在 <div class="row"> ... </div> 中。

3. 格線系統將使用預先定義好的類別快速完成版面，建置類別格式如下：

   .col- 螢幕大小類型 -col 比例

   Bootstrap 的格線系統依設備螢幕大小類型尺寸的不同，可以分為 6 個類別：

   (1) **xs**：適合直立式手機或更小的螢幕尺寸。

   (2) **sm**：適合橫放式手機螢幕尺寸。

   (3) **md**：適合平板電腦螢幕尺寸。

   (4) **lg**：適合桌上型電腦螢幕尺寸。

   (5) **xl**：適合更大的螢幕尺寸。

   (6) **xxl**：適合超大的螢幕尺寸。

   Bootstrap 每個 row 中可以等分割成 12 個區塊，每個區塊就是 1 個 col 的比例。設計者可以利用不同數量的 col 比例組合不同的區塊，例如若要放置平分 3 欄的內容，可以設定每一欄的寬度為 4 個 col 的比例來組合。每個 row 中最多可以排列 12 個 col 的比例，超過即會堆疊到新的一列。

   在範例中可以看到 row 中有 12 個 <div class="col-md-1"> ... </div>，md 是代表應用在平板電腦螢幕的尺寸，1 代表使用了 1 個 col 的寬度。在範例中加了 12 個，剛好就塞滿整個版面。

 在這裡 row 代表橫向的列，col 代表直向的行。但在中文翻譯時很容易造成誤解，這裡就直接用英文表達。

18.3.3 設定不同螢幕尺寸的格線系統

Bootstrap 的格線系統可因應不同的螢幕寬度運作，對應說明如下：

項目 \ 螢幕大小	超小螢幕設備（<576px）	小螢幕設備（≥576px）	中螢幕設備（≥768px）	大螢幕設備（≥992px）	特大螢幕設備（≥1200px）	超大螢幕設備（≥1400px）
容器最大寬度	無（自動）	540px	720px	960px	1140px	1320px
類別前綴	.col- (.col-xs-)	.col-sm-	.col-md-	.col-lg-	.col-xl-	.col-xxl-
col 數	12					
間隙寬度	1.5rem (col 左右邊各 .75rem)					
巢狀套用	是					
重新排序	是					

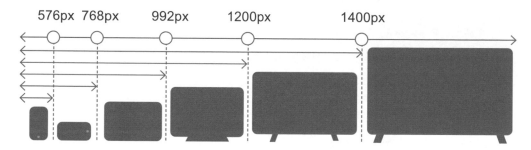

576px　768px　　992px　　1200px　　1400px

Bootstrap 將螢幕寬度的判斷點訂在 576px、768px、992px、1200px 及 1400px：

1. **< 576px（超小螢幕設備）**：.col-1~.col-12 類別。

2. **>= 576px（小螢幕設備）**：.col-sm-1~.col-sm-12 類別，容器最大寬度 540px。

3. **>= 768px（中螢幕設備）**：.col-md-1~.col-md-12 類別，容器最大寬度 720px。

4. **>= 992px（大螢幕設備）**：.col-lg-1~.col-lg-12 類別，容器最大寬度 960px。

5. **>= 1200px（特大螢幕設備）**：.col-xl-1~.col-xl-12 類別，容器最大寬度 1140px。

6. **>= 1400px（超大螢幕設備）**：.col-xxl-1~.col-xxl-12 類別，容器最大寬度 1320px。

範例：自動佈局的欄

Bootstrap 的格線系統有自動分配寬度的功能。

1. 不設定螢幕大小，也沒有定義 col 比例，系統會視欄數自動均分欄位寬度。

2. 如果設置了其中幾個 col 的比例，剩下沒有設定比例的欄會均分剩下的欄寬。

程式碼：grid-01.htm

```
...
    <div class="container">
        <div class="row">
            <div class="col">1/3</div>
            <div class="col">2/3</div>
            <div class="col">3/3</div>
        </div>
        <div class="row">
            <div class="col">1/4</div>
            <div class="col">2/4</div>
            <div class="col">3/4</div>
            <div class="col">4/4</div>
        </div>
        <div class="row">
            <div class="col">1/3</div>
            <div class="col-6">2/3</div>
            <div class="col">3/3</div>
        </div>
        <div class="row">
            <div class="col">1/4</div>
            <div class="col-4">2/4</div>
            <div class="col-4">3/4</div>
            <div class="col">4/4</div>
        </div>
    </div>
...
```

執行結果

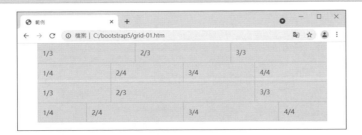

範例：同時設定多個螢幕大小的佈局

Bootstrap 的格線系統在一個 col 中可以同時套用 2 個以上的類別，即能視螢幕尺寸進行調整，套用時只要在類別之間加上半形空白。例如以下的範例中想設定有 3 個 col，當以超小螢幕瀏覽時是單欄分配佈局，小型螢幕瀏覽時是 2 欄均分後再 1 個單欄分配佈局，中型螢幕瀏覽時是以 3 欄平均分配佈局。

程式碼：grid-02.htm

```
...
    <div class="container">
        <div class="row">
            <div class="col-12 col-sm-6 col-md-4">1/3</div>
            <div class="col-12 col-sm-6 col-md-4">2/3</div>
            <div class="col-12 col-sm-12 col-md-4">3/3</div>
        </div>
    </div>
...
```

執行結果

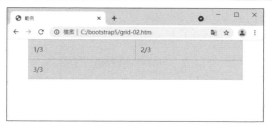

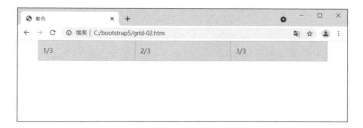

18.3.4 flexbox 的使用

傳統的網頁排版是使用 float 的觀念，基本上就是由上而下、由左至右，如流水一般的排版方式。但是這樣的方式在面對目前更多元的需求時，如水平、垂直，或是等距對齊的方式時較難應用。為了要達到這個目的，Bootstrap 採用了 flexbox 的方式讓版型的排版更加靈活。

flexbox 的版面配置預設方向是由左至右、由上而下分成水平與垂直方向：

對齊方向	類別	說明
水平 （由左至右）	justify-content-start justify-content-center justify-content-end justify-content-around justify-content-between	靠左對齊 置中對齊 靠右對齊 等距對齊 平均對齊
垂直 （由上而下）	align-items-start align-items-center align-items-end	靠上對齊 置中對齊 靠下對齊

flexbox 還能針對版面中的物件自身設定垂直的對齊方式：

對齊方向	類別	說明
垂直 （由上而下）	align-self-start align-self-center align-self-end	靠上對齊 置中對齊 靠下對齊

Bootstrap 預設為 row 類別加入了 flexbox 的屬性，在下圖中，對於其中的 col 欄位可以利用 justify-content-* 控制水平方向的對齊，或是利用 align-items-* 來控制垂直方向的對齊。

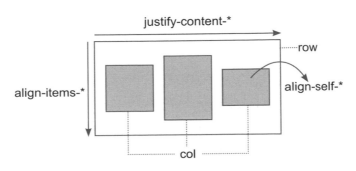

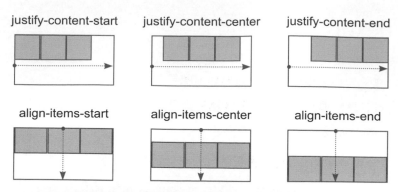

col 欄位也可以利用 align-self-* 控制本身在垂直方向的對齊方式。

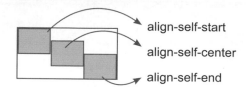

範例：設定 flexbox 的水平對齊

以下範例在每個 row 中有 3 個 col，每個 col 都只占了 1/6 的寬度，接著使用 justify-content-* 的方式設定水平對齊。

程式碼：grid-03.htm

```
...
<div class="container">
  <div class="row justify-content-start">
    <div class="col-2"> 靠左 </div>
    <div class="col-2"> 靠左 </div>
    <div class="col-2"> 靠左 </div>
  </div>
  <div class="row justify-content-center">
    <div class="col-2"> 置中 </div>
    <div class="col-2"> 置中 </div>
    <div class="col-2"> 置中 </div>
  </div>
  <div class="row justify-content-end">
    <div class="col-2"> 靠右 </div>
    <div class="col-2"> 靠右 </div>
```

```
        <div class="col-2"> 靠右 </div>
    </div>
    <div class="row justify-content-around">
        <div class="col-2"> 等距對齊 </div>
        <div class="col-2"> 等距對齊 </div>
        <div class="col-2"> 等距對齊 </div>
    </div>
    <div class="row justify-content-between">
        <div class="col-2"> 平均對齊 </div>
        <div class="col-2"> 平均對齊 </div>
        <div class="col-2"> 平均對齊 </div>
    </div>
</div>...
```

執行結果

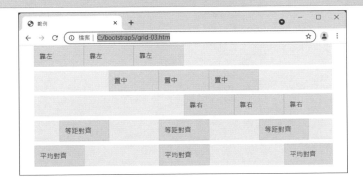

範例：設定 flexbox 的垂直對齊

以下範例在每個 row 中有 3 個 col，每個 col 的高度都不相同，接著使用 align-items-* 的方式設定垂直對齊。

程式碼：grid-04.htm

```
...
<div class="container">
    <div class="row align-items-start">
        <div class="col smaller"> 靠上 </div>
        <div class="col bigger"> 靠上 </div>
        <div class="col"> 靠上 </div>
```

```
  </div>
  <div class="row align-items-center">
    <div class="col smaller"> 置中 </div>
    <div class="col bigger"> 置中 </div>
    <div class="col"> 置中 </div>
  </div>
  <div class="row align-items-end">
    <div class="col smaller"> 靠下 </div>
    <div class="col bigger"> 靠下 </div>
    <div class="col"> 靠下 </div>
  </div>
</div>...
```

執行結果

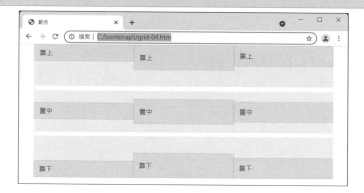

範例：設定 flexbox 區域物件的垂直對齊

以下範例在 row 中有 3 個 col，使用 align-self-* 的方式各自設定垂直對齊。

程式碼：grid-05.htm

```
...
<div class="container">
  <div class="row">
    <div class="col align-self-start"> 靠上 </div>
    <div class="col align-self-center"> 置中 </div>
    <div class="col align-self-end"> 靠下 </div>
  </div>
</div>...
```

執行結果

18.3.5 排序、位移及巢狀

範例：重新排列順序

在 row 中的 col，先加入的會排在前面，但使用「.col- 排序編號」就能重新排列順序。
以下範例在第一個 row 中置入了 5 個 col 依原序列顯示，在第二個 row 中一樣置入
了 5 個 col，但利用不同的編號來重新排序。

程式碼：grid-06.htm

```
...
<div class="container">
  <div class="row">
    <div class="col">1</div>
    <div class="col">2</div>
    <div class="col">3</div>
    <div class="col">4</div>
    <div class="col">5</div>
  </div>
  <div class="row">
    <div class="col">1</div>
    <div class="col order-4">2</div>
    <div class="col order-3">3</div>
    <div class="col order5-2">4</div>
    <div class="col order-1">5</div>
  </div>
</div>
...
```

執行結果

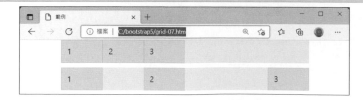

範例：col 位移

在 row 中的 col 可以使用「.col-offset- 位移比例」來進行 col 位移的動作。以下範例在第 1 個 row 中置入了 3 個 col，並各自設定 2：2：2 的比例來顯示。在第 2 個 row 中置入相同比的 col，在第 2 個 col 後分別設定向右位移 2/12 及 4/12 的位置。

程式碼：grid-07.htm

```
...
<div class="container">
  <div class="row">
    <div class="col-2">1</div>
    <div class="col-2">2</div>
    <div class="col-2">3</div>
  </div>
  <div class="row">
    <div class="col-2">1</div>
    <div class="col-2 offset-2">2</div>
    <div class="col-2 offset-4">3</div>
  </div>
</div>
...
```

執行結果

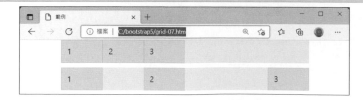

由結果看來，第 1 個 row 是沒有加上位移時的佈局方式，3 個 col 就會靠在一起。第 2 個 row 是加上位移的設定後，3 個 col 之間就多出了位移的空白。

範例：巢狀套用

在第 1 層 row 中的 col 中可以再置入 row，並在該 row 中加入最多 12 col，這就是所謂的巢狀套用。以下範例是在第 1 層 row 的 col 中又置入一個 row 進行分配。

程式碼：grid-08.htm

```
...
<div class="container">
  <div class="row">
    <div class="col-8">1
      <div class="row">
        <div class="col-6">1-1</div>
        <div class="col-6">1-2</div>
      </div>
    </div>
    <div class="col-4">2</div>
  </div>
</div>
...
```

執行結果

由結果看來，在第 1 層的 row 中以 8：4 配置加入 2 個 col，在第 1 個 col 中加入了 1 個 row，其中加入了以 6：6 配置的 2 個 col 來顯示。

18.4 Bootstrap 的文字段落

Bootstrap 提供了完整的文字段落的樣式設定，甚至有許多特別又方便的屬性，讓使用者在排版時無往不利。

18.4.1 標題、段落及文字

標題

Bootstrap 提供了 <h1>~<h6> 的標題標籤元素，也可以使用 .h1~.h6 的類別為元素加上標題的樣式，效果是一樣的。在加入標題元素中，利用 <small> 標籤或 .small 類別所設定的文字會縮小一點成為副標題。

頁面主體

在 Bootstrap 的全域設定中，在 <body> 頁面及 <p> 段落上的文字預設大小 (font-size) 為 14px，行高 (line-height) 是 1.428。<p> 段落元素還有一個預設的底部邊界 (margin-bottom) 約為 10px。若是想要強調段落，呈現明顯的區隔，可以加上 .lead 的類別來標示。

行內文字元素

Bootstrap 對於內文元素提供了以下的標籤使用：

標籤元素	說明
<mark>	標記，將包含的文字加上醒目的樣式。
<del>	刪除，將包含的文字加上刪除線。
<s>	取消關聯，將包含的文字加上刪除線，樣式與 <del> 相同，但語義不同。
<ins>	加入，將包含的文字加上底線，表示是要加入的新文字。
<u>	底線，將包含的文字加上底線。
<small>	較小文字。若在行內元素或區塊元素裡的文字加上 <small> 元素，被包含的內容會縮小 85%，也可以使用 .small 類別達到相同的結果。
<strong>	加粗，透過 font-weight 屬性來加粗文字。
<em>	斜體，讓包含的文字呈現斜體。

程式碼：typography-01.htm

```html
...
<div class="container">
 <div class="row">
  <div class="col-sm-6">
   <h1>標題一文字 <small>小標文字</small></h1>
   <h2>標題二文字 <small>小標文字</small></h2>
   <h3>標題三文字 <small>小標文字</small></h3>
   <div class="h4">標題四文字 <span class="small">小標文字</span></div>
   <div class="h5">標題五文字 <span class="small">小標文字</span></div>
   <div class="h6">標題六文字 <span class="small">小標文字</span></div>
  </div>
  <div class="col-sm-6">
   <h3>HTML5 CSS3 <small>初學特訓班</small></h3>
   <p><strong>秉持由淺入深的學習規劃，搭配最紮實的程式說明、最詳細的範例導引，以及超實用專題帶領讀者進入學習的領域。</strong></p>
   <p class="lead">介紹 <mark>HTML5</mark>、<mark>CSS3</mark> <del>與 JavaScript</del> 的特色，<ins>循序解說語法結構、程式流程與函式應用</ins>，徹底學會物件導向程式的開發與應用，<em>無痛接軌原有學習經驗，感受新一代程式開發精髓。</em><u>全方位專題實作，讓學習者能由實戰中發揮學習的成果。</u></p>
  </div>
 </div>
</div>...
```

執行結果

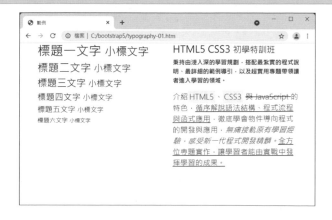

18.4.2 對齊轉換類別與其他

對齊類別

Bootstrap 能夠使用以下的對齊類別來設定文字對齊方式。

類別	説明
.text-left	文字靠左對齊
.text-center	文字置中對齊
.text-right	文字靠右對齊
.text-justify	文字平均對齊，僅對英文有效。
.text-nowarp	文字不換行

轉換類別

Bootstrap 能夠使用以下的轉換類別來設定英文文字的大小寫轉換。

類別	説明
.text-lowercase	文字轉英文小寫
.text-uppercase	文字轉英文大寫
.text-capitalize	文字首字放大

縮寫：<abbr>

Bootstrap 加強原來的 <abbr> 縮寫元素，因為元素中必須加上 title 屬性來標示原文內容，顯示時文字會變淡並加上底虛線，當滑鼠移動到 <abbr> 縮寫元素標示的文字時會顯示為問號，停止時會顯示原文方塊。在 <abbr> 縮寫元素加上 .initialism 類別時，會讓標示文字再縮小一點。

地址：<address>

使用 <address> 元素來包含網頁中聯絡資訊的文字，在其中加入
 可以分行以保留格式。

引用：<blockquote>

<blockquote> 元素是區塊元素，適合將整段或整篇的文字標示起來成為引用內容。若是要引用文字段落中的局部文字，可以使用 <q> 行內元素標示，許多瀏覽器會自動加上左右雙引號。

```
...
<div class="container">
 <div class="row">
  <div class="col-sm-6">
   <h3 class="text-uppercase">Nerver give up</h3>
   <p class="text-capitalize text-justify">Never give up, N e v e r
lose hope. Always have faith, It allows you to cope.</p>
   <p class="text-justify">Trying times will pass, As  they  always
do. Just have patience, Your dreams will come true.</p>
   <p class="text-justify">So put on a smile, You'll  live  through
your pain. Know it will pass, And strength you will gain.</p>
   <p class="text-right">~Bel Claveria Carig Martinez</p>
  </div>
  <div class="col-sm-6">
   <h3>What is Bootstrap</h3>
   <p>Bootstrap is the most popular <abbr title="Hypertext Markup
Language">HTML</abbr>, <abbr title="Cascading Style Sheets">CSS</
abbr>, and <abbr title="JavaScript">JS</abbr> framework for
developing responsive, <q>mobile first</q> projects on the web.</
p>
   <blockquote>Originally created by a designer and a developer
at Twitter, Bootstrap has become one of the most popular front-
end frameworks and open source projects in the world.</blockquote>
   <address>
    <strong>Twitter, Inc.</strong><br>
    1355 Market Street, Suite 900<br>
    San Francisco, CA 94103<br>
    <abbr title="Telephone">TEL:</abbr> (123) 456-7890
   </address>
  </div>
 </div>
</div>
...
```

執行結果

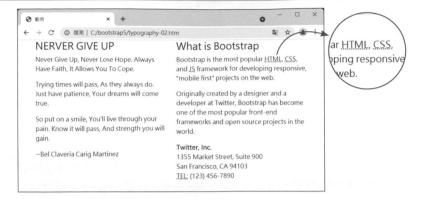

18.4.3 清單

無序清單與有序清單：<ul><ol><li>

分為無序清單元素：<ul><li> 與有序清單元素：<ol><li>，使用 <ul> 及 <ol> 元素包含的段落會以凸排顯示，<li> 元素會標示出清單的項目。

在 <ul> 及 <ol> 元素中使用 .list-unstyled 類別時，可以移除清單樣式。清單中除了去除編號或是項目符號，也會去除左方的縮排變成一般的段落。

在 <ul> 及 <ol> 元素中使用 .list-inline 類別，<li> 元素再加上 .list-inline-item 類別時，會將原來區塊顯示的方法，變成行內的顯示方式，也就是原來選項是一項一項由上而下排列，也會去除左方的縮排變成一列顯示。許多人都利用這個方式來製作網站中的導覽列或是選單。

自訂表列：<dl><dt><dd>

<dl> 元素也能以表列的方式顯示項目內容，不同的是每個項目還能以 <dt> 元素來顯示項目標題，<dd> 顯示項目內容。

程式碼：typography-03.htm

```
...
<h3> 認識 Bootstrap</h3>
<ul>
 <li> 入門 </li>
 <li>CSS</li>
 <li> 元件 </li>
```

```
    <li>JavaScript</li>
  </ul>
  <h3> 認識 Bootstrap</h3>
  <ul class="list-unstyled">
   <li> 入門 </li>
   <li>CSS</li>
   <li> 元件 </li>
   <li>JavaScript</li>
  </ul>
  <h3> 認識 Bootstrap</h3>
  <ul class="list-inline">
   <li class="list-inline-item"> 入門 </li>
   <li class="list-inline-item">CSS</li>
   <li class="list-inline-item"> 元件 </li>
   <li class="list-inline-item">JavaScript</li>
  </ul>
...
  <h3>HTML5 與 CSS3</h3>
  <dl>
   <dt>HTML5</dt>
   <dd>HTML5 是 HTML 最新的修訂版本，2014 年 10 月由 W3C 完成標準制訂，以期能在
網際網路應用迅速發展的時候，使網路標準達到符合當代的網路需求。</dd>
   <dt>CSS3</dt>
   <dd>CSS3 是 CSS 最新的修訂版本，CSS3 於 1999 年已開始制訂，直到 2011 年 6 月 7
日成為 W3C 建議標準。</dd>
  </dl>
  <dl>
   <dt>HTML5</dt>
   <dd>HTML5 是 HTML 最新的修訂版本，2014 年 10 月由 W3C 完成標準制訂，以期能在
網際網路應用迅速發展的時候，使網路標準達到符合當代的網路需求。</dd>
   <dt>CSS3</dt>
   <dd>CSS3 是 CSS 最新的修訂版本，CSS3 於 1999 年已開始制訂，直到 2011 年 6 月 7
日成為 W3C 建議標準。</dd>
  </dl> ...
```

執行結果

18.4.4 程式碼區塊

\<code\> 元素可以包含文字段落內程式碼,顯示時會以不同的樣式標示。

\<kbd\> 元素可以標示代表按鍵的文字,讓文字以不同樣式標示。

\<pre\> 元素可以標示整個都是程式碼的文字段落。若加入 .pre-scrollable 類別,可將程式碼區塊固定在最大高度為 350px,超過則會出現捲軸。要注意的是,程式碼中的關鍵字,如「<」及「>」符號都要先行轉義為「<」及「>」,否則會造成顯示上的錯誤。

\<var\> 元素可以包含屬於變數的文字內容,顯示時會以斜體顯示。

\<samp\> 元素可以包含文字段落中用來表現電腦顯示的訊息,其字型字距顯示時會接近在命令指示視窗出現的文字。

程式碼:typography-04.htm

```
...
    <h3> 認識 Bootstrap 格線系統 </h3>

    <p> 格線系統中的 row 必須放在設定 <code>.container</code>(固定寬度)或
<code>.container-fluid</code>(全螢幕寬度)類別的區塊元素中,以供正確的對齊
與堆疊。</p>

    <p> 若要複製程式碼,可以在選取後按下 <kbd>Ctrl</kbd> + <kbd>C</kbd> 複
製,按下 <kbd>Ctrl</kbd> + <kbd>V</kbd> 貼上。</p>

    <pre>
```

```
&lt;div class="container"&gt;
 &lt;div class="row"&gt;
  &lt;div class="col-xs-12 col-sm-9"&gt;01&lt;/div&gt;
  &lt;div class="col-xs-12 col-sm-3"&gt;02&lt;/div&gt;
 &lt;/div&gt;
&lt;/div&gt;
</pre>
<p> 公式為：<var>y</var> = <var>m</var><var>x</var>+<var>b</var></p>
<p>Chkdsk 修復磁碟指令 <br>
<samp>CHKDSK [volume[[path]filename]]] [/F] [/V] [/R] [/X] [/I] [/
C] [/L[:size]]</samp></p>
...
```

執行結果

MEMO

表格、表單、按鈕與圖片

Bootstrap 針對網頁中的表格、表單、按鈕與圖片，設計了許多相關的 CSS 樣式，在套用後不僅美觀，風格一致，有許多設定還能讓套用的元件在響應式的網站中獲得更好的呈現。

19.1 Bootstrap的表格

Bootstrap 在表格的設計不僅美觀，還能讓資料的表現更加清楚，並且還有其他好用的功能。

19.1.1 基本表格

表格基本結構

在 Bootstrap 中加入 `<table>` 元素時套用 .table 類別，就會自動整理表格格式。在結構中 `<thead>` 元素包含了表頭，`<tbody>` 元素包含了表格內容。除了將表格寬度設至適當大小，每個儲存格有內距，每一列都會加上底線。

程式碼：table-01.htm

```
...
<h3> 新書資料 </h3>
<table class="table">
 <thead>
  <tr>
   <th> 分類 </th>
   <th> 書名 </th>
   <th> 訂價 </th>
   <th> 出版日期 </th>
  </tr>
 </thead>
 <tbody>
  <tr>
   <td> 程式開發 </td>
   <td>Python 自學聖經 (</td>
   <td>880</td>
   <td>2021/6/1</td>
  </tr>
   ...
```

```
    </tbody>
  </table>
...
```

執行結果

表格反轉配色

表格預設是淡色的配色，若在 <table> 元素再套用 .table-dark 類別，則表格會反轉為深色配色。

程式碼：table-01-1.htm

```
...
<h3> 新書資料 </h3>
<table class="table table-dark">
...
```

執行結果

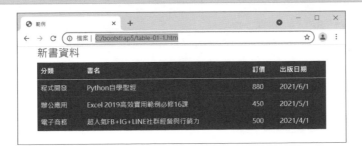

表頭切換配色

表頭也能切換配色。預設是淡色的配色，若在 <thead> 元素再套用 .table-light 或 .table-dark 類別，則表頭就會切換為淡灰或深灰配色。

程式碼：table-01-2.htm

```
...
<h3> 新書資料 </h3>
<table class="table">
  <thead class="table-light">
  ...
  </thead>
</table>
<table class="table">
  <thead class="table-dark">
  ...
  </thead>
</table>
...
```

執行結果

19.1.2 表格交替換色

在 Bootstrap 中加入 <table> 元素時除了套用 .table 類別，若再加上 .table-striped 類別，就能讓表格每隔一列加上顏色。

程式碼：table-02.htm

```
...
```

```
<h3> 新書資料 </h3>
```

```
<table class="table table-striped">
```

```
  <thead class="table-dark">
```

```
...
```

執行結果

19.1.3 表格邊框

在 Bootstrap 中加入 <table> 元素時除了套用 .table 類別，再加上 .table-bordered
類別，就能讓表格中的儲存格加上邊框。

程式碼：table-03.htm

```
...
```

```
<h3> 新書資料 </h3>
```

```
<table class="table table-bordered">
```

```
...
```

執行結果

19.1.4 表格緊縮

在 Bootstrap 中加入 <table> 元素時除了套用 .table 類別，再加上 .table-sm 類別，就能讓表格中的儲存格的內距緊縮。

程式碼：table-04.htm

```
...

<h3> 新書資料 </h3>

<table class="table table-sm">

...
```

執行結果

19.1.5 加入滑過表格列變色效果

在 Bootstrap 中加入 <table> 元素時除了套用 .table 類別，再加上 .table-hover 類別，在滑鼠滑過表格列時，該列就會出現變色的效果。

程式碼：table-05.htm

```
...

<h3> 新書資料 </h3>

<table class="table table-hover">

...
```

執行結果

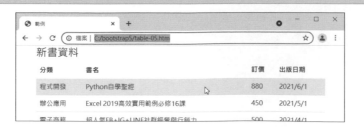

19.1.6 表格特殊顏色

Bootstrap 為表格設定了一些預設的類別，當套用在 <tr> 列或是 <td> 儲存格時就可以顯示出特殊顏色，這些類別有：

類別	說明
.table-primary	為列或儲存格標示為主要使用的顏色樣式。
.table-secondary	為列或儲存格標示為次要使用的顏色樣式。
.table-active	為列或儲存格標示為正在使用的顏色樣式。
.table-success	為列或儲存格標示為成功或是正向的顏色樣式。
.table-info	為列或儲存格標示為提供訊息或資訊的顏色樣式。
.table-warning	為列或儲存格標示為需要注意的警告顏色樣式。
.table-danger	為列或儲存格標示為危險或是有潛在危機的顏色樣式。
.table-light	為列或儲存格標示為淺色配色使用的顏色樣式。
.table-dark	為列或儲存格標示為深色配色使用的顏色樣式。

程式碼：table-06.htm

```
...
<tr class="table-primary">
  <td>.table-primary</td>
  <td> 主要使用的顏色樣式 </td>
</tr>
<tr class="table-secondary">
  <td>.table-secondary</td>
  <td> 次要使用的顏色樣式 </td>
</tr>
<tr class="table-active">
  <td>.table-primary</td>
  <td> 正在使用的顏色樣式 </td>
</tr>
<tr class="table-success">
  <td>.table-success</td>
  <td> 成功或是正向的顏色樣式 </td>
</tr>
```

```
<tr class="table-info">
  <td>.table-info</td>
  <td> 提供訊息或資訊的顏色樣式 </td>
</tr>
<tr class="table-warning">
  <td>.table-warning</td>
  <td> 需要注意的警告顏色樣式 </td>
</tr>
<tr class="table-danger">
  <td>.table-danger</td>
  <td> 標示為危險或是有潛在危機的顏色樣式 </td>
</tr>
<tr class="table-light">
  <td>.table-light</td>
  <td> 標示為淺色配色使用的顏色樣式 </td>
</tr>
<tr class="table-dark">
  <td>.table-dark</td>
  <td> 標示為深色配色使用的顏色樣式 </td>
</tr>
...
```

執行結果

19.1.7 響應式表格

在 Bootstrap 中將套用 .table 類別的 <table> 元素，再加入套用 .table-responsive 類別的 div，或者加入 .table-responsive{-sm|-md|-lg|-xl} 創建響應式表格的最大斷點的 div，當螢幕寬度小於設定斷點時並不會縮小，而是會出現橫向的捲軸。

程式碼：table-07.htm

```
...
<div class="table-responsive">
  <table class="table" style="white-space:nowrap">
    <thead>
      ...
    </thead>
    <tbody>
      ...
    </tbody>
  </table>
</div>
...
```

執行結果

19.2 Bootstrap的表單佈局

Bootstrap 在設計表單時會給予一個適合的樣式，並提供充足的輔助，讓使用者輸入時更方便。

19.2.1 基本表單

在 Bootstrap 中加入 **<form>** 元素後會預先加入基本的樣式，以下是基本規則：

1. 最常用的表單元素是 **<input>**、**<textarea>** 及 **<select>** 並加入 .form-control 類別，預設會將寬度設定為 100%。

2. 每個元素可搭配 **<label>** 元素加上說明標籤，並且加入 .form-label 類別，放置在同一個 **<div>** 的容器元素中，以達到最合適的配置。例如：

```
<form>
  <div>
    <label for="textdata" class="form-text"> 資料 </label>
    <input type="text" class="form-control" id="textdata">
  </div>
  ...
</form>
```

> 程式碼：form-01.htm

```
...
  <h3> 使用者登入 </h3>
  <form>
    <div class="mb-3">
      <label for="useremail" class="form-label"> 電子郵件 </label>
      <input type="email" class="form-control" id="useremail"
placeholder=" 輸入電子郵件 ">
    </div>
    <div class="mb-3">
      <label for="userpasswd" class="form-label"> 密碼 </label>
```

```
    <input type="password" class="form-control" id="userpasswd"
placeholder=" 輸入密碼 ">
    </div>
    <button type="submit" class="btn btn-primary"> 送出 </button>
    </form>
...
```

執行結果

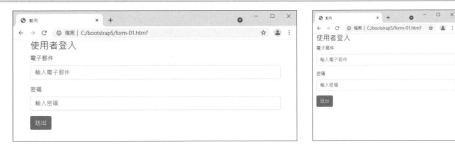

19.2.2 表單排版

表單

每一組表單區塊應該放在 <form> 元素裡面。 Bootstrap 沒有為 <form> 元素提供預設的樣式，但幾乎所有表單元件都應用了 display: block 和 width: 100% 樣式設定，所以表單預設會垂直堆疊。

加入格線系統

Bootstrap 利用格線系統建立更複雜的表單。

程式碼：form-02.htm

```
...
    <h3> 使用者登入 </h3>
    <form>
    <div class="row">
    <div class="col-md-6 mb-3">
        <label for="useremail" class="form-label"> 電子郵件 </label>
        <input type="email" class="form-control" id="useremail"
placeholder=" 輸入電子郵件 ">
```

```
     </div>

     <div class="col-md-6 mb-3">

      <label for="userpasswd" class="form-label"> 密碼 </label>

      <input type="password" class="form-control" id="userpasswd"
 placeholder=" 輸入密碼 ">

     </div>

     <div class="col-12 mb-3">

      <button type="submit" class="btn btn-primary"> 送出 </button>

     </div>

    </div>

   </form>

 ...
```

執行結果

由結果可以看到，將表單加入格線系統後，桌面畫面大於或等於中螢幕設備大小以上 (>= 768px)，二個輸入欄位與標籤文字會以左右二欄平分呈現；若小於中螢幕設備大小時就會以單欄顯示。

水平表單

透過將 **.row** 類別加入表單群組來建立使用格點系統的水平表單，並使用 **.col- 螢幕大小類型 -col 比例** 類別來指定標籤和表單控制的寬度。最後，請特別注意要在 <label> 添加 **.col-form-label**，使它們與相關的表單控制垂直置中。

程式碼：form-03.htm

```
...
  <form>
    <div class="row mb-3">
      <label for="useremail" class="col-md-2 col-form-label"> 電子郵件 </label>
      <div class="col-md-10">
        <input type="email" class="form-control" id="useremail" placeholder=" 輸入電子郵件 ">
      </div>
    </div>
    <div class="row mb-3">
      <label for="userpasswd" class="col-md-2 col-form-label"> 密碼 </label>
      <div class="col-md-10">
        <input type="password" class="form-control" id="userpasswd" placeholder=" 輸入密碼 ">
      </div>
    </div>
    <button type="submit" class="btn btn-primary"> 送出 </button>
  </form>
...
```

執行結果

19.3 Bootstrap的表單元素

Bootstrap 為不同的表單元素設計了相關的樣式，並提供更好的介面改善使用經驗。

19.3.1 輸入元素：input

<input> 是最常見的表單元素，它是屬於文字輸入的欄位。使用時，<input> 元素要宣告正確的 type 類型屬性，Bootstrap 才能賦予正確的樣式。

程式碼：form-04-1.htm

```
...
<h3> 輸入元素 </h3>
<form>
  <div class="form-group">
    <label for="inputtext" class="control-label"> 文字輸入 </label>
    <input type="text" class="form-control" id="inputtext"
placeholder=" 請輸入文字 ">
  </div>
</form>
...
```

執行結果

HTML5 為了避免使用者在表單中輸入錯誤格式的資料，所以 <input> 可以利用 type 屬性來設定輸入資料的類型，HTML 會自動給予適合的設計讓使用者能輕鬆輸入，並能進行檢查，而 Bootstrap 更為不同的類型設定了樣式。常見的類型如下：text、password、datetime、date、month、time、week、number、email、url、file、search、tel 和 color。例如：

```
...
<form>
 <div class="row">
  <div class="col-sm-6">
   <label for="input1" class="form-label">文字輸入</label>
   <input type="text" class="form-control" id="input1"
placeholder="請輸入文字" readonly value="這是測試輸入的文字">
   <label for="input2" class="form-label">密碼輸入</label>
   <input type="password" class="form-control" id="input2"
placeholder="請輸入密碼">
   <label for="input3" class="form-label">日期輸入</label>
   <input type="date" class="form-control" id="input3"
placeholder="請輸入日期">
   <label for="input4" class="form-label">時間輸入</label>
   <input type="time" class="form-control" id="input4"
placeholder="請輸入時間">
   <label for="input5" class="form-label">週輸入</label>
   <input type="week" class="form-control" id="input5"
placeholder="請輸入週">
   <label for="input6" class="form-label">月份輸入</label>
   <input type="month" class="form-control" id="input6"
placeholder="請輸入月份">
  </div>
  <div class="col-sm-6">
   <label for="input7" class="form-label">數字輸入</label>
   <input type="number" class="form-control" id="input7"
placeholder="請輸入數字">
   <label for="input8" class="form-label">電子郵件輸入</label>
   <input type="email" class="form-control" id="input8"
placeholder="請輸入電子郵件">
   <label for="input9" class="form-label">電話輸入</label>
   <input type="tel" class="form-control" id="input9" placeholder="
請輸入電話">
   <label for="input10" class="form-label">網址輸入</label>
```

```
    <input type="url" class="form-control" id="input10"
placeholder=" 請輸入網址 ">

    <label for="input11" class="form-label"> 選擇檔案 </label>

    <input type="file" class="form-control" id="input11"
placeholder=" 請輸入網址 ">

    <label for="input12" class="form-label"> 顏色輸入 </label>

    <input type="color" class="form-control form-control-color"
id="input12" placeholder=" 請輸入顏色 ">

  </div>

  <button type="submit" class="btn btn-primary"> 送出 </button>

 </div>

</form>

...
```

執行結果

19.3.2 文字區域：textarea

<teatarea> 元素允許多行的文字輸入，可以利用 **rows** 屬性控制輸入的行數。

程式碼：form-05.htm

```
...
<h3>輸入元素</h3>
<form>
  <div>
    <label for="itextarea" class="control-label">文字區域輸入</label>
    <textarea id="itextarea" rows="3" class="form-control"></textarea>
  </div>
</form>
...
```

執行結果

19.3.3 核取方塊：checkbox

核取方塊 checkbox 能組成多個選項，且允許複選。在 Bootstrap 中是將一組 <input> 及 <label> 元素放置在設定 .form-check 類別的容器中，其中 <input> 的 type 屬性必須設定為「checkbox」，而 <input> 及 <label> 元素可以套用 .form-check-input 及 .form-check-label 類別。若要設定為預選，要在 <input> 元素中加上 checked 屬性；若要停用，要在 <input> 元素中加上 disabled 屬性。例如：

```
<div class="form-check">
  <input class="form-check-input" type="checkbox" value="1" id="check1">
  <label class="form-check-label" for="check1">option1</label>
</div>
```

程式碼：form-06.htm

```
...
  <h3> 核取方塊 </h3>
  <form>
   <div class="form-check">
    <input class="form-check-input" type="checkbox" value="1"
id="option1">
    <label class="form-check-label" for="option1">
    選項一
    </label>
   </div>
   <div class="form-check">
    <input class="form-check-input" type="checkbox" value="2"
id="option2" checked>
    <label class="form-check-label" for="option2">
    選項二
    </label>
   </div>
   <div class="form-check">
    <input class="form-check-input" type="checkbox" value="3"
id="option3" disabled>
    <label class="form-check-label" for="option3">
    選項三 ( 禁用 )
    </label>
   </div>
  </form>
...
```

執行結果

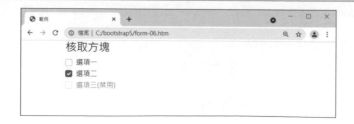

19.3.4 單選按鈕：radio

單選按鈕 radio 能組成多個選項，但只允許單選。在 Bootstrap 中是將一組 <input> 及 <label> 元素放置在設定 .form-check 類別的容器中，其中 <input> 的 type 屬性必須設定為「radio」，而 <input> 及 <label> 元素可以套用 .form-check-input 及 .form-check-label 類別。要注意每個 <radio> 元素的 name 屬性必須要相同，才會被視為同一組選項。若要設定為預選，要在 <input> 元素中加上 checked 屬性；若要停用，要在 <input> 元素中加上 disabled 屬性。例如：

```
<div class="form-check">
  <input class="form-check-input" type="radio" name="radiochk" value="1" id="check1">
  <label class="form-check-label" for="check1">option1</label>
</div>
```

程式碼：form-07.htm

```
...
<form>
  <div class="form-check">
    <input class="form-check-input" type="radio" name="radios" id="radio1">
    <label class="form-check-label" for="radio1">選項一</label>
  </div>
  <div class="form-check">
    <input class="form-check-input" type="radio" name="radios" id="radio2" checked>
    <label class="form-check-label" for="radio2">選項二</label>
  </div>
  <div class="form-check">
    <input class="form-check-input" type="radio" name="radios" id="radio3" disabled>
    <label class="form-check-label" for="radio3">選項三</label>
  </div>
...
```

執行結果

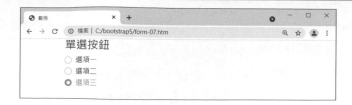

19.3.5 切換開關：switch

switch 切換開關是核取方塊的變化。只要將原來的核取方塊的 .form-check 類別容器再加上一個 .form-switch 類別即可。例如：

```
<div class="form-check form-switch">
  <input  class="form-check-input"  type="checkbox"  value="1"
id="check1">
  <label class="form-check-label" for="check1">option1</label>
</div>
```

程式碼：form-08.htm

```
...
<form>
  <div class="form-check form-switch">
   <input  class="form-check-input"  type="checkbox"  value="1"
id="option1">
   <label class="form-check-label" for="option1">
    選項一
   </label>
  </div>
  <div class="form-check form-switch">
   <input  class="form-check-input"  type="checkbox"  value="2"
id="option2" checked>
   <label class="form-check-label" for="option2">
    選項二
   </label>
  </div>
```

```
  <div class="form-check form-switch">

    <input class="form-check-input" type="checkbox" value="3"
id="option3" disabled>

    <label class="form-check-label" for="option3">

     選項三 ( 禁用 )

    </label>

  </div>

</form>

...
```

執行結果

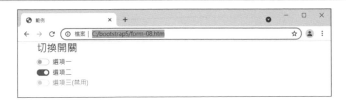

19.3.6 下拉式選項：\<select\>、\<option\>

\<select\> 下拉式選項元素可以包含多個 \<option\> 元素做為選項，預設是單選，但若加上 multiple 屬性則可多選。另外要注意要加上 .form-select 類別 Bootstrap 才能賦予正確的樣式。

程式碼：form-09.htm

```
...

 <form>

  <label for="select1" class="control-label">下拉式選項 1</label>

  <select id="select1" class="form-select">

   <option value="1">選項 1</option>

   <option value="2">選項 2</option>

   <option value="3">選項 3</option>

  </select>

  <label for="select2" class="control-label">下拉式選項 2</label>

  <select id="select2" class="form-select" multiple>

   <option value="1">選項 1</option>
```

```
    <option value="2"> 選項 2</option>
    <option value="3"> 選項 3</option>
  </select>
  </form>
...
```

執行結果

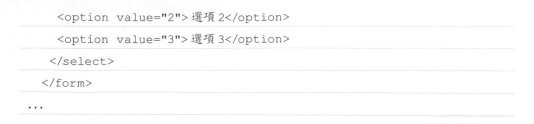

19.3.7 範圍選項：range

範圍選項 range 可以呈現滑桿式的輸入項目，能簡化並可規格化輸入的資料。在 Bootstrap 中 <input> 的 type 屬性必須設定為「range」，並套用 .form-range 類別。可以利用 min 及 max 屬性來設定範圍的最大最小值，step 屬性設定範圍每次調整的間隔值。

程式碼：form-10.htm

```
...
<form>
  <label for="customRange" class="form-label"> 選取範圍 </label>
  <input type="range" class="form-range" min="0" max="5" step="0.5"
  id="customRange">
</form>
...
```

執行結果

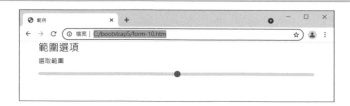

19.4 Bootstrap表單狀態樣式

Bootstrap 針對表單設計某些特殊的情況設定了不一樣的樣式，讓使用者可以明顯察覺。

取得焦點狀態

Bootstrap 的表單元件，當滑鼠點選或是按 Tab 鍵移到表單元件的狀態就是所謂取得焦點。此時 Bootstrap 會去除元件預設的樣式，加上 box-shadow 的樣式，有外暈陰影的效果。

禁用狀態

當在 Bootstrap 的 <input> 表單元素中加入 disabled 屬性時，表示該元件禁止使用。此時元件的外觀及欄位中的文字會呈現灰色，當滑鼠滑進時會顯示停用的圖示。

唯讀狀態

當在 Bootstrap 的 <input> 表單元素中加入 readonly 屬性時，表示該元件為唯讀。此時元件的外觀及欄位中的預設文字會呈現灰色，可選取但不能輸入。

19.5 輸入群組

Bootstrap 在表單中的 `<input>` 元素前後，依需求加入文字或按鈕等其他元素來擴充功能。

19.5.1 輸入群組的設定

基本的輸入群組

輸入群組是以區塊元素為容器，設定 .input-group 類別後在其中加入 `<input>` 元素，接著在任意一邊或二邊加入文字或是附加其他元素。附加內容顯示的文字要設定 .input-group-text 類別。注意：表單標籤文字 `<label>` 必須在輸入群組之外。

程式碼：inputgroup-01.htm

```
...
<form>
 <div class="input-group mb-3">
  <spen class="input-group-text"> 姓名 </spen>
  <input type="text" class="form-control" placeholder=" 使用者姓名 ">
 </div>
 <div class="input-group mb-3">
  <input type="text" class="form-control" placeholder=" 電子郵件 ">
  <spen class="input-group-text">@example.com</spen>
 </div>
 <label for="totalprice" class="form-label"> 價格 </label>
 <div class="input-group mb-3">
  <spen class="input-group-text">$NT</spen>
  <input type="text" class="form-control" id="totalprice"
placeholder=" 總價 ">
  <span class="input-group-text"> 元 </span>
 </div>
</form>
...
```

執行結果

設定輸入群組尺寸

輸入群組設定 .input-group 類別後是一般尺寸，可以使用 .input-group-sm(小型)、.input-group-lg(大型) 類別來設定不同的輸入群組尺寸。

程式碼：inputgroup-02.htm

```
...<form>
 <div class="input-group input-group-sm mb-3">
  <span class="input-group-text"> 小型 </span>
  <input type="text" class="form-control">
 </div>
 <div class="input-group mb-3">
  <span class="input-group-text"> 一般 </span>
  <input type="text" class="form-control">
 </div>
 <div class="input-group input-group-lg mb-3">
  <span class="input-group-text"> 大型 </span>
  <input type="text" class="form-control">
 </div>
 </form>...
```

執行結果

19.5.2 附加核取方塊及單選鈕元素

在輸入群組按鈕中可以在輸入元素前後附加 <input type="checkbox"> 核取方塊及 <input type="radio"> 單選按鈕元素以取代文字。

程式碼：inputgroup-03.htm

```
...
<form>
  <div class="input-group mb-3">
    <div class="input-group-text">
      <input type="checkbox" class="form-check-input">
    </div>
    <input type="text" class="form-control">
  </div>
  <div class="input-group">
    <div class="input-group-text">
      <input type="radio" class="form-check-input">
    </div>
    <input type="text" class="form-control">
  </div>
</form> ...
```

執行結果

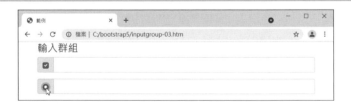

19.5.3 附加按鈕元素

Bootstrap 按鈕元素經常附加在輸入群組按鈕中，使用時將按鈕元素加在 .input-group-prepend 及 .input-group-append 類別元素中。

程式碼：inputgroup-04.htm

```
...
<form>
 <div class="input-group mb-3">
  <button class="btn btn-primary" type="button">搜尋</button>
  <input type="text" class="form-control" placeholder="請輸入關鍵字">
 </div>
 <div class="input-group">
  <input type="text" class="form-control" placeholder="請輸入關鍵字">
  <button class="btn btn-primary" type="button">搜尋</button>
 </div>
</form> ...
```

執行結果

19.5.4 附加下拉式選單

在輸入群組中可以附加一個 Bootstrap 的下拉式選單。

程式碼：inputgroup-05.htm

```
...
<form>
  <div class="input-group mb-3">
    <button type="button" class="btn btn-primary dropdown-toggle"
data-bs-toggle="dropdown"> 搜尋 </button>
    <ul class="dropdown-menu">
      <li><a class="dropdown-item" href="#"> 作者 </a></li>
      <li><a class="dropdown-item" href="#"> 書名 </a></li>
    </ul>
    <input type="text" class="form-control" placeholder=" 請輸入關鍵字 ">
  </div>
  <div class="input-group">
    <input type="text" class="form-control" placeholder=" 請輸入關鍵字 ">
    <button type="button" class="btn btn-primary dropdown-toggle"
data-bs-toggle="dropdown"> 搜尋 </button>
    <ul class="dropdown-menu">
      <li><a class="dropdown-item" href="#"> 作者 </a></li>
      <li><a class="dropdown-item" href="#"> 書名 </a></li>
    </ul>
  </div>
</form> ...
```

執行結果

19.5.5 附加分離式按鈕

在輸入群組中可以附加一個 Bootstrap 的分離式按鈕。

程式碼：inputgroup-06.htm

```
...
<form>
  <div class="input-group mb-3">
    <button type="button" class="btn btn-primary">全文</button>
    <button type="button" class="btn btn-primary dropdown-toggle"
data-bs-toggle="dropdown"></button>
    <ul class="dropdown-menu">
      <li><a class="dropdown-item" href="#">作者</a></li>
      <li><a class="dropdown-item" href="#">書名</a></li>
    </ul>
    <input type="text" class="form-control" placeholder="請輸入關鍵字">
  </div>
  <div class="input-group">
    <input type="text" class="form-control" placeholder="請輸入關鍵字">
    <button type="button" class="btn btn-primary">全文</button>
    <button type="button" class="btn btn-primary dropdown-toggle"
data-bs-toggle="dropdown"></button>
    <ul class="dropdown-menu">
      <li><a class="dropdown-item" href="#">作者</a></li>
      <li><a class="dropdown-item" href="#">書名</a></li>
    </ul>
  </div>
</form> ...
```

執行結果

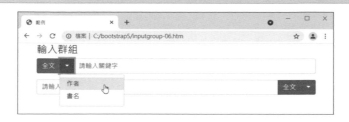

19.5.6 附加多個按鈕

在輸入群組中可以在其中一邊附加多個 Bootstrap 的按鈕。

程式碼：inputgroup-07.htm

```
...
<form>
 <div class="input-group mb-3">
  <button type="button" class="btn btn-primary"> 複製 </button>
  <button type="button" class="btn btn-primary"> 貼上 </button>
  <input type="text" class="form-control" placeholder=" 請輸入內容 ">
 </div>
 <div class="input-group">
  <input type="text" class="form-control" placeholder=" 請輸入內容 ">
  <button type="button" class="btn btn-primary"> 複製 </button>
  <button type="button" class="btn btn-primary"> 貼上 </button>
 </div>
</form> ...
```

執行結果

19.6 Bootstrap的圖片

Bootstrap 是應用在響應式網頁的開發，對於圖片有不同的樣式與設計方式。

19.6.1 自適應圖片

在 Bootstrap 中特別為圖片設計了 .img-fluid 類別，讓套用的圖片能夠獲得良好的自適應功能。其格式為：

```
<img src=" 圖片檔案位置 " class="img-fluid" alt=" 說明文字 ">
```

套用 .img-fluid 類別後，寬度為「max-width:100%」，高度為「height:auto」。如此一來，圖片就能視父層元素的範圍來縮放圖片的大小。

程式碼：img-01.htm

```
...
<div class="container">
<h3> 圖片 </h3>
 <img src="images/photo01.jpg" class="img-fluid" alt="flowers">
</div>

...
```

執行結果

圖片套用了 .img-fluid 類別後，在瀏覽器顯示時圖片會隨視窗大小自動調整。最大為該圖片原來的尺寸，高度則會視寬度的大小維持比例顯示。

19.6.2 形狀圖片

在 Bootstrap 中特別為圖片設計了 3 種類別，讓套用的圖片呈現不同的形狀，分別為：

類別	說明
.rounded	圓角圖片。
.rounded-circle	圓形圖片。
.img-thumbnail	縮圖圖片。

程式碼：img-02.htm

```
...
<img src="images/HTML5.png" class="img-rounded" alt="HTML5 Logo">
<img src="images/CSS3.png" class="img-circle" alt="CSS3 Logo">
<img src="images/ehappy.jpg" class="img-thumbnail" alt="eHappy
Logo">
...
```

執行結果

19.6.3 圖片區域：figures

在 Bootstrap 中提供了 .figure、figure-img 和 .figure-caption 類別，可提供 HTML5 <figure> 和 <figcaption> 標籤一些基本樣式設定。如果使用的圖片沒有設定明確的尺寸，請在 <img> 標籤加上 .img-fluid 類別設定為自適應圖片。

程式碼：img-03.htm

```
...
<h3>圖片區域</h3>
<figure class="figure">
 <img src="images/HTML5.png" class="figure-img img-fluid rounded"
alt="HTML5 Logo">
 <figcaption class="figure-caption text-center">HTML5</figcaption>
</figure>
...
```

執行結果

圖片套用了 .img-fluid 類別後，在瀏覽器顯示時圖片會隨視窗大小自動調整。最大為該圖片原來的尺寸，高度則會視寬度的大小維持比例顯示。

MEMO

Chapter 20

Bootstrap 元件

Bootstrap 提供了許多實用又美觀的元件,例如下拉式選單、按鈕、輸入群組、導覽標示、導覽列及其他導覽元件、警告訊息、進度條、清單群組及卡片,讓使用者可以快速加入在頁面上,為網站增添許多功能。

20.1 Bootstrap的按鈕

Bootstrap 的按鈕是網頁上常用的元素，Bootstrap 為不同情境下使用的按鈕設計了不同的樣式，美觀又實用。

20.1.1 可成為按鈕的元素

在 Bootstrap 中可以使用以下的標籤元素，套用 .btn 類別後再用 .btn- 顏色項目 或 .btn-outline- 顏色項目 類別設定為基本樣式，即可成為按鈕：

```
<button type="button" class="btn btn-primary"> 按鈕文字 </button>
<a href="#" class="btn btn-primary"> 按鈕文字 </a>
<input type="button" class="btn btn-primary" value=" 按鈕文字 ">
<input type="submit" class="btn btn-primary" value=" 按鈕文字 ">
```

20.1.2 按鈕的樣式

Bootstrap 為按鈕設計了以下的基本類別，能在加入後快速轉為不同類型的按鈕：

基本類別	外框類別	說明
.btn-primary	.btn-outline-primary	主要功能按鈕。
.btn-secondary	.btn-outline-secondary	次要功能按鈕。
.btn-success	.btn-outline-success	執行成功或有積極意義的按鈕。
.btn-danger	.btn-outline-danger	有危險或有負面作用的按鈕。
.btn-warning	.btn-outline-warning	警告提醒功能按鈕。
.btn-info	.btn-outline-info	訊息提示功能按鈕。
.btn-light	.btn-outline-light	淡色配色按鈕。
.btn-dark	.btn-outline-dark	深色配色按鈕。
.btn-link		讓按鈕呈現超連結的樣式。

程式碼：button-01.htm

```
...
<h3> 按鈕 </h3>
<div class="mb-3">
 <button type="button" class="btn btn-primary">Primary</button>
 <button type="button" class="btn btn-secondary">Secondary</button>
 <button type="button" class="btn btn-success">Success</button>
 <button type="button" class="btn btn-danger">Danger</button>
 <button type="button" class="btn btn-warning">Warning</button>
 <button type="button" class="btn btn-info">Info</button>
 <button type="button" class="btn btn-light">Light</button>
 <button type="button" class="btn btn-dark">Dark</button>
 <button type="button" class="btn btn-link">Link</button>
</div>
<h3> 外框按鈕 </h3>
<div class="mb-3">
 <button type="button" class="btn btn-outline-primary">Primary</
button>
 <button type="button" class="btn btn-outline-secondary">Secondary</
button>
 <button type="button" class="btn btn-outline-success">Success</
button>
 <button type="button" class="btn btn-outline-danger">Danger</
button>
 <button type="button" class="btn btn-outline-warning">Warning</
button>
 <button type="button" class="btn btn-outline-info">Info</button>
 <button type="button" class="btn btn-outline-light">Light</
button>
 <button type="button" class="btn btn-outline-dark">Dark</button>
</div>
...
```

執行結果

由結果可以看到，所有的按鈕都因為不同的類別，設定為不同的樣式。

20.1.3 按鈕的大小

Bootstrap 設計了以下的類別來設定按鈕大小，沒有設定即為預設大小：

類別	說明
.btn-sm	小型按鈕。
.btn-lg	大型按鈕。

程式碼：button-02.htm

```
...
  <h3> 按鈕 </h3>
  <button type="button" class="btn btn-primary btn-sm">Small</button>
  <button type="button" class="btn btn-primary">Default</button>
  <button type="button" class="btn btn-primary btn-lg">Large</button>
...
```

執行結果

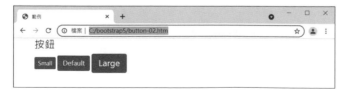

由結果可以看到，所有的按鈕都因為不同的類別，設定為不同大小。

20.1.4 按鈕的啟用與禁用狀態

啟用狀態

所謂按鈕的啟用狀態，就是按鈕顯示被按下的狀態，是比一般按鈕更深的背景，更深的邊框，有向內的陰影。在 Bootstrap 中就是在按鈕中加入 .active 的類別即可。

禁用狀態

所謂按鈕的啟用狀態，就是按鈕顯示不能使用，呈現較淡的透明度。在 Bootstrap 中在 <button>、<input> 元素是加入 disabled 的屬性，而 <a> 是加入 .disabled 類別。

程式碼：button-03.htm

```
...
<button type="button" class="btn btn-primary"> 一般按鈕 </button>
<button type="button" class="btn btn-primary active"> 啟用按鈕 </button>
<button type="button" class="btn btn-primary" disabled> 禁用按鈕 </button>
...
```

執行結果

由結果可以看到，所有的按鈕都因為不同的類別，設定為不同樣式。

20.2 按鈕群組

Bootstrap 可以使用一個區塊元素，將一組按鈕群組起來在同一行顯示，除了當按鈕之外，還可以做為單選或多選的選項。

20.2.1 群組按鈕的設定

基本群組按鈕

群組按鈕即是使用區塊元素為容器，設定 .btn-group 類別後將多個 Bootstrap 按鈕群組起來。此時按鈕會放置在同一列，所有按鈕組合成單一按鈕但可以個別選按。

程式碼：btngroup-01.htm

```
...
<h3>群組按鈕</h3>
<div class="btn-group">
  <button type="button" class="btn btn-primary">HTML5</button>
  <button type="button" class="btn btn-primary">CSS3</button>
  <button type="button" class="btn btn-primary">JavaScript</button>
</div> ...
```

執行結果

設定混合樣式及外框樣式按鈕

群組按鈕能個別為每個按鈕指定不同的樣式，也能全部設成外框樣式。

程式碼：btngroup-02.htm

```
...
<h3>群組按鈕</h3>
<div class="btn-group">
```

```
  <button type="button" class="btn btn-danger">HTML5</button>
  <button type="button" class="btn btn-warning">CSS3</button>
  <button type="button" class="btn btn-success">JavaScript</button>
</div>
<div class="btn-group">
  <button type="button" class="btn btn-outline-primary">HTML5</
button>
  <button type="button" class="btn btn-outline-primary">CSS3</button>
  <button type="button" class="btn btn-outline-primary">JavaScript</
button>
</div>...
```

執行結果

設定群組按鈕尺寸

群組按鈕設定 .btn-group 類別是一般尺寸，也可以利用 .btn-group-sm(小型)、.
btn-group-lg(大型) 類別來設定不同的群組按鈕尺寸。

程式碼：btngroup-03.htm

```
...
<h3> 群組按鈕 </h3>
<div class="btn-group btn-group-lg">
...
</div>
<div class="btn-group">
...
</div>
<div class="btn-group btn-group-sm">
...
</div> ...
```

執行結果

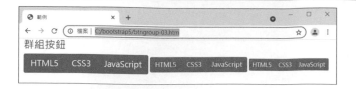

設定垂直群組按鈕

用 .btn-group-vertical 類別設定群組按鈕，會成為垂直群組按鈕。

程式碼：btngroup-04.htm

```
...
<h3>群組按鈕</h3>
<div class="btn-group-vertical">
  <button type="button" class="btn btn-primary">HTML5</button>
  <button type="button" class="btn btn-primary">CSS3</button>
  <button type="button" class="btn btn-primary">JavaScript</button>
</div> ...
```

執行結果

20.2.2 多選與單選群組按鈕

將多個核取方塊：checkbox 或是單選按鈕：radio 合起來也能成為群組按鈕。

程式碼：btngroup-05.htm

```
...
<div class="btn-group">
  <input type="checkbox" class="btn-check" id="check1">
  <label class="btn btn-outline-primary" for="check1">HTML5</label>
  <input type="checkbox" class="btn-check" id="check2">
  <label class="btn btn-outline-primary" for="check2">CSS3</label>
```

```
<input type="checkbox" class="btn-check" id="check3">
<label class="btn btn-outline-primary" for="check3">JavaScript</label>
</div>
<div class="btn-group">
<input type="radio" class="btn-check" name="btnradio" id="radio1">
<label class="btn btn-outline-danger" for="radio1">HTML5</label>
<input type="radio" class="btn-check" name="btnradio" id="radio2">
<label class="btn btn-outline-danger" for="radio2">CSS3</label>
<input type="radio" class="btn-check" name="btnradio" id="radio3">
<label class="btn btn-outline-danger" for="radio3">JavaScript</label>
</div>...
```

執行結果

20.2.3 分離式按鈕

結合一個按鈕及另一個下拉式選單，叫做分離式按鈕。在下拉式選單最外層的區塊元素要指定為 .btn-group 類別，接著在其中加入兩個按鈕：一個以預設樣式顯示文字，一個再加入 .dropdown-toggle-split 類別顯示下拉式選單。使用者可以選按按鈕，也可以選按另一邊的下拉式選單。

程式碼：btngroup-06.htm

```
...
  <h3> 分離式按鈕 </h3>
  <div class="btn-group">
    <button type="button" class="btn btn-primary">JavaScript</button>
    <button type="button" class="btn btn-primary dropdown-toggle
dropdown-toggle-split" data-bs-toggle="dropdown">
    </button>
```

```
    <ul class="dropdown-menu">
      <li><a class="dropdown-item" href="#">jQuery</a></li>
      <li><a class="dropdown-item" href="#">Bootstrap</a></li>
    </ul>
  </div>...
```

執行結果

由結果可以看到，除了可以選按 JavaScript 按鈕外，也可以按一旁的下拉式選單，顯示其他選項進行選取。

20.2.4 有下拉式選單的巢狀群組按鈕

在群組按鈕內，可以再放置一個設定 .btn-group 類別的區塊元素成為子群組按鈕，並在其中放置一個 Bootstrap 的下拉式選單。

程式碼：btngroup-06.htm

```
...
<div class="btn-group">
  <button type="button" class="btn btn-primary">HTML5</button>
  <button type="button" class="btn btn-primary">CSS3</button>
  <div class="btn-group">
    <button type="button" class="btn btn-primary dropdown-toggle"
data-bs-toggle="dropdown">
    JavaScript</button>
    <ul class="dropdown-menu">
      <li><a class="dropdown-item" href="#">jQuery</a></li>
      <li><a class="dropdown-item" href="#">Bootstrap</a></li>
    </ul>
  </div>
</div> ...
```

執行結果

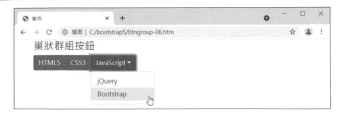

由結果可以看到，除了可以選按 JavaScript 按鈕外，也可以按一旁的下拉式選單，
顯示其他選項進行選取。

20.2.5 按鈕工具列

將多個群組按鈕放置在一個套用 .btn-toolbar 類別的容器中，叫做按鈕工具列，可以
用來製作更複雜的元件。

程式碼：btngroup-07.htm

```
...
<div class="btn-toolbar">
 <div class="btn-group me-2">
  <button type="button" class="btn btn-primary">1</button>
  <button type="button" class="btn btn-primary">2</button>
  <button type="button" class="btn btn-primary">3</button>
 </div>
 <div class="btn-group">
  <button type="button" class="btn btn-secondary">A</button>
  <button type="button" class="btn btn-secondary">B</button>
  <button type="button" class="btn btn-secondary">C</button>
 </div>
</div>...
```

執行結果

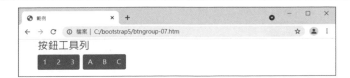

20.3 下拉式選單

Bootstrap 的下拉式選單，即是組合一個按鈕與清單，當按下按鈕時可以顯示清單內容以供選擇。

20.3.1 基本下拉式選單

下拉式選單可以用來切換或是選取不同狀態的連結，其結構說明如下：

1. 利用區塊元素為容器，如 <div>，在設定 .dropdown 類別後將按鈕或連結包含進來成為下拉式選單。

2. 下拉式選單區塊元素中的 Bootstrap 按鈕要加入 .dropdown-toggle 類別，並且要加入「data-bs-toggle="dropdown"」的屬性。

3. 加入 <ul> 元素並設定 .dropdown-menu 類別來製作選單區域，<li> 加入 <a> 子元素設定 .dropdown-item 類別形成選項。

程式碼：dropdown-01.htm

```
...
<div class="dropdown">
 <button class="btn btn-primary dropdown-toggle" type="button"
data-bs-toggle="dropdown">切換教材 </button>
 <ul class="dropdown-menu">
  <li><a class="dropdown-item" href="#">HTML</a></li>
  <li><a class="dropdown-item" href="#">CSS</a></li>
  <li><a class="dropdown-item" href="#">JavaScrpt</a></li>
 </ul>
</div>...
```

執行結果

20.3.2 加入標題及分隔線

下拉式選單中可加上 **<hx>** 標籤搭配 **.dropdown-header** 類別成為標題，這個選項會變成不同格式且無法選取，格式如下：

```
<h6 class="dropdown-header"> 標題名稱 </h6>
```

在選單中的 **<div>** 標籤搭配 **.dropdown-divider** 類別會成為水平線，格式如下：

```
<div class="dropdown-divider"></div>
```

程式碼：dropdown-02.htm

```
...<div class="dropdown">
    <button class="btn btn-primary dropdown-toggle" type="button"
data-bs-toggle="dropdown"> 切換教材 </button>
    <ul class="dropdown-menu">
     <li><h6 class="dropdown-header">Basic</h6></li>
     <li><a class="dropdown-item" href="#">HTML</a></li>
     <li><a class="dropdown-item" href="#">CSS</a></li>
     <li><a class="dropdown-item" href="#">JavaScript</a></li>
     <li><div class="dropdown-divider"></div></li>
     <li><h6 class="dropdown-header">Advance</h6></li>
     <li><a class="dropdown-item" href="#">jQuery</a></li>
     <li><a class="dropdown-item" href="#">Bootstrap</a></li>
    </ul>
</div> ...
```

執行結果

20.3.3 設定啟用選項及禁用選項

下拉式選單的 <a> 選項設定 .active 類別成為啟用選項，預設即會標示反向樣式表示為正在啟用的選項。在選單中的 <a> 選項設定 .disabled 類別會成為禁用選項，當滑鼠移到上方時無法選取。

程式碼：dropdown-03.htm

```
...
<div class="dropdown">
 <button  class="btn btn-primary dropdown-toggle" type="button"
data-bs-toggle="dropdown"> 切換教材 </button>
 <ul class="dropdown-menu">
  <li><a class="dropdown-item" href="#">HTML</a></li>
  <li><a class="dropdown-item disabled" href="#">CSS</a></li>
  <li><a class="dropdown-item active" href="#">JavaScript</a></li>
 </ul>
</div>
...
```

執行結果

由結果可以看到，下拉式選單會有預設啟用的選項，而禁用的選項無法選取。

20.3.4 深色下拉式選單

在原來的 .dropdown-menu 類別再增加 .dropdown-menu-dark 類別，就可將原來的下拉選單修改成深色樣式。

程式碼：dropdown-04.htm

```
...
<div class="dropdown">
```

```html
    <button class="btn btn-secondary dropdown-toggle" type="button"
data-bs-toggle="dropdown"> 切換教材 </button>

    <ul class="dropdown-menu dropdown-menu-dark">

     <li><a class="dropdown-item" href="#">HTML</a></li>

     <li><a class="dropdown-item" href="#">CSS</a></li>

     <li><a class="dropdown-item" href="#">JavaScript</a></li>

    </ul>

    </div>...
```

執行結果

20.3.5 指定方向展開選單

若希望下拉式選單的展開方向不是向下展開,而是向上、向右或向左展開,就要指定最外層的區塊元素為 .dropup、.dropend 或 .dropstart 類別。

程式碼:dropdown-05.htm

```html
...
<div class="row">

 <div class="col dropdown">

  <button class="btn btn-primary dropdown-toggle" type="button"
data-bs-toggle="dropdown"> 向下開啟 </button>

  <ul class="dropdown-menu">

   <li><a class="dropdown-item" href="#">Lesson1</a></li>

   <li><a class="dropdown-item" href="#">Lesson2</a></li>

  </ul>

 </div>

 <div class="col dropup">

  <button class="btn btn-primary dropdown-toggle" type="button"
data-bs-toggle="dropdown"> 向上開啟 </button>
```

```
    <ul class="dropdown-menu">
      <li><a class="dropdown-item" href="#">Lesson1</a></li>
      <li><a class="dropdown-item" href="#">Lesson2</a></li>
    </ul>
  </div>
  <div class="col dropend">
    <button class="btn btn-primary dropdown-toggle" type="button"
data-bs-toggle="dropdown">向右開啟</button>
    <ul class="dropdown-menu">
      <li><a class="dropdown-item" href="#">Lesson1</a></li>
      <li><a class="dropdown-item" href="#">Lesson2</a></li>
    </ul>
  </div>
  <div class="col dropstart">
    <button class="btn btn-primary dropdown-toggle" type="button"
data-bs-toggle="dropdown">向左開啟</button>
    <ul class="dropdown-menu">
      <li><a class="dropdown-item" href="#">Lesson1</a></li>
      <li><a class="dropdown-item" href="#">Lesson2</a></li>
    </ul>
  </div>
</div>
...
```

執行結果

由結果可以看到，範例中的下拉式選單是依指定方向開啟的。

20.4 導覽與頁籤

Bootstrap 提供了頁面上對於指定區域加上導覽的標示，包括了加上標籤或是選單等設計。

20.4.1 導覽

基礎導覽的使用

在網頁中經常會使用文字來做為導覽標示，使用者可以選按不同的連結以切換不同的內容或是單元。在網頁設計中常使用 `<ul><li>` 來組成導覽的選項，在 `<ul>` 元素中加入 `.nav` 基礎類別即可讓選項以文字連結的方式顯示。在 `<li>` 選項元素中要加入 `.nat-item` 類別為選項，其中的連結要加上 `.nav-link` 類別，若加入 `.active` 類別表示是目前啟用的選項但不會有特殊樣式，`.disabled` 類別表示為禁用的選項。

程式碼：nav-01.htm

```
...
<ul class="nav">
  <li class="nav-item"><a class="nav-link active" href="#">首頁</a></li>
  <li class="nav-item"><a class="nav-link" href="#">關於</a></li>
  <li class="nav-item"><a class="nav-link disabled" href="#">聯絡</a></li>
</ul> ...
```

執行結果

頁籤與膠囊導覽的使用

頁籤導覽只要在 `<ul>` 元素中加入 `.nav` 基礎類別後再加上 `.nav-tabs` 類別即可；膠囊導覽要在 `<ul>` 元素中加入 `.nav` 基礎類別後再加 `.nav-pills` 類別即可。其他的設定都與標籤導覽相同。

程式碼：nav-02.htm

```
...
<h3> 頁籤導覽 </h3>
<ul class="nav nav-tabs mb-5">
 <li class="nav-item"><a class="nav-link active" href="#"> 首頁 </a></
li>
 <li class="nav-item"><a class="nav-link" href="#"> 關於 </a></li>
 <li class="nav-item"><a class="nav-link disabled" href="#"> 聯絡 </
a></li>
</ul>
<h3> 膠囊導覽 </h3>
<ul class="nav nav-pills">
 <li class="nav-item"><a class="nav-link active" href="#"> 首頁 </a></
li>
 <li class="nav-item"><a class="nav-link" href="#"> 關於 </a></li>
 <li class="nav-item"><a class="nav-link disabled" href="#"> 聯絡 </
a></li>
</ul> ...
```

執行結果

導覽平均填滿顯示

無論是何種導覽，在 <ul> 元素中再加上 .nav-fill 類別即可讓各個選項顯示時平均的
填滿整個畫面，但不是每個導覽項目都有相同寬度。但如果加上的是 .nav-justified
類別，即可讓各個選項顯示時以相同寬度平均的填滿整個畫面。

程式碼：nav-03.htm

```
...
<ul class="nav nav-pills nav-fill mb-5">
```

```
<li class="nav-item"><a class="nav-link active" href="#"> 首頁 </a></
li>
<li class="nav-item"><a class="nav-link" href="#"> 關於我們 </a></li>
<li class="nav-item"><a class="nav-link disabled" href="#"> 聯絡電子
郵件 </a></li>
</ul>
<h3> 導覽使用 nav-justified</h3>
<ul class="nav nav-pills nav-justified">
<li class="nav-item"><a class="nav-link active" href="#"> 首頁 </a></
li>
<li class="nav-item"><a class="nav-link" href="#"> 關於我們 </a></li>
<li class="nav-item"><a class="nav-link disabled" href="#"> 聯絡電子
郵件 </a></li>
</ul> ...
```

執行結果

> ### 註 使用 <nav> 製作導覽
>
> 如果使用 <nav> 導覽來取代 <ul><li> 所組成導覽的選項，設定時可
> 以不使用 .nav-item 類別來設定選項，其中的 <a> 元素的樣式僅需
> 要 .nav-link 類別，例如：
>
> ```
> <nav class="nav">
> <a class="nav-link active" href="#"> 首頁 </a>
> <a class="nav-link" href="#"> 關於 </a>
> <a class="nav-link disabled" href="#"> 聯絡 </a>
> </nav>
> ```

20.4.2 使用下拉式選單的導覽

無論是標籤或選單導覽，在選項中都可以使用下拉式選單。設定時只要在 \<li\> 選項元素中加入 .dropdown 類別，接著在選項中以 \<a\> 為區塊元素加入 bootstrap 下拉式選單即可。

程式碼：nav-04.htm

```
...
<ul class="nav nav-tabs mb-5">
  <li class="nav-item"><a class="nav-link active" href="#">首頁</a></li>
  <li class="nav-item dropdown">
    <a class="nav-link dropdown-toggle" data-bs-toggle="dropdown" href="#" role="button">聯絡</a>
    <ul class="dropdown-menu">
      <li><a class="dropdown-item" href="#">電話</a></li>
      <li><a class="dropdown-item" href="#">郵件</a></li>
    </ul>
  </li>
  <li class="nav-item"><a class="nav-link" href="#">關於</a></li>
</ul>
<ul class="nav nav-pills">
  ...
</ul> ...
```

執行結果

20.5 導覽列

Bootstrap 的導覽列可以說是整個網站的功能表，除了能顯示網站的
名稱、連結，還能進行網站搜尋等動作。

20.5.1 導覽列的使用

基本導覽列的建立

導覽列是整個網站的主功能表，無論在哪個單元頁面都能藉由導覽列的引導回到首
頁或切換到其他頁面，甚至執行搜尋或是會員登入等全站性的工作。Bootstrap 導覽
列的功能相當完整，還能因應不同的畫面大小進行版面調整，十分好用。

Bootstrap 導覽列不需要包含在 Bootstrap 頁面基本結構中，建構時使用 <nav> 元素，
加入 .navbar 基礎類別，接著再套用 .navbar-expand{-sm|-md|-lg|-xl} 類別給予響
應式的折疊，最後再設定配色的類別。接著要在導覽列的內容，就要放置在所屬的
<div class="container"> 或 <div class="container-fluid"> 容器之中。標準語法如下：

```
<nav class="navbar navbar-expand-lg navbar-light bg-light">
  <div class="container-fluid"> ... </div>
</nav>
```

加入網站名稱或圖示

在導覽列中要顯示網站名稱，無論是文字或是圖片，要加上 <a> 元素套用 .navbar-
brand 類別來標示網站的超連結。若是同時加上文字與圖片，建議圖片 <img> 要套
用 .d-inline-block 以及 .align-text-top 的類別來幫助文字與圖片的配置。

```
<a class="navbar-brand" href=" 網址 ">
  網站名稱
  <!-- 或圖示 <img src=" 圖片位置 " alt=" 說明 "> -->
</a>
```

加入導覽列折疊時的開啟鈕

因為 Bootstrap 的版型是響應式的設計，當寬度小於基本的螢幕斷點後，整個導覽列
會折疊起來並顯示一個開啟鈕，使用者可以按這個鈕開啟導覽列。

在 <button> 套用 .navbar-toggler 類別。設定 data-bs-toggle="collapse" 屬性,讓按下時能折疊選單;設定 data-bs-target="# 選單區塊 ",指定要折疊的選單容器。

<button> 中放置 <span> 套用 .navbar-toggler-icon 類別,可以顯示按鈕上的紋路。

```
<button class="navbar-toggler" type="button"
            data-bs-toggle="collapse" data-target="# 選單區塊 ">
  <span class="navbar-toggler-icon"></span>
</button>
```

加入連結選單

導覽列中最重要的就是要顯示其他單元頁面的連結選單。最外層應用一個 <div> 加入 .collapse 及 .navbar-collapse 類別,最重要是設定 id,要與剛才按鈕指定的選單區塊名稱相同。在其中 <ul> 元素中加入 .navbar-nav 類別後即可加上連結選單。接著其中的 <li> 選項元素設定 .nav-item 類別為選項,而 <a> 連結元素設定 .nav-link 類別為連結。

```
<div class="collapse navbar-collapse" id=" 選單區塊 ">
 <ul class="navbar-nav">
  <li class="nav-item"><a class="nav-link" href=" 連結網址 "> 連結 1</a></li>
  <li class="nav-item"><a class="nav-link" href=" 連結網址 "> 連結 2</a></li>
   ...
 </ul>
</div>
```

加入下拉式選單

導覽列中的連結選單還可以加入下拉式選單,只要在原來的連結選單中的 <li> 選項元素中加入 .dropdown 類別,並在其中置入 Bootstrap 的下拉式選單即可。

```
<ul class="navbar-nav"> ...
 <li class="nav-item dropdown">
   <a class="nav-link dropdown-toggle" data-bs-toggle="dropdown"
href="#"> 下拉式選單連結 </a>
   <ul class="dropdown-menu">
    <li><a class="dropdown-item" href=" 連結網址 "> 子連結 1</a></li>
    <li><a class="dropdown-item" href=" 連結網址 "> 子連結 2</a></li>
   </ul>
 </li> ...
</ul>
```

加入表單

在導覽列中可以加入表單，只要利用 **<form>** 元素套用 **.d-flex** 類別，可以讓表單元件平均分佈。以最常見的 **<input>** 及 **<button>** 元素來說，標準語法如下：

```
<form class="d-flex">
    <input type="text" class="form-control" placeholder=" 預設文字 ">
    <button class="btn" type="submit"> 按鈕文字 </button>
</form>
```

程式碼：navbar-01.htm

```
...
<nav class="navbar navbar-expand-lg navbar-dark bg-secondary">
 <div class="container-fluid">
  <a class="navbar-brand" href="#"><img src="images/eHappyLogo.png"
alt="eHappy"></a>
  <button class="navbar-toggler" type="button"
                data-bs-toggle="collapse" data-bs-target="#navArea">
   <span class="navbar-toggler-icon"></span>
  </button>
  <div class="collapse navbar-collapse" id="navArea">
   <ul class="navbar-nav me-auto">
    <li class="nav-item"><a class="nav-link active" href="#"> 首頁 </
a></li>
    <li class="nav-item"><a class="nav-link" href="#"> 關於 </a></li>
    <li class="nav-item dropdown">
     <a class="nav-link dropdown-toggle" href="#"
id="navbarDropdown" role="button" data-bs-toggle="dropdown"> 產品 </a>
     <ul class="dropdown-menu">
      <li><a class="dropdown-item" href="#"> 新書介紹 </a></li>
      <li><a class="dropdown-item" href="#"> 產品總覽 </a></li>
     </ul>
    </li>
   </ul>
   <form class="d-flex">
    <input class="form-control me-2" type="search" placeholder=" 關
鍵字 ">
```

```
          <button class="btn btn-dark" type="submit">GO</button>
      </form>
    </div>
  </div>
</nav>
...
```

20.5.2 固定導覽列

為了讓使用者隨時都能使用導覽列，可以將它固定在頁面的上方或是下方，甚至浮動在整個頁面內容之上。

固定在頁面上方

在建構 Bootstrap 導覽列時，於 **<nav>** 元素加入 **.fixed-top** 類別即可將導覽列固定在頁面的上方，不會隨著頁面的內容捲動。但要注意一點，在設定固定類別之後，整個導覽列就會浮動在頁面的內容之上，原來內容的最上方會被導覽列蓋住。解決的方法是可以在 **<body>** 標籤加入「**style="padding-top:50px"**」的屬性，讓頁面多出上方的內距，即可完整顯示頁面內容。

程式碼：navbar-02.htm

```
...
<body style="padding-top: 100px;">
  <nav class="navbar fixed-top navbar-expand-lg navbar-dark bg-
  secondary">
    ...
  </nav> ...
</div> ...
```

執行結果

固定在頁面下方

於 <nav> 元素加入 .fixed-bottom 類別,即可將導覽列固定在頁面的下方,不會隨著頁面的內容捲動。

程式碼:navbar-03.htm

```
...
<nav class="navbar fixed-bottom navbar-expand-lg navbar-dark bg-
secondary">
    ...
</nav>
...
</div> ...
```

執行結果

貼齊在頁面上方

Bootstrap 導覽列若 <nav> 元素加入 .sticky-top 類別即可將導覽列鎖定在目前位置上隨著頁面的內容捲動,但導覽列捲動到頁面最上方就會貼齊於頂端。但是要特別注意的是,這個效果無法相容於所有瀏覽器。

程式碼：navbar-04.htm

...

```html
<div class="p-5 bg-info text-white">

    這是測試內容訊息

</div>

<nav class="navbar sticky-top navbar-expand-lg navbar-dark bg-secondary">  ...

</nav>

...
```

執行結果

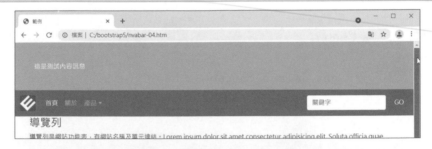

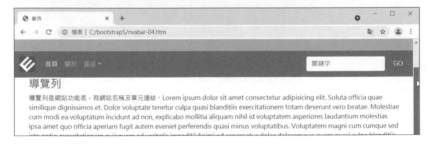

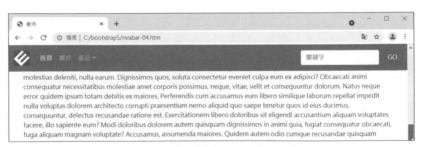

由結果可以看到，在導覽列加上 .sticky-top 類別時會固定在目前位置上，但捲動到頁面頂端時就會固定在頁面上方。

20.6 其他導覽元件

在網站的頁面中，常會使用麵包屑導覽標示所在位置，使用分頁導覽來標示所在頁數，Bootstrap 提供了內建的元件以供使用。

20.6.1 麵包屑導覽

在網站中的頁面上，常會用每個單元名稱加上符號形成導覽文字，標示目前所在的位置，一般稱為麵包屑導覽 (Breadcrumb)。

在 Bootstrap 提供了麵包屑導覽元件，請在 <nav> 元素中以 <ul> 或 <ol> 元素加上 .breadcrumb 類別，接著在其下的 <li> 選項元素中加入 .breadcrumb-item 類別做為網站結構項目，其中有加入 .active 類別表示是目前所在的頁面。

程式碼：breadcrumb-01.htm

```
...
<nav>
  <ol class="breadcrumb">
    <li class="breadcrumb-item"><a href="#"> 首頁 </a></li>
    <li class="breadcrumb-item"><a href="#"> 新書介紹 </a></li>
    <li class="breadcrumb-item active"> 程式設計類 </li>
  </ol>
</nav>
...
```

執行結果

20.6.2 分頁導覽

若有多頁內容，分頁導覽可以在頁數數字加上連結供使用者切換。請利用 \<ul\>\<li\> 組成導覽的選項，在 \<ul\> 元素中加入 **.pagination** 類別即可讓選項化為分頁導覽。

接著在其下的 \<li\> 選項元素中加入 **.page-item** 類別做為分頁項目，其中有加入 **.active** 類別表示是目前所在的頁面，**.disabled** 類別後該連結會顯示灰色文字無法使用。每個選項中可以加上 \<a\> 元素並加入 **.page-link** 類別設定連結頁面。

預設設定後是一般尺寸，可以再加上 **.pagination-sm** 類別設定小型尺寸，**.pagination-lg** 類別設定大型尺寸。

程式碼：pagination-01.htm

```
...
<ul class="pagination">
 <li class="page-item"><a class="page-link" href="#">Previous</a></li>
 <li class="page-item active"><a class="page-link" href="#">1</a></li>
 <li class="page-item"><a class="page-link" href="#">2</a></li>
 <li class="page-item"><a class="page-link" href="#">3</a></li>
 <li class="page-item disabled"><a class="page-link" href="#">Next</a></li>
</ul><br>
<ul class="pagination pagination-sm">
 ...
</ul><br>
<ul class="pagination pagination-lg">
 ...
</ul> ...
```

執行結果

20.7 警告訊息及進度條

Bootstrap 的警告訊息能在頁面新增顯示資料的區塊，可以應用在相關的訊息顯示。

20.7.1 警告訊息

設定警告訊息

Bootstrap 的警告訊息元件能在頁面加入一些情境訊息的區塊，例如系統資訊、錯誤警告 ... 等。在設定的容器元素加入 .alert 基礎類別後再套用 .alert-primary / .alert-secondary / .alert-success / .alert-danger / .alert-warning / .alert-info / .alert-light / .alert-dark 情境類別顯示不同的警告訊息樣式。區塊中如果有超連結，可以套用 .alert-link 樣式保持相同風格的樣式。

加上關閉功能

在警告訊息元件的區塊再加上 .alert-dismissible 類別，表示可以關閉。接著可以在區塊中加上 <button> 按鈕，設定 .btn-close 類別後再加上 data-bs-dismiss="alert" 的屬性，即可形成關閉按鈕。使用時只要按下該按鈕，即可關閉所在的警告訊息。

```
程式碼：alert-01.htm

 ...

<div class="alert alert-success">

這是成功的訊息！前往 <a href="#" class="alert-link"> 相關頁面 </a></div>

<div class="alert alert-info">

這是成功的訊息！前往 <a href="#" class="alert-link"> 相關頁面 </a></div>

<div class="alert alert-warning alert-dismissible">

<button type="button" class="btn-close" data-bs-dismiss="alert"></
button>

這是警告的訊息！前往 <a href="#" class="alert-link"> 相關頁面 </a></div>

<div class="alert alert-danger">

這是危險的訊息！前往 <a href="#" class="alert-link"> 相關頁面 </a></div>

 ...
```

執行結果

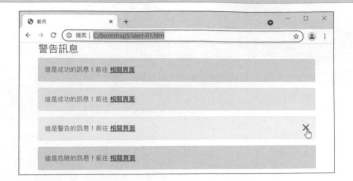

20.7.2 進度條

基本進度條

Bootstrap 的進度條元件能在頁面顯示多種樣式的進度條。首先加入套用 .progress 的區塊元素，再加入套用 .progress-bar 類別的區塊元素，而進度的設定是由 style 屬性加入「width: 進度比例 %」。基本格式如下：

```
<div class="progress">
 <div class="progress-bar" style="width: 進度比例%">顯示標籤</div>
</div>
```

設定進度條樣式

在進度條元件內套用 .progress-bar 類別容器元素後再加上 .bg-primary / .bg-secondary / .bg-success / .bg-danger / .bg-warning / .bg-info / .bg-light / .bg-dark 類別可以顯示不同顏色的進度條樣式。

設定條紋及條紋動畫樣式

在進度條元件內套用 .progress-bar 類別容器元素後再加上 .progress-bar-striped 類別可以顯示條紋樣式。若再加上 .progress-bar-animated 類別，該進度條的條紋樣式會以動畫顯示。

設定堆疊進度條

若在套用 .progress 的區塊元素內放入多組套用 .progress-bar 類別的區塊元素，即可將多個進度條組合堆疊在一個進度條之中。

程式碼：progress-01.htm

```
...
<div class="progress">
  <div class="progress-bar" style="width: 20%">20%</div>
</div>
<br>
<div class="progress">
  <div class="progress-bar bg-success" style="width: 40%">40%</div>
</div>
<br>
<div class="progress">
  <div class="progress-bar bg-danger progress-bar-striped" style=
"width: 60%">60%</div>
</div>
<br>
<div class="progress">
  <div class="progress-bar bg-warning progress-bar-striped
progress-bar-animated" style="width: 60%">80%</div>
</div>
<br>
<div class="progress">
  <div class="progress-bar" style="width: 20%">20%</div>
  <div class="progress-bar bg-dark" style="width: 40%">40%</div>
  <div class="progress-bar bg-info" style="width: 30%">30%</div>
</div> ...
```

執行結果

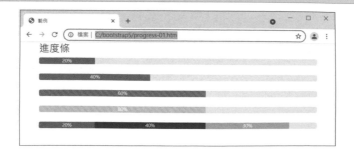

20.8 清單群組

Bootstrap 清單群組元件是個功能強大的工具。不僅可以用來顯示條列式資料，更能用來顯示複雜的資料內容

20.8.1 清單群組的基本設定

Bootstrap 的清單群組可以快速顯示條列式的資料，最常見的方式是用 \<ul\>\<li\> 來組成清單群組的內容，首先在 \<ul\> 元素中加入 .list-group 類別設定清單群組的範圍。在 \<li\> 選項元素加入 .list-group-item 類別設定每個選項。

```
<ul class="list-group">
 <li class="list-group-item"> 項目一 </li>
 <li class="list-group-item"> 項目二 </li>
 ...
</ul>
```

20.8.2 連結及按鈕清單群組的設定

連結或按鈕清單群組可以用 \<div\> 元素中加入 .list-group 類別設定清單群組的範圍，以 \<a\> 連結元素或 \<button\> 按鈕元素加入 .list-group-item 類別設定每個選項，再加上 .list-group-item-action 類別，可讓每個選項在滑鼠滑過時有互動的樣式。

```
<!-- 連結清單群組 -->
<div class="list-group">
 <a href="#" class="list-group-item list-group-item-action"> 項目一 </a>
 <a href="#" class="list-group-item list-group-item-action"> 項目二 </a>
 ...
</div>
<!-- 按鈕清單群組 -->
<div class="list-group">
 <button type="button" class="list-group-item list-group-item-
action"> 項目一 </button>
 <button type="button" class="list-group-item list-group-item-
action"> 項目二 </button>
 ...
</div>
```

20.8.3 選項狀態與樣式的設定

設定清單群組的選項狀態

在清單群組的選項元素中加入 .active 類別會顯示為目前啟用的選項，設定 .disabled 類別後，連結會顯示灰色文字，當滑鼠移到上方時，會顯示禁止使用的圖示。但若是按鈕清單群組，不支援 .disabled 類別，請加入 disabled 屬性。

設定清單群組的選項樣式

在清單群組的選項元素中套用 .list-group-item-success / .list-group-item-info / .list-group-item-warning / .list-group-item-danger 類別，可以顯示不同顏色的選項樣式。

20.8.4 加入標籤

在標籤中的排版方式是使用 flexbox，如果要加入標籤，先要在選項按鈕中類別套用 .d-flex .justify-content-between .align-items-center 來設定內容的排版方式，接著在選項後加入 <span> 元素。

其中先套用 .badge 類別，再加入如類別 .bg-primary / .bg-success / .bg-info / .bg-warning / .bg-danger 設定顯示的樣式。最後再套用 .rounded-pill 類別，即會顯示為圓角矩型。

程式碼：listgroup-01.htm

```
...
<ul class="list-group">
  <li class="list-group-item active">HTML5</li>
  <li class="list-group-item disabled">CSS3</li>
  <li class="list-group-item">JavaScript</li>
  ...
</ul>
<div class="list-group">
  <a href="#" class="list-group-item list-group-item-action">HTML5</a>
  <a href="#" class="list-group-item list-group-item-action list-group-item-success">CSS3</a>
  <a href="#" class="list-group-item list-group-item-action list-group-item-info">JavaScript</a>
```

```
        ...
    </div>
    ...
    <div class="list-group">
        <button type="button" class="list-group-item d-flex justify-content-between align-items-center">
            HTML5<span class="badge bg-primary">16</span>
        </button>
        <button type="button" class="list-group-item d-flex justify-content-between align-items-center">
            CSS3<span class="badge bg-danger rounded-pill">20</span>
        </button>
        ...
    </div>
    ...
```

執行結果

20.9 卡片元件

在網站的頁面呈現多個文字及圖片組合而成的區塊,例如照片或產品展示等應用,Bootstrap 提供了能靈活運用的卡片元件。

Bootstrap 的卡片元件提供了一個容器,讓使用者能靈活加入圖片、文字及其他元件來顯示內容,並搭配 CSS 或是格線系統功能,讓版面隨著螢幕大小進行自動調整。

新增卡片元件

卡片元件建立的方式是先在 `<div>` 元素中加上 .card 類別設定範圍,主要的內容可以用 `<div>` 元素套用 .card-body 類別,主標題及副標題文字是用 `<h*>` 元素套用 .card-title 及 .card-subtitle 類別,文字內容是以 `<p>` 元素套用 .card-text 類別,超連結可以套用 .card-link 類別。

```
<div class="card">
  <div class="card-body">
    <h5 class="card-title"> 主標題 </h5>
    <h6 class="card-subtitle"> 副標題 </h6>
    <p class="card-text"> 內容文字內容文字內容文字內容文字內容文字內容文
字內容文字內容文字內容文字 </p>
    <a href="#" class="card-link"> 連結一 </a>
    <a href="#" class="card-link"> 連結二 </a>
  </div>
</div>
```

加入標題圖片

卡片中的圖片大多是代表這個區塊的標題圖片,設定時可以在卡片元件中套用 .card-body 區域前或後加入 `<img>` 元素,並設定 .card-img-top 或 card-img-bottom 類別,即可以在卡片的頭部或是尾部加入標題圖片。

```
<div class="card">
  <img class="card-img-top" src=" 圖片位置檔名 ">
  <div class="card-body">
    ...
  </div>
  <img class="card-img-bottom" src=" 圖片位置檔名 ">
</div>
```

使用格線系統

卡片元件在沒有特別的設定下，預設的寬度是 100%。但是使用者可以根據需求自訂 CSS、格線系統或通用類別來調整。

在以下的範例中利用了格線系統，讓多個卡片元件能在不同的寬度下顯示不同的欄位配置：

程式碼：card-01.htm

```
...
<div class="row">
  <div class="col-md-6 col-lg-3 mb-2">
    <div class="card">
      <img class="card-img-top" src="images/photo01.jpg" alt="風景照片1">
      <div class="card-body">
        <h5 class="card-title">風景照片1</h5>
        <h6 class="card-subtitle  mb-2 text-muted">測試相簿</h6>
        <p class="card-text">這是相片的說明文字</p>
        <a href="#" class="card-link">相關連結</a>
      </div>
    </div>
  </div>
</div>...
```

執行結果

Chapter

Bootstrap JS 元件

Bootstrap 提供了許多功能強大且效果極佳的 JavaScript 元件，其中包括了可切換內容標籤、互動視窗、提示訊息、彈跳提示訊息、折疊效果、手風琴效果及圖片輪播效果元件，能在最簡單的設定下為網頁加入許多實用的功能。

21.1 可切換內容標籤元件

可切換內容標籤元件可以讓 Bootstrap 的標籤及選單導覽元件在切換單元時切換相關的內容。

21.1.1 可切換內容標籤元件的結構

可切換內容標籤是建置在一個容器元素中，其中包含了標籤導覽區及內容區。當使用者在標籤導覽區中選取了不同的標籤，內容區就切換成相關內容。

可切換內容標籤可標示在 <div> 元素中，首先是由 <ul><li> 所組成的標籤導覽區，<ul> 元素要套用 .nav .nav-tabs 類別，<li> 元素要套用 .nav-item 類別成為每個標籤項目。再來是由 <div> 套用 .tab-content 類別組成內容區，其中也是由 <div> 套用 .tab-pane 類別成為相關內容。無論是標籤導覽區的項目，或是內容區的相關內容，只要再套用 .active 類別即為目前啟用的項目。

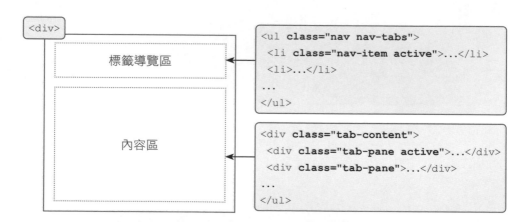

21.1.2 可切換內容標籤元件的運作

標籤是利用 <a> 元素要套用 .nat-link 類別做為連結，設定「data-bs-toggle="tab"」自訂屬性即可啟動 JavaScript 進行換頁的程式，在 <a> 元素中設定「href="# 內容 id"」屬性，若是 <button> 元素就要設定「data-bs-target="# 內容 id"」自訂屬性，如此就能知道內容區要切換哪個內容。接著在內容區每個相關內容中設定 id 屬性，來對應標籤中設定的內容 id 即可。

21.1.3 可切換內容標籤元件的實作範例

以下將實作可切換內容標籤，當使用者選按不同標籤即可切換不同內容：

程式碼：tabjs-01.htm

```
...
<ul class="nav nav-tabs">
 <li class="nav-item"><a class="nav-link active" href="#home"
data-bs-toggle="tab"> 網站首頁 </a></li>
 <li class="nav-item"><a class="nav-link" href="#about"
data-bs-toggle="tab"> 關於我們 </a></li>
 <li class="nav-item"><a class="nav-link" href="#contact"
data-bs-toggle="tab"> 線上聯絡 </a></li>
</ul>
<div class="tab-content my-2 mx-2">
 <div class="tab-pane fade show active" id="home">
  <h4> 網站首頁 </h4>
  <p> 網站首頁的內容 </p>
 </div>
 <div class="tab-pane fade" id="about">
  <h4> 關於我們 </h4>
  <p> 關於我們的內容 </p>
 </div>
 <div class="tab-pane fade" id="contact">
  <h4> 線上聯絡 </h4>
  <p> 線上聯絡的內容 </p>
 </div>
</div>
...
```

互動視窗元件

Bootstrap 互動視窗元件，可以在目前的頁面上顯示一個對話方塊視窗，來顯示訊息或操作功能。

21.2.1 互動視窗元件的結構

互動視窗元件要設定在 <div class="modal"> 元素中，一般會再加入 .fade 類別讓視窗進入時有淡入的效果。接著加入 <div class="modal-dialog"> 元素為主內容區，再加入 <div class="modal-content"> 元素為互動視窗整個區域。其中包含了視窗版頭、視窗內容區及視窗版尾。

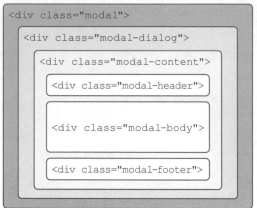

21.2.2 互動視窗元件的運作

互動視窗不會自動開啟，一般是用按鈕或連結來觸發。

1. 在按鈕或連結元素中設定「data-bs-toggle="modal"」自訂屬性開啟互動視窗。按鈕要設定「data-bs-target="# 元素 id"」，連結要設定「href="# 區塊 id"」來指定要開啟的互動視窗。

2. 互動視窗的 <div class="modal"> 元素中要設定 id 屬性來對應連結或是按鈕中所指定的元素 id。

3. 關閉互動視窗要在按鈕或連結元素中設定「data-dismiss="modal"」自訂屬性。

21.2.3 互動視窗元件的實作範例

以下將實作用按鈕開啟互動視窗，顯示後並再使用按鈕關閉：

程式碼：modaljs-01.htm

```
...
<button type="button" class="btn btn-primary"
                data-bs-toggle="modal" data-bs-target="#myModal">

    開啟互動視窗

</button>
<div class="modal fade" id="myModal">
 <div class="modal-dialog">
  <div class="modal-content">
   <div class="modal-header">
    <h5 class="modal-title">Bootstrap 互動視窗 </h5>
    <button type="button" class="btn-close"
                    data-bs-dismiss="modal"></button>
   </div>
   <div class="modal-body">
    <p>這是 Bootstrap 互動視窗，請按關閉鈕。</p>
   </div>
   <div class="modal-footer">
    <button type="button" class="btn btn-default"
                    data-bs-dismiss="modal"> 關閉 </button>
   </div>
  </div>
 </div>
</div>
...
```

21.3 提示訊息及彈跳提示訊息

Bootstrap 提示訊息元件能在設定的按鈕或連結上顯示圖形般的提示訊息。彈跳提示訊息是在按下按鈕或連結時跳出提示訊息。

21.3.1 提示訊息元件

提示訊息元件的使用

提示訊息元件一般會加在按鈕或連結元素中，當滑鼠滑過時會顯示提示訊息在指定的方向上。以 <button> 按鈕元素為例，設定格式如下：

```
<button type="button" class="btn btn-primary"
        data-bs-toggle="tooltip"
        data-bs-placement="top/right/bottom/left"
        title=" 提示訊息內容 ">
        按鈕文字 <button>
```

1. 設定「data-bs-toggle="tooltip"」自訂屬性用來開啟提示訊息。

2. 設定「data-bs-placement="top / right / bottom / left"」指定訊息放置的方向。

3. 設定「title」屬性即是顯示的訊息內容。

4. 提示訊息必須要再加入下面的 JavaScript 碼才能使用，加入的位置要在 Bootstrap 的 js 載入後。

```
var tooltipTriggerList = [].slice.call(
        document.querySelectorAll('[data-bs-toggle="tooltip"]'))
var tooltipList = tooltipTriggerList.map(function (tooltipTriggerEl){
return new bootstrap.Tooltip(tooltipTriggerEl)
})
```

提示訊息元件的實作範例

以下將實作在按鈕及連結上加入提示訊息：

程式碼：modaljs-01.htm

```
...
<p><button type="button" class="btn btn-primary" data-bs-
toggle="tooltip" data-bs-placement="bottom" title="下方顯示訊息">
按鈕一 </button>
 <a href="#" class="btn btn-primary" data-bs-toggle="tooltip"
data-bs-placement="right" title="右方顯示訊息"> 按鈕二 </a></p>
...
<script src="js/bootstrap.bundle.min.js"></script>
<script>
var tooltipTriggerList = [].slice.call(
        document.querySelectorAll('[data-bs-toggle="tooltip"]'))
var tooltipList = tooltipTriggerList.map(function(tooltipTriggerEl){
  return new bootstrap.Tooltip(tooltipTriggerEl)
})
</script>
...
```

21.3.2 彈跳提示訊息元件

彈跳提示訊息元件的使用

彈跳提示訊息元件也是加在按鈕或連結元素中，當按下時會跳出顯示提示訊息在指定的方向上。以 **<button>** 按鈕元素為例，設定格式如下：

```
<button type="button" class="btn btn-default"
        data-bs-toggle="popover"
        data-bs-trigger="focus"
        data-bs-placement="top/right/bottom/left"
        title=" 提示訊息標題 "
        data-bs-content=" 提示訊息內容 ">
        按鈕文字 </button>
```

1. 設定「data-bs-toggle="popover"」自訂屬性用來開啟彈跳提示訊息。

2. 設定「data-bs-trigger="focus"」自訂屬性，當按下按鈕時顯示，再按它處會消失。

3. 設定「data-bs-placement="top / right / bottom / left"」指定訊息放置的方向。

4. 設定「title」屬性即是顯示的訊息標題。

5. 設定「data-bs-content」自訂屬性是顯示的訊息內容。

6. 彈跳提示訊息必須要再加入下面的 JavaScript 碼才能使用，加入的位置要在 Bootstrap 的 js 載入後。

```
var popoverTriggerList = [].slice.call(
        document.querySelectorAll('[data-bs-toggle="popover"]'))
var popoverList = popoverTriggerList.map(function(popoverTriggerEl){
return new bootstrap.Popover(popoverTriggerEl)
})
```

彈跳提示訊息元件的實作範例

以下將實作在按鈕及連結上加入彈跳提示訊息：

程式碼：popoverjs-01.htm

```
...

<p>

 <button type="button" class="btn btn-primary"
data-bs-toggle="tooltip" data-bs-placement="bottom"
title=" 下方顯示訊息 "> 按鈕一 </button>

 <a href="#" class="btn btn-primary" data-bs-toggle="tooltip"
data-bs-placement="right" title=" 右方顯示訊息 "> 按鈕二 </a>

</p>

<script src="js/bootstrap.bundle.min.js"></script>

<script>

 var tooltipTriggerList = [].slice.call(
         document.querySelectorAll('[data-bs-toggle="tooltip"]'))

 var tooltipList = tooltipTriggerList.map(function(tooltipTriggerEl){
  return new bootstrap.Tooltip(tooltipTriggerEl)
})

</script>

...
```

21.4 折疊效果元件

Bootstrap 折疊效果元件能將指定區塊折疊隱藏起來，在按下按鈕或連結時展開顯示，再按一次會再次折疊。

折疊效果元件一般會加在按鈕或連結元素中，當按下時會將折疊的內容顯示出來，再按一下會再折疊隱藏起來。

設定折疊效果元件

使用 \<button> 按鈕元素設定格式如下：

```
<button type="button" class="btn btn-primary" data-bs-toggle="collapse" data-bs-target="#區塊id">按鈕文字<button>
```

使用 \<a> 連結元素設定格式如下：

```
<a class="btn btn-primary" data-bs-toggle="collapse"
                          href="#區塊id">按鈕文字<a>
```

折疊區塊是使用卡片元件來佈置，設定格式如下：

```
<div class="collapse" id="區塊id">
   <div class="card card-body">顯示內容</div>
</div>
```

折疊效果元件的運作

1. 設定「data-bs-toggle="collapse"」自訂屬性用來開啟或關閉折疊區塊。

2. \<button> 元素要設定「data-bs-target="#區塊id"」，\<a> 元素要設定「href="#區塊id"」來開啟或關閉折疊區塊。

3. 折疊區塊的 \<div class="collapse"> 元素中要設定 id 屬性來對應連結或是按鈕中所指定的元素 id。

4. 顯示的內容可以善用卡片元件，請參考本書卡片元件的內容。

折疊效果元件的實作範例

以下將實作在按鈕及連結上加上折疊效果：

程式碼：collapsejs-01.htm

```
...

<div class="container">

  <h3> 折疊效果 </h3>

  <p><a class="btn btn-primary" data-bs-toggle="collapse"
      href="#collapseArea"> 按鈕一 </a>

    <button type="button" class="btn btn-primary"
      data-bs-toggle="collapse" data-bs-target="#collapseArea">
      按鈕二 </button></p>

  <div class="collapse" id="collapseArea">

    <div class="card card-body">

      顯示說明的內容

    </div>

  </div>

</div>

...
```

21.5 手風琴效果元件

Bootstrap 手風琴效果元件預設會顯示第一個面板的折疊區塊，當點選其他面板時會展開該面板的折疊區塊，並把其他的隱藏起來。

21.5.1 手風琴效果元件的結構

手風琴效果是折疊效果元件的延伸，利用卡片元件將多個面板組合在一起，每個面板中有一個折疊區塊。使用在顯示時所有面板中預設會顯示第一個面板的折疊區塊。當點選其他面板時會展開該面板的折疊區塊，並把其他的隱藏起來。

21.5.2 手風琴效果元件的使用

1. 整個元件用 <div class="accordion"> 元素設定，並給予 id 的面板群組名，其中可以設置多個折疊面板。

2. 每個折疊面板區域用 <div class="accordion-item"> 元素設定，其中包含了 <h4 class="accordion-header"> 元素的面板標題區，以及在 <div> 容器中放置了 <div class="accordion-body"> 的面板內容。

3. 在面板標題區中要設定 <button> 套用 .accordion-button 類別做為開啟面板按鈕。並設定「data-bs-toggle="collapse"」及「data-bs-target="# 區塊 id"」屬性來開啟或關閉指定的區域。

4. 面板折疊區塊元素要設定 id 屬性來對應按鈕所指定的區塊 id。接著要再套用 .accordion-collapse 及 collapse 類別進行折疊隱藏，第一個面板折疊區塊預設要開啟，所以要再套用 .show 類別打開折疊區。最後要設定「data-bs-parent="#id 的面板群組名 "」屬性，讓這個折疊區塊能跟其他區塊連動。

5. 折疊區的內容要放置在 <div class="accordion-body"> 內來呈現。

21.5.3 手風琴效果元件的實作範例

以下將實作在連結上加上手風琴折疊的效果：

程式碼：accordion-1.htm

```
...
<div class="accordion" id="accZone">
  <div class="accordion-item">
    <h4 class="accordion-header">
      <button class="accordion-button" type="button"
                  data-bs-toggle="collapse" data-bs-target="#area1">
        第一區標題
      </button>
    </h4>
    <div id="area1" class="accordion-collapse collapse show"
                                data-bs-parent="#accZone">
      <div class="accordion-body">
        第一區的資料內容
      </div>
```

```
    </div>
  </div>
  <div class="accordion-item">
    <h4 class="accordion-header">
      <button class="accordion-button collapsed" type="button"
                data-bs-toggle="collapse" data-bs-target="#area2">
        第二區標題
      </button>
    </h4>
    <div id="area2" class="accordion-collapse collapse"
                              data-bs-parent="#accZone">
      <div class="accordion-body">
        第二區的資料內容
      </div>
    </div>
  </div>
</div>
...
```

21.6 圖片輪播效果元件

Bootstrap 的圖片輪播效果元件能在網頁上加入多圖輪播的效果,是目前很受歡迎的元件。

21.6.1 圖片輪播效果元件的結構

圖片輪播效果要設定在 <div class="carousel slide"> 元素中,並在元素中要設定 id 屬性及「data-bs-ride="carousel"」自訂屬性才會自動輪播。其中有三個主要區域:

1. **導引連結區**:由 <div class="carousel-indicators"><button> 組合而成,顯示時會依圖片的數量在下方顯示方塊供使用者點選。

2. **圖片顯示區**:由 <div class="carousel-inner"> 元素包含所有圖片,每一張圖片是由 <div class="carousel-item"> 元素包含著 <img> 圖片元素與 <div class="carousel-caption"> 元素的圖說文字。

3. **前後切換連結**:由 <button class="carousel-control-prev"> 向前切換連結與 <button class= "carousel-control-next" > 向後切換連結組成。

21.6.2 圖片輪播效果元件的使用

1. <div class="carousel slide"> 元素可形成圖片輪播元件區，請設定區塊 id 屬性供圖片輪播元件程式使用。

2. <div class="carousel-indicators"> 元素中利用 <button> 形成導引連結，要設定「data-bs-target=" 區塊 id"」指定要使用的圖片輪播元件區。依圖片的數量設定「data-bs-slide-to=" 流水號 "」，其中流水號要由 0 算起，若是第一項請加入 .active 類別。

3. <div class="carousel-inner"> 元素中利用 <div class="carousel-item"> 元素加入要顯示的圖片與說明，若是第一項請加入 .active 類別。

4. 最後加入二個 <button> 按鈕，設定 .carousel-control-prev 類別為向前切換連結，設定 .carousel-control-next 類別為向後切換連結。

21.6.3 圖片輪播效果元件的實作範例

以下將實作圖片輪播效果：

程式碼：carouseljs-01.htm

```
...
<div id="carouselarea" class="carousel slide" data-bs-ride="carousel">
  <div class="carousel-indicators">
    <button thype="button" data-bs-target="#carouselarea"
                            data-bs-slide-to="0" class="active"></li>
    <button thype="button" data-bs-target="#carouselarea"
                                            data-bs-slide-to="1"></li>
    <button thype="button" data-bs-target="#carouselarea"
                                            data-bs-slide-to="2"></li>
    <button thype="button" data-bs-target="#carouselarea"
                                            data-bs-slide-to="3"></li>
  </div>
  <div class="carousel-inner">
    <div class="carousel-item active">
      <img class="d-block w-100" src="images/photo01.jpg" alt="Photo1">
      <div class="carousel-caption">Photo1</div>
    </div>
    ...
  <button class="carousel-control-prev" data-bs-target="#carouselarea"
type="button" data-bs-slide="prev" data-bs-target="#carouselarea">
    <span class="carousel-control-prev-icon"></span>
  </button>
  <button class="carousel-control-next" data-bs-target="#carouselarea"
type="button" data-bs-slide="next" data-bs-target="#carouselarea">
    <span class="carousel-control-next-icon"></span>
  </button>
</div>
...
```

學好跨平台網頁設計(第三版)

作　　者：文淵閣工作室 編著　鄧文淵 總監製
企劃編輯：王建賀
文字編輯：王雅雯
設計裝幀：張寶莉
發 行 人：廖文良

發 行 所：碁峰資訊股份有限公司
地　　址：台北市南港區三重路 66 號 7 樓之 6
電　　話：(02)2788-2408
傳　　真：(02)8192-4433
網　　站：www.gotop.com.tw
書　　號：ACL063400
版　　次：2021 年 07 月三版
　　　　　2024 年 01 月三版五刷
建議售價：NT$500

國家圖書館出版品預行編目資料

學好跨平台網頁設計：HTML5、CSS3、JavaScript、jQuery 與
Bootstrap 5 超完美特訓班 / 文淵閣工作室編著. -- 三版. -- 臺
北市：碁峰資訊, 2021.07
　　面；　公分
　　ISBN 978-986-502-907-4(平裝)
　　1.HTML(文件標記語言)　2.CSS(電腦程式語言)　3.JavaScript
(電腦程式語言)　4.網頁設計　5.全球資訊網
312.1695　　　　　　　　　　　　　　　　110011985